역사로 배우는

Engineering mathematics learning as history

공학수학 Ⅱ

이승준 지음

GS인터비전

서문

이 책은 저자의 졸저인 <역사로 배우는 공학수학(2010)>의 자매편인 2편으로 저술되었다. 한 학기가 15주인 점을 감안하여 총 13장으로 편성하였으며,

1장부터 7장까지의 1부는 상미분 방정식,

8장부터 13장까지의 2부는 편미분 방정식에 대해 각각 다루었다.

2010년 '역사로 배우는 공학수학'이란 제목으로 이 책의 1편을 내보내고 항상 2편을 마무리하고자 하였으나 이제야 출간할 수 있게 되었다. 공과대학에서 가르치는 각종 역학 과목에서는 편미분 방정식을 다룰 수밖에 없는데, 편미분 방정식의 일반적인 해법은 대학원 수준의 수학을 도입해야만 한다는 어려운 문제점이 있다. 따라서 공과대학의 학사 과정에서 사용할 수 있는 편미분 방정식에 대한 교재의 유무는 아마도 공학수학을 가르치는 모든 사람들에게 매우 심각한 난제로 여겨지지 않을까 생각된다.

이제 정년을 코앞에 두고 현역으로서는 마지막으로 교과서로 쓰일 수 있는 책을 탈고하였다. 학사 과정의 학생들에게 유용한 미분 방정식 관련 공학수학 책이 있었으면 좋겠다고 생각하던 소망을 늦게나마 이루고 교단을 떠날 수 있게 되어 무척 다행스럽게 생각한다. 공학수학은 어려운 과목이 아니고 대단히 편리한 과목으로 느껴져야 한다는 저자의 지론이 이 책을 사용하는 후학들에게 전해질 수 있기를 다시 한 번 바래본다.

이 책을 쓰면서 미분 방정식과 관련된 기초에 대해 여러 자료들을 새로운 시각에서 볼 수 있었던 것을 매우 행복하게 생각하며, 앞선 선현들의 가르침에 재삼 감사드린다. 공학자에게 수학은 가장 유용한 도구이다. 사실 공학의 존립 자체가 수학의 응용에 따라 얻어진 이론적 부분과 계측의 결과에 따라 얻어진 실험적 부분에 기반하고 있다. 나아가 공학수학의 백미는 변화에 대한 해답을 정량적으로 제공하는 미분 방정식이다. 이 책에서 다루고 있는 내용을 잘 소화하여 후학들이 공학 문제에 대한 이해와 그 해결에 도움을 받을 수 있기를 간절히 소망한다.

학문의 길은 멀고도 먼 여정과도 같다. 이제 그 여정을 마무리하는 한 사람으로써 비슷한 여정을 시작하는 모든 다음 세대들에게 조그마한 선물로 이 책을 바친다.

유성에서, 2019년 1월 29일,

이승준

차례

PART 1 상미분 방정식

PART 2 편미분 방정식

1

상미분 방정식

라이프니쯔(Leibniz)와 **뉴턴**(Newton)에 의해 미적분이 발명된 후, 가장 먼저 미적분이 응용된 분야가 동역학이며 미분 방정식이었다. 라이프니쯔는 1676년 최초로 미분 방정식이라는 용어를 사용하였고, 뉴턴(1687)의 운동 법칙에 의해 물체의 운동은 미분 방정식, 보다 정확하게는 2계 상미분 방정식으로 주어지게 되었으며, 따라서 운동을 예측하는 일이 이제는 미분 방정식의 해를 구하는 일과 같은 의미를 가지게 되었다.

동역학 외에도 재료역학과 진동공학의 분야에서 미분 방정식의 응용은 많은 결과를 알려주었으며, 차후 고체역학과 유체역학에서도 기본적인 지배 방정식이 편미분 방정식으로 주어지게 됨에 따라 미분 방정식은 공학도에게 떼려야 뗄 수 없는 분야가 되었다.

상미분 방정식은 독립 변수가 하나인 미지 함수 $x(t)$, 또는 $y(x)$의 미분을 포함하는 방정식을 뜻한다. 방정식에 포함되어 있는 미분 계수의 최고 계수 n에 따라 n계 상미분 방정식이라고 부른다. 위에서 $x(t)$는 시간 t의 함수를, $y(x)$는 공간 x의 함수를 다룰 때 주로 사용하는데, $x(t)$에 대한 미분 방정식은 초기 조건이, $y(x)$에 대한 미분 방정식은 경계 조건이 각각 추가적으로 부과되는 경우가 대부분이다. 초기 조건은 1점 조건, 경계 조건은 2점 조건이라고도 부르는데, 어떤 조건이 주어졌느냐에 따라 해를 구하는 방법도 달라진다.

1장에서는 전형적인 1계 상미분 방정식에 대해 생각하며,

2장에서는 상수 계수를 가지는 상미분 방정식의 일반해에 대해 고찰하고,

3장에서는 상수 계수를 가지는 연립 상미분 방정식의 일반해를 구하는 방법에 대해 살펴본다.

4장에서는 2계 선형 상미분 방정식의 일반해에 대해 논의하고,

5장에서는 2계 선형 상미분 방정식의 해를 멱급수로 가정하여 일반해를 구하는 방법에 대해 알아본다.

6장에서는 초기 조건이 주어진 비제차 상미분 방정식에 주로 적용되는 라플라스 변환에 대해 생각하며,

7장에서는 경계 조건이 주어진 비제차 상미분 방정식의 해를 구하는데 가장 많이 사용되는 그린 함수의 기본에 대해 공부한다.

제1부에서는 상미분 방정식을 다루므로 혼동의 소지가 없을 경우에는 상미분 방정식을 줄여서 그냥 미분 방정식이라고 부르기로 한다.

1장

전형적인 1계 상미분 방정식

미적분이 알려진 이래 사용된 무수히 많은 상미분 방정식들의 해를 구하는 방법을 하나의 체계로 묶는 것은 불가능하며, 이 장에서는 지금까지 알려진 1계 상미분 방정식과 그 해법 가운데 가장 많이 사용되는 방법들에 대해 논의하기로 한다.

1절에서는 가장 기본적인 상미분 방정식으로 볼 수 있는 1계 선형 상미분 방정식의 해를 먼저 구하기로 한다.

2절에서는 변수 변환, 대수적인 연산, 함수의 합성, 부정적분 등을 몇 번 수행하여 주어진 미분 방정식의 해를 구할 수 있는 식들, 즉 적분 가능형에 대해 생각한다.

3절에서는 완전 미분형, 또는 적분 인자를 곱하여 완전 미분형으로 만들 수 있는 식들을,

4절에서는 리카티 방정식에 대해 차례로 고찰한다.

가장 일반적인 형태의 1계 상미분 방정식은 독립 변수 t에 대한 미지 함수를 $x(t)$라고 할 때, $\dot{x} \equiv \dfrac{dx}{dt}$ 라고 하면 다음과 같이 쓸 수 있는데,

$$f(t, x, \dot{x}) = 0, \tag{1.1}$$

$x = \phi(t)$가 다음을 만족하면 이는 위 미분 방정식의 해이다.

$$f(t, \phi(t), \dot{\phi}(t)) = 0. \tag{1.2}$$

보다 일반적으로 만약 임의의 실수 C에 대해 $x = \phi(t, C)$가 다음 식을 만족하면 $x = \phi(t, C)$는 주어진 미분 방정식의 **일반해**(general solution)라고 한다.

$$f(t, \phi(t, C), \dot{\phi}(t, C)) = 0. \tag{1.3}$$

주어진 미분 방정식의 모든 해는 C의 값을 적절히 취함으로써 결정된다.

한편, 미분 방정식은 위에서 고려한 일반해 외에도 다음과 같이 정의되는 **특이해**(singular solution)를 가질 수 있다. 식 (1.1)과 같은 1계 미분 방정식이 주어졌을 때, $\phi(t, x, C) = 0$가 주어진 식을 만족한다고 하자. 만약 다음 두 식에서 C를 소거하여 $\psi(t, x) = 0$을 얻을 수 있다면,

$$\phi(t, x, C) = 0, \ \frac{\partial \phi}{\partial C} = 0, \tag{1.4}$$

$\psi(t, x) = 0$은 주어진 문제의 특이해라고 부른다.

기하학적인 관점에서 특이해를 생각하면, $\phi(t, x, C) = 0$은 **1-매개변수 곡선군**(one-parameter family)이며, $\psi(t, x) = 0$은 그 곡선군의 **포락선**(envelope)에 상응한다. 포락선 상의 모든 점은 주어진 미분 방정식을 만족하므로 포락선도 당연히 미분 방정식의 해로 볼 수 있음을 알 수 있다.

1.1 1계 선형 상미분 방정식

미지 함수 $x(t)$에 대한 1계 상미분 방정식 중에서 가장 기본적인 형태의 방정식으로 볼 수 있는 선형 미분 방정식은 다음과 같이 쓸 수 있다.

$$\dot{x} + a(t)x = b(t). \tag{1.5}$$

여기서 $a(t)$, $b(t)$는 주어진 함수라고 한다. 이 방정식의 해를 구하는 데는 3절에서 고려할 적분 인자를 이용하는 방법을 쓰기로 한다.

만약 이 식의 양변에 $e^{A(t)}$, $A(t) \equiv \int^t a(t)\,dt$를 곱하면 다음을 얻는데,

$$\dot{x}e^A + a\,x\,e^A = b e^A, \tag{1.6}$$

$\dfrac{dA}{dt} = a(t)$ 임을 이용하면 이 식의 좌변은 다음과 같이 바꾸어 쓸 수 있다.

$$\frac{d}{dt}(xe^{A}) = be^{A}. \tag{1.7}$$

이와 같이 주어진 그대로의 형태, 식 (1.5)는 적분 가능하지 않지만 e^{A}와 같이 적절한 함수를 곱하면, 주어진 방정식의 원하는 부분이 적분 가능한 형태로 바뀔 때, 곱해주어야 하는 함수를 **적분 인자**(integrating factor)라고 부른다.

식 (1.7)의 양변을 적분하고 $x(t)$에 대해 정리하여 식 (1.5)의 일반해를 다음과 같이 얻는다.

$$x(t) = Ce^{-A} + e^{-A}\int^{t} be^{A}\,dt, \quad A(t) \equiv \int^{t} a(t)\,dt. \tag{1.8}$$

여기서 C는 적분 상수이다.

예를 들어 다음과 같은 1계 선형 미분 방정식이 주어졌다고 하자.

$$\dot{x} + 3x = 3t,\ t \in (0, \infty). \tag{1.9}$$

$a = 3,\ b = 3t$를 식 (1.8)에 대입하면 $A(t) = 3t$이므로 일반해를 다음과 같이 얻는다.

$$x(t) = Ce^{-3t} + 3e^{-3t}\int^{t} te^{3t}\,dt = Ce^{-3t} + t - \frac{1}{3}. \tag{1.10}$$

여기서 C는 물론 적분 상수이다.

이 결과로부터 우변의 Ce^{-3t}는 식 (1.9)의 우변이 영으로 주어졌을 때, 다시 말하면 제차 문제에 대한 일반해이고, $t - \dfrac{1}{3}$은 우변이 $3t$일 때에 대한 **비제차해**(inhomogeneous solution) 또는 **특수해**(particular solution)임을 알 수 있다.

예를 들어 계수 $a(t)$가 상수가 아닌 다음과 같은 1계 선형 미분 방정식이 주어졌다고 하자.

$$\dot{x} + \frac{x}{t} = e^{-t},\ t \in (1, \infty). \tag{1.11}$$

$a = t^{-1}$, $b = e^{-t}$를 식 (1.8)에 대입하면 $A(t) = \ln t$, 즉 $e^{A} = t$이므로, 일반해를 다음과 같이 얻는다.

$$x(t) = \frac{C}{t} + t^{-1}\int^{t} te^{-t}dt = \frac{C}{t} - t^{-1}(te^{-t} + e^{-t}) = \frac{C}{t} - \left(1 + \frac{1}{t}\right)e^{-t}. \tag{1.12}$$

여기서 C는 적분 상수이다.

이 경우에도 $\dfrac{C}{t}$는 제차 문제에 대한 일반해, $-\left(1 + \dfrac{1}{t}\right)e^{-t}$는 특수해임을 알 수 있으며, 이와 같은 사실을 일반화하기 위해 다음을 생각하기로 한다.

만약 식 (1.5)에서 우변이 영이면, 즉 **제차**(homogeneous) 방정식인 경우에는 다음을 얻으며,

$$\dot{x} + a(t)x = 0, \tag{1.13}$$

이 식은 다음과 같이 다시 쓸 수 있으므로,

$$\frac{dx}{x} = -adt, \tag{1.14}$$

이 식을 적분하여 다음을 얻는다.

$$\ln x = -\int^{t} adt = -A(t) + c,\ \therefore x(t) = Ce^{-A}. \tag{1.15}$$

여기서 c는 적분 상수이고, $C = e^{c}$이다. 따라서 식 (1.8) 첫째 식 우변의 첫째 항은 제차 문제의 일반해임을 확인할 수 있다.

특수해를 구하는 데는 라그랑쥐(Lagrange, 1810)의 **매개변수 변분법**(variation of parameter)이라고 불리는 방법을 사용하기로 한다. 그는 제차 문제에 대한 일반해의 형태로부터 특수해 $\xi(t)$는 다음과 같은 형태를 가진다고 가정하였는데,

$$\xi(t) = c(t)e^{-A(t)}, \tag{1.16}$$

여기서 $c(t)$는 주어진 비제차 방정식을 만족하도록 결정해야 할 함수이다. 식 (1.16)을 식 (1.5)에 대입하면 다음을 얻고,

$$\dot{c}e^{-A} = b, \ \therefore \dot{c} = be^{A}, \tag{1.17}$$

마지막 식의 적분으로부터 다음을 얻는다.

$$c(t) = \int^{t} be^{A}\,dt. \tag{1.18}$$

이 결과를 식 (1.16)에 대입하면 바로 식 (1.8) 첫째 식 우변의 둘째 항을 얻어, 이 항이 특수해임을 확인할 수 있다.

식 (1.5)와 같은 선형 비제차 문제의 해가 제차 문제의 일반해와 비제차 문제의 해인 특수해의 합으로 주어지는 것은 유사한 선형계를 다룰 때 볼 수 있는 매우 잘 알려진 현상이며, 앞으로 다룰 많은 선형 문제들에 대해서도 이와 같은 성질에 항상 유의하기 바란다.[1)]

1.2 적분 가능형

상당히 많은 경우 일반적인 형태의 1계 상미분 방정식인 식 (1.1)은 다음과 같은 형태로 바꾸어 쓸 수 있다.

$$\dot{x} = f(t, x). \tag{1.19}$$

아래에서는 먼저 식 (1.19)와 같은 형태로 주어지는 1계 상미분 방정식 중에서 적분 가능형으로 볼 수 있는 분리형 및 동차형과 베르누이 방정식에 대해 생각한다. 다음으로 식 (1.19)의 형태는 아니지만 적분 가능한 형태로 볼 수 있는 달랑베르(D'Alembert) 방정식, 클레이로(Clairaut) 방정식에 대해 생각하여 모두 다섯 가지 형태의 방정식에 대해 생각하기로 한다.

1) 이승준(2010)<1>, 3.7절, 281쪽을 참조하기 바란다.

1) 분리형

식 (1.19)의 우변이 다음과 같은 경우,

$$f(t,x)=g(t)h(x), \tag{1.20}$$

식 (1.19)는 **분리형**(separable form)이라고 불리며, 다음과 같이 바꾸어 쓸 수 있으므로,

$$\frac{dx}{h(x)}=g(t)\,dt, \tag{1.21}$$

이 식을 적분하여 다음과 같이 해를 얻는다.

$$\int^{x}\frac{dx}{h(x)}=\int^{t}g(t)\,dt. \tag{1.22}$$

예를 들어 다음과 같은 1계 비선형 미분 방정식이 주어졌다고 하자.

$$\dot{x}=-x+\varepsilon x^2,\ 0<\varepsilon\ll 1,\ t\in(0,\infty). \tag{1.23}$$

여기서 ε은 주어진 상수라고 한다.

이 식은 분리형으로 다음과 같이 다시 쓸 수 있고,

$$\frac{dx}{x-\varepsilon x^2}=-dt, \tag{1.24}$$

이 식의 좌변에 **부분 분수**(partial fraction)를 사용하여 다음을 얻는다.

$$\left(\frac{1}{x}+\frac{\varepsilon}{1-\varepsilon x}\right)dx=-dt,\ \therefore \ln\frac{x}{1-\varepsilon x}=-t+c. \tag{1.25}$$

여기서 c는 적분 상수인데 $C=e^c$라고 하면 다음을 얻고,

$$\frac{x}{1-\varepsilon x}=Ce^{-t}, \tag{1.26}$$

이 식을 $x(t)$에 대해 정리하여 일반해를 다음과 같이 얻는다.

$$x(t) = \frac{Ce^{-t}}{1+\varepsilon Ce^{-t}}. \tag{1.27}$$

2) 0계 동차형(homogeneous equation of degree 0)[2)]

보다 일반적으로 n계 동차 함수를 먼저 정의한다. 임의의 실수 λ에 대해 다음과 같은 관계를 만족할 때, F는 n계 동차 함수라고 한다.

$$F(\lambda x_1, \lambda x_2, \cdots, \lambda x_n) = \lambda^n F(x_1, x_2, \cdots, x_n). \tag{1.28}$$

따라서 식 (1.19)의 우변이 0계 동차 함수이면 다음 식이 만족되므로,

$$f(\lambda t, \lambda x) = f(t, x), \tag{1.29}$$

여기에 $\lambda = \dfrac{1}{t}$을 대입하면 다음을 얻는다.

$$f(t, x) = f\left(1, \frac{x}{t}\right). \tag{1.30}$$

종속 변수로 x 대신 $u(t) = \dfrac{x}{t}$를 취하기로 하고, 다음을 고려하여,

$$\dot{u} = \frac{\dot{x}}{t} - \frac{x}{t^2} = \frac{\dot{x} - u}{t}, \tag{1.31}$$

식 (1.19)를 다시 쓰면 다음을 얻는다.

$$t\dot{u} + u = f(1, u) \equiv F(u). \tag{1.32}$$

---

2) 수학에서 homogeneous는 두 가지 뜻으로 쓰인다. 하나는 위에서와 같이 **동차**(同次)이고, 또 하나는 방정식의 우변이 영인 경우로 이때는 **제차**(齊次)로 번역한다.

이 식은 분리형이므로 다음을 얻고,

$$\frac{du}{F(u)-u}=\frac{dt}{t}, \tag{1.33}$$

이 식을 적분하여 다음을 얻으며,

$$\int^{u}\frac{du}{F(u)-u}=\int^{t}\frac{dt}{t}, \tag{1.34}$$

이 식으로부터 일반해를 얻을 수 있다.

예를 들어 다음과 같은 미분 방정식이 주어진 경우,

$$\dot{x}=\frac{x}{t}+\frac{1}{2}\frac{t}{x}, \quad t\in(1,\infty), \tag{1.35}$$

이 식의 우변에 x 대신 λx, y 대신 λy를 대입하여도 식의 형태에 변화가 없으므로, 0계 동차임을 확인할 수 있으며, $F(u)$를 다음과 같이 얻는다.

$$F(u)=f(1,u)=u+\frac{1}{2u}. \tag{1.36}$$

이를 식 (1.34)에 대입하여 다음을 얻고,

$$2\int^{u}u\,du=\int^{t}\frac{dt}{t}, \tag{1.37}$$

이 식을 적분하여 u에 대해 정리하여 다음 결과를 얻는다.

$$u=\sqrt{\ln t}+C=\frac{x}{t}, \tag{1.38}$$

여기서 C는 적분 상수이다. 따라서 다음과 같은 일반해 $x(t)$를 얻는다.

$$x(t)=Ct+t\sqrt{\ln t}. \tag{1.39}$$

3) 베르누이 방정식

편의 상 식 (1.19)를 아래에 다시 보였다.

$$\dot{x} = f(t, x). \tag{1.19}$$

이 식의 우변이 다음과 같은 경우,

$$f(t, x) = -\alpha(t)x + \beta(t)x^n,\ n \neq 0, 1, \tag{1.40}$$

주어진 비선형 미분 방정식은 **베르누이 방정식**(Bernoulli equation; Jakob Bernoulli, 1695)으로 불린다. 위에서 만약 $n = 0$ 이면 식 (1.19)는 식 (1.5)와 같은 식이 되며, 또 만약 $n = 1$ 이면 식 (1.5)에서 우변이 영인 경우와 같은 식이 되므로 제외하였음에 유의한다.

종속 변수로 x 대신 $u(t) = x^{1-n}$ 을 취하기로 하고, 다음을 고려하여,

$$\dot{u} = \frac{1-n}{x^n}\dot{x}, \tag{1.41}$$

식 (1.19)를 다시 쓰면 다음을 얻는다.

$$\dot{u} + a(t)u = b(t),\ a(t) \equiv (1-n)\alpha(t),\ b(t) \equiv (1-n)\beta(t). \tag{1.42}$$

이 식은 아래에 다시 보인 식 (1.5)에 보인 선형 방정식과 같은 형태를 가지므로,

$$\dot{x} + a(t)x = b(t), \tag{1.5}$$

그 일반해는 식 (1.8)로부터 다음과 같이 얻으며,

$$u(t) = Ce^{-A} + e^{-A}\int^t be^A dt,\quad A(t) \equiv \int^t a(t)\,dt, \tag{1.43}$$

결국 일반해는 $x(t) = u^{1/(1-n)}$ 로 주어진다. 이와 같은 해법은 라이프니쯔(1696)에 의해 얻어졌다.

예를 들어 다음과 같은 미분 방정식이 주어진 경우,

$$\dot{x} = -2x - (\sin t)x^2, \tag{1.44}$$

$n = 2$이므로 $u(t) = x^{-1}$를 얻고, 또 $\alpha = 2$, $\beta = -\sin t$를 식 (1.42)에 대입하면 다음을 얻으며,

$$a(t) = -2, \ b(t) = \sin t, \ A(t) = -2t, \tag{1.45}$$

이를 식 (1.43)에 대입하여 다음을 얻는다.

$$u(t) = Ce^{2t} + e^{2t}\int^t \sin t e^{-2t} dt. \tag{1.46}$$

여기서 C는 적분 상수이다.

이 식 우변의 적분에 대해 a, b가 주어진 실수라고 할 때 다음을 얻으므로([연습문제 4] 참조),

$$\int^t e^{at} \sin bt \, dt = \frac{(a \sin bt - b \cos bt) e^{at}}{a^2 + b^2}, \tag{1.47}$$

이 식을 식 (1.46)에 사용하고 $x(t) = u^{-1}$임을 고려하여 다음과 같이 일반해 $x(t)$를 얻는다.

$$x(t) = \left[Ce^{2t} - \frac{1}{5}(2 \sin t + \cos t) \right]^{-1}. \tag{1.48}$$

4) 달랑베르 방정식

$\dot{x} \equiv u(t)$라고 할 때, 주어진 비선형 상미분 방정식을 다음과 같은 형태로 쓸 수 있는 경우,

$$x = t\alpha(u) + \beta(u), \tag{1.49}$$

위 식은 **달랑베르 방정식**(D'Alembert equation; D'Alembert, 1748)으로 불린다.

식 (1.49)의 양변을 t에 대해 미분하면 다음을 얻는데,

$$u-\alpha(u)=\left(t\frac{d\alpha}{du}+\frac{d\beta}{du}\right)\frac{du}{dt}, \tag{1.50}$$

이 식을 미지 함수 $t(u)$에 대한 미분 방정식으로 보기로 하면, $\dfrac{du}{dt}\dfrac{dt}{du}=1$을 이용하여 다음 결과를 얻는다.

$$\{u-\alpha(u)\}\frac{dt}{du}-\frac{d\alpha}{du}t=\frac{d\beta}{du}. \tag{1.51}$$

만약 $u-\alpha(u)\equiv v(u)\neq 0$이면 결국 다음과 같은 $t(u)$에 대한 1계 선형 미분 방정식을 얻으며,

$$\frac{dt}{du}+a(u)t=b(u),\ a(u)\equiv-\frac{1}{v}\frac{d\alpha}{du},\ b(u)\equiv\frac{1}{v}\frac{d\beta}{du}, \tag{1.52}$$

이 식의 해는 식 (1.8)로부터 다음과 같이 얻는다.

$$t(u)=Ce^{-A}+e^{-A}\int^u be^A du,\ A(u)\equiv\int^u a(u)du. \tag{1.53}$$

이 결과와 식 (1.49)를 사용하여 $x(u)$, $t(u)$를 얻으며, 이 두 식으로부터 u를 소거하여 일반해를 얻을 수 있다. 위에 보인 해는 실제로는 **베르누이**(John Bernoulli, 1694)에 의해 알려졌다.

예를 들어 다음과 같은 미분 방정식이 주어진 경우,

$$x=t(u-1)-u^3, \tag{1.54}$$

$\alpha=u-1$, $\beta=-u^3$을 얻으므로, $v(u)=\alpha-u=1\neq 0$이며, 식 (1.52)로부터 $a=-1$, $b=-3u^2$을 얻고, 따라서 다음 식을 얻으며,

$$\frac{dt}{du} - t = 3u^2 , \tag{1.55}$$

또 식 (1.53)으로부터 $A(u) = -u$를 얻으므로 다음 결과를 얻는다.

$$t(u) = Ce^u - 3e^u \int^u u^2 e^{-u} du . \tag{1.56}$$

이 식 우변의 적분에 대해 부분 적분을 사용하여 다음 결과를 얻으므로,

$$\int^u u^2 e^{-u} du = -u^2 e^{-u} + 2\int^u u e^{-u} du = -e^{-u}(u^2 + 2u + 2), \tag{1.57}$$

이를 식 (1.56)에 대입하고 정리하면 다음을 얻는다.

$$t(u) = Ce^u + 3(u^2 + 2u + 2). \tag{1.58}$$

이 결과를 식 (1.54)에 대입하면 $x(u)$를 다음과 같이 얻으며,

$$x = \{Ce^u + 3(u^2 + 2u + 2)\}(u-1) - u^3 ,$$

$$\therefore x(u) = Ce^u (u-1) + 2u^3 + 3u^2 - 6 , \tag{1.59}$$

식 (1.58)과 식 (1.59)는 u를 매개변수로 하는 $x(t)$에 대한 **음함수적인**(implicit) 해이다.

5) 클레이로 방정식

한편, 4)에서 $u - \alpha(u) = 0$, 즉 $u = \alpha(u)$일 때는 주어진 방정식이 다음과 같으며,

$$x = tu + \beta(u) , \tag{1.60}$$

이 방정식은 **클레이로 방정식**(Clairaut equation; Clairaut, 1734)이라고 불린다. 이 경우에는 식 (1.60)의 양변을 t에 대해 미분하여 식 (1.51) 대신 다음을 얻는데,

$$\left(t + \frac{d\beta}{du}\right)\frac{du}{dt} = 0 , \tag{1.61}$$

따라서 다음 두 경우가 발생한다.

첫째로는 $\frac{du}{dt}=0$, 즉 $u=const.=C$인 경우로 이때는 $x(t)$에 대해 다음을 얻는데,

$$x(t)=Ct+C_1, \tag{1.62}$$

식 (1.60)과의 비교에 의해 $C_1=\beta(C)$를 얻으므로 일반해 $x(t)$를 다음과 같이 얻는다.

$$x(t)=Ct+\beta(C). \tag{1.63}$$

둘째로는 $t+\frac{d\beta}{du}=0$, 즉 $t(u)=-\frac{d\beta}{du}$인 경우인데, 이때는 이를 식 (1.60)에 대입하여 $x(u)$를 얻으므로, 이 두 식은 u를 매개변수로 하는 $x(t)$에 대한 음함수적인 해로 볼 수 있다. 하지만 이 해는 식 (1.4)와 관련하여 기술한 특이해임을 아래에서 밝힐 것이다.

예를 들어 다음과 같은 미분 방정식이 주어진 경우,

$$x=tu-u^2, \tag{1.64}$$

$\beta=-u^2$이므로, 첫째로는 식 (1.62)에 대입하여 일반해를 다음과 같이 얻는다.

$$x(t)=Ct-C^2=C(t-C). \tag{1.65}$$

둘째로는 $t(u)=2u$, 즉 $u=\frac{t}{2}$를 얻으며, 이 식으로부터 다음을 얻는데,

$$x(t)=\frac{t^2}{4}+c, \tag{1.66}$$

여기서 c는 적분 상수이다. 한편 $u=\frac{t}{2}$를 식 (1.64)에 대입하면 $c=0$을 얻어 결국 다음을 얻는다.

$$x(t) = \frac{t^2}{4}. \tag{1.67}$$

이 해는 적분 상수를 포함하지 않으므로 일반해라고 볼 수 없으며, 이 해가 어떤 해에 속하는지 알아보기 위해 이 해가 얻어진 과정을 다시 한 번 생각하기로 한다. 먼저 [그림 1.1]에 식 (1.65)로 주어진 일반해를 여러 C 값에 대해 구한 직선과 식 (1.67)로 주어진 포물선을 보였다. 그림에 보인 바와 같이 식 (1.67)은 식 (1.65)로 주어지는 직선 군에 대한 포락선임을 확인할 수 있다.

한편, 식 (1.65)의 일반해를 C에 대해 편미분하여 영과 등치하면 다음을 얻는데,

$$\frac{\partial x}{\partial C} = t - 2C = 0, \ \therefore C = \frac{t}{2}, \tag{1.68}$$

이를 식 (1.65)에 대입하면 식 (1.67)을 얻는다. 다시 말하면 식 (1.4)에 보인 바와 같이 식 (1.67)은 일반해의 포락선에 해당하는 특이해이다.

식 (1.67)은 $t + \dfrac{d\beta}{du} = 0$를 만족하도록 구해졌는데, 일반해는 $u = C$인 해이므로, $t + \dfrac{d\beta}{du} = 0$의 조건은 $\dfrac{\partial x}{\partial C} = 0$의 조건과 같은 것을 생각하면 식 (1.67)이 특이해인 점이 이해될 수 있을 것이다. 이와 같은 상황은 위의 예제에 대해

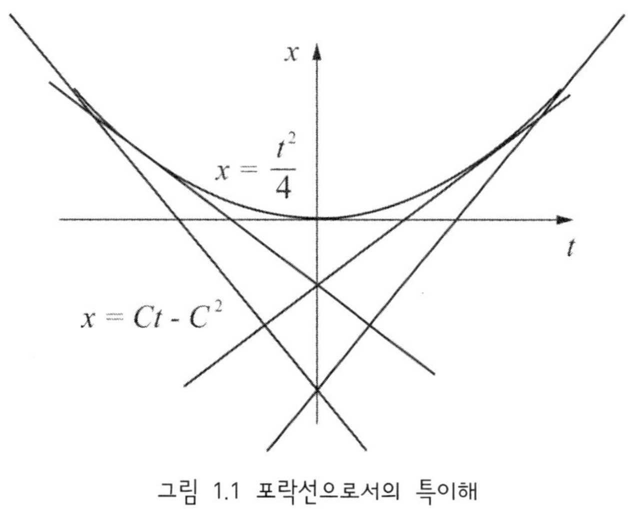

그림 1.1 포락선으로서의 특이해

서만 성립하는 것이 아니고, 클레이로 방정식 자체에 대해서 성립하는 것이므로, 위에서 구한 식 (1.63)으로 주어지는 해는 일반해이며, $t+\frac{d\beta}{du}=0$의 조건을 만족하도록 얻어지는 해는 특이해임을 알 수 있다.

1.3 완전 미분형과 적분 인자

이 절에서는 미지 함수 $y(x)$에 대한 미분 방정식을 고려하는데, 먼저 주어진 미분 방정식을 생각하는 것이 아니고, 역으로 만약 다음과 같이 주어진 방정식으로부터 출발하기로 하면,

$$\phi(x,y)=C, \tag{1.69}$$

이 식을 미분하여 다음을 얻는다.

$$\frac{\partial\phi}{\partial x}dx+\frac{\partial\phi}{\partial y}dy=0. \tag{1.70}$$

한편, $y'\equiv\frac{dy}{dx}$로 나타내기로 하고, 다음과 같은 형태의 미분 방정식이 주어졌다고 할 때,

$$y'=-\frac{P(x,y)}{Q(x,y)}=f(x,y), \tag{1.71}$$

위 식은 다음과 같이 바꾸어 쓸 수 있는데,

$$P(x,y)dx+Q(x,y)dy=0, \tag{1.72}$$

만약 다음 식이 만족되면

$$\frac{\partial P}{\partial y}=\frac{\partial Q}{\partial x}, \tag{1.73}$$

식 (1.72)는 식 (1.70)과 같은 식으로 볼 수 있다. 이와 같은 경우, 식 (1.71)은 **완전 미분형**(exact differential)이라고 부르며, 그 일반해는 식 (1.69)로부터 다음과 같이 주어진다.

$$\phi(x,y) = \int^x P(x,y)dx + h_1(y) = \int^y Q(x,y)dy + h_2(x) = C. \qquad (1.74)$$

물론 여기서 $h_1(y)$와 $h_2(x)$는 적절히 결정되어야 하며, 위 결과는 음함수적인 해를 주고 있음에 유의한다.

예를 들어 다음과 같은 미분 방정식이 주어진 경우,

$$y' = -\frac{\sin y}{2y + x\cos y}, \qquad (1.75)$$

$P(x,y) = \sin y,\ Q(x,y) = 2y + x\cos y$이므로, 식 (1.73)을 만족하는지 확인하면 다음 결과를 얻는다.

$$\frac{\partial P}{\partial y} = \cos y = \frac{\partial Q}{\partial x}. \qquad (1.76)$$

따라서 식 (11.74)로부터 다음을 얻고,

$$\phi(x,y) = \int^x \sin y\, dx + h_1(y) = \int^y (2y + x\cos y)dy + h_2(x), \qquad (1.77)$$

이 식을 적분하여 다음 결과를 얻으므로,

$$\phi(x,y) = x\sin y + h_1(y) = y^2 + x\sin y + h_2(x), \qquad (1.78)$$

$h_1(y) = y^2,\ h_2(x) = 0$을 취하여 다음과 같이 음함수 형태의 일반해를 얻는다.

$$\phi(x,y) = x\sin y + y^2 = C. \qquad (1.79)$$

다음으로는 식 (1.72)로 주어진 미분 방정식이 완전 미분형이 아니더라도, **적분 인자**(integrating factor)라고 불리는 x 또는 y만의 함수 μ를 곱한 방정식은 완전 미분형이 되는 경우를 생각할 수 있다.

만약 적분 인자 μ를 $\mu=\mu(x)$로 가정하면 식 (1.73)으로부터 다음을 얻으며,

$$\frac{\partial(\mu P)}{\partial y}=\mu\frac{\partial P}{\partial y}=\frac{\partial(\mu Q)}{\partial x}=\mu' Q+\mu\frac{\partial Q}{\partial x}, \tag{1.80}$$

이 식을 정리하여 다음을 얻는데,

$$\mu'=\frac{\mu}{Q}\left(\frac{\partial P}{\partial y}-\frac{\partial Q}{\partial x}\right), \tag{1.81}$$

이 식은 분리형이므로 다음을 얻는다.

$$\frac{d\mu}{\mu}=\left(\frac{\partial P}{\partial y}-\frac{\partial Q}{\partial x}\right)\frac{dx}{Q}\equiv h(x)dx. \tag{1.82}$$

여기서 좌변은 x만의 함수이므로, 우변도 x만의 함수가 되어야 하며, 따라서 $h(x,y)$가 아닌 $h(x)$로 쓴 점에 유의한다.

식 (1.82)의 양변을 적분하여 다음을 얻으므로,

$$\ln\mu=\int^x h(x)dx\equiv H(x), \tag{1.83}$$

결국 다음 결과를 얻는다.

$$\mu(x)=e^H=\exp\left(\int^x h dx\right). \tag{1.84}$$

한편, 만약 적분 인자 μ를 $\mu=\mu(y)$로 가정하면 식 (1.73)으로부터 다음을 얻으며,

$$\frac{\partial(\mu P)}{\partial y}=\mu' P+\mu\frac{\partial P}{\partial y}=\frac{\partial(\mu Q)}{\partial x}=\mu\frac{\partial Q}{\partial x}, \tag{1.85}$$

이 식을 정리하여 다음을 얻는데,

$$\mu'=\frac{\mu}{P}\left(\frac{\partial Q}{\partial x}-\frac{\partial P}{\partial y}\right), \tag{1.86}$$

이 식은 분리형이므로 다음을 얻는다.

$$\frac{d\mu}{\mu} = \left(\frac{\partial Q}{\partial x} - \frac{\partial P}{\partial y}\right)\frac{dy}{P} \equiv h(y)dy. \tag{1.87}$$

여기서도 좌변이 y만의 함수이므로, 우변도 y만의 함수가 되어야 하며, 따라서 $h(x,y)$가 아닌 $h(y)$로 쓴 점에 유의한다.

이 식을 적분하여 다음을 얻으므로,

$$\ln\mu = \int^y h(y)dy \equiv H(y), \tag{1.88}$$

결국 다음을 얻는다.

$$\mu(y) = e^H = \exp\left(\int^y hdy\right). \tag{1.89}$$

따라서 어떤 경우라 하더라도 적분 인자 μ를 얻으면, 식 (1.74)로부터 일반해를 다음과 같이 얻는다.

$$\phi(x,y) = \int^x \mu P(x,y)dx + h_1(y) = \int^y \mu Q(x,y)dy + h_2(x) = C. \tag{1.90}$$

이 방법이 적용될 수 있기 위해서는 식 (1.82)로부터 얻는 다음 조건과,

$$\frac{1}{Q}\left(\frac{\partial P}{\partial y} - \frac{\partial Q}{\partial x}\right) = h(x), \tag{1.91}$$

또는 식 (1.87)로부터 얻는 다음 조건이 만족되어야 함에 유의한다.

$$\frac{1}{P}\left(\frac{\partial Q}{\partial x} - \frac{\partial P}{\partial y}\right) = h(y). \tag{1.92}$$

예를 들어 식 (1.5)와 같은 일반적인 형태의 1계 선형 미분 방정식이 주어졌다고 하고 그 일반해를 적분 인자를 사용하여 구해 보자.

$$y' + a(x)y = b(x). \tag{1.93}$$

단 미지 함수가 $x(t)$로부터 $y(x)$로 바뀐 점에 유의한다.

이 식을 식 (1.72)와 같은 형태로 바꾸어 쓰면 다음을 얻고,

$$(ay-b)dx+dy=0, \tag{1.94}$$

따라서 $P(x,y)=ay-b$, $Q(x,y)=1$을 얻으며, 식 (1.91)로부터 $h=a(x)$를 얻으므로 적분 인자 $\mu=\mu(x)$임을 알 수 있다. 따라서 식 (1.84)와 (1.90)으로부터 다음을 각각 얻는다.

$$\mu(x)=e^{A},\ A(x)\equiv\int^{x}a(x)\,dx\,, \tag{1.95}$$

$$\phi(x,y)=\int^{x}\mu(ay-b)dx+h_1(y)=\mu y+h_2(x)=C. \tag{1.96}$$

그런데 식 (1.81)로부터 $\mu'=\mu a$를 얻으므로 이를 이용하여 식 (1.96)의 적분 항을 다시 쓰면 다음 결과를 얻는다.

$$\phi(x,y)=\mu y-\int^{x}\mu b\,dx+h_1(y)=\mu y+h_2(x). \tag{1.97}$$

따라서 $h_1(y)=0$, $h_2(x)=-\int^{x}\mu b\,dx$로 취하여 다음을 얻으며,

$$\phi(x,y)=\mu y-\int^{x}\mu b\,dx=C, \tag{1.98}$$

이 식으로부터 일반해 $y(x)$를 다음과 같이 얻는다.

$$y(x)=\frac{C}{\mu}+\frac{1}{\mu}\int^{x}\mu b\,dx=Ce^{-A}+e^{-A}\int^{x}be^{A}\,dx,$$
$$A(x)\equiv\int^{x}a(x)\,dx\,. \tag{1.99}$$

물론 이 결과는 1절에서 얻었던 식 (1.8)과 변수만 다를 뿐 전적으로 같은 결과임을 확인할 수 있다.

1.4 리카티 방정식

주어진 1계 비선형 상미분 방정식이 다음과 같을 때,

$$\frac{dy}{dx} = \alpha(x)y^2 + \beta(x)y + \gamma(x), \tag{1.100}$$

이 방정식은 **리카티 방정식**(Riccati equation; Riccati, 1723)으로 불린다.

위 방정식에 대해서는 다음과 같은 변환, 즉 **코올-호프 변환**(Cole-Hopf transform, 1951)을 사용할 수 있다.

$$y(x) = -\frac{1}{\alpha}\frac{d}{dx}\ln f(x) = -\frac{1}{\alpha}\frac{f'}{f}. \tag{1.101}$$

이 변환을 사용하기 위해 먼저 다음을 생각하고,

$$\frac{dy}{dx} = \frac{1}{\alpha^2}\frac{f'}{f} - \frac{1}{\alpha}\frac{f''}{f} + \frac{1}{\alpha}\frac{f'^2}{f^2}, \tag{1.102}$$

이를 리카티 방정식에 대입하면 다음과 같은 2계 선형 상미분 방정식을 얻는다.

$$\frac{\alpha'}{\alpha^2}\frac{f'}{f} - \frac{1}{\alpha}\frac{f''}{f} + \frac{1}{\alpha}\frac{f'^2}{f^2} = \frac{1}{\alpha}\frac{f'^2}{f^2} - \frac{\beta}{\alpha}\frac{f'}{f} + \gamma,$$

$$\therefore f'' - \left(\frac{\alpha'}{\alpha} + \beta\right)f' + \alpha\gamma f = 0. \tag{1.103}$$

코올-호프 변환에 의해 비선형 방정식을 선형 방정식으로 바꾸었지만, 1계 미분 방정식이 2계 미분 방정식으로 바뀌었으므로, 이와 같은 변환이 바람직한지 아닌지는 경우에 따라 다를 것이다. 하지만 선형 방정식의 경우에는 체계적인 해법이 알려져 있으므로, 대부분의 경우 위의 변환은 바람직한 것으로 생각되며, 나아가 리카티 방정식의 경우에는 **오일러**(Euler, 1760)에 의해 알려진 바와 같이 하나의 해가 알려져 있는 경우 다음 치환을 통해 리카티 방정식을 1계 선형 미분 방정식으로 바꿀 수 있다.

알려진 해를 $Y(x)$ 라고 할 때, 구하고자 하는 새로운 해 $y(x)$ 에 대해 다음과 같은 치환을 사용하기로 하면

$$u(x) = \frac{1}{y-Y} \Leftrightarrow y(x) = Y + \frac{1}{u}, \tag{1.104}$$

먼저 다음을 얻으므로,

$$y'(x) = Y' - \frac{u'}{u^2}, \tag{1.105}$$

이를 식 (1.100)의 리카티 방정식에 대입하여 $u(x)$에 대한 1계 선형 상미분 방정식을 다음과 같이 얻는다.

$$Y' - \frac{u'}{u^2} = \alpha\left(Y^2 + \frac{2Y}{u} + \frac{1}{u^2}\right) + \beta\left(Y + \frac{1}{u}\right) + \gamma,$$

$$\therefore u' + (2\alpha Y + \beta)u = -\alpha. \tag{1.106}$$

위의 결과를 얻는 데는 Y가 식 (1.100)을 만족하는 것을 이용하였다. 이 방정식은 식 (1.5)와 같은 1계 선형 상미분 방정식이므로, 그 해 u는 식 (1.8) 또는 식 (1.99)를 이용하여 구할 수 있으며, 새로운 해 y는 식 (1.104)의 둘째 식에 의해 주어진다.

예를 들어 다음과 같은 미분 방정식이 주어진 경우,

$$y' = y^2 - xy + 1, \tag{1.107}$$

$\alpha = 1$, $\beta = -x$, $\gamma = 1$ 이므로, 코올-호프 변환을 사용하여 식 (1.103)으로부터 다음 식을 얻으며,

$$f'' + xf' + f = 0, \ \therefore \frac{d}{dx}(f' + xf) = 0, \tag{1.108}$$

이 식으로부터 다음 결과를 얻는다.

$$f' + xf = c. \tag{1.109}$$

여기서 c는 적분 상수인데 편의 상 영으로 취하면, 위 식은 분리형이 되어 $f(x)$에 대해 다음과 같은 해를 얻는다.

$$f(x) = Ce^{-x^2/2}. \tag{1.110}$$

여기서 C는 적분 상수이다. 이 결과를 식 (1.101)의 코올-호프 변환에 대입하여 $y(x)$를 다음과 같이 얻는다.

$$y(x) = -\frac{f'}{f} = x. \tag{1.111}$$

따라서 $Y(x) = x$로 취하면 식 (1.106)으로부터 $u(x)$에 대한 선형 미분 방정식을 다음과 같이 얻으며,

$$u' + xu = -1, \tag{1.112}$$

이 식에 대한 일반해는 식 (1.99)로부터 다음과 같이 얻는다.

$$u(x) = Ce^{-A} - e^{-A}\int^x e^A dx,\ A(x) = \frac{x^2}{2}. \tag{1.113}$$

여기서 C는 적분 상수이다. 결국 새로운 해 $y(x)$는 이 결과를 식 (1.104)의 둘째 식에 대입하여 다음과 같이 얻는다.

$$y(x) = x + \frac{e^A}{C-E},\ E(x) \equiv \int^x e^A dx. \tag{1.114}$$

연습문제

1. 미지 함수 $x(t)$에 대한 다음과 같은 1계 선형 상미분 방정식의 일반해를 구하시오.

1) $\dot{x}-\dfrac{x}{t}=4t^4$, 2) $\dot{x}-(\tan t)x=6$, 3) $\dot{x}-(\cot t)x=2\cos t$,

4) $\dot{x}+4x=3e^t$, 5) $(t-5)(t\dot{x}+3x)=2$, 6) $\dot{x}-x=-\sin 2t$.

2. 미지 함수 $x(t)$에 대한 다음과 같은 분리형 미분 방정식의 일반해를 구하시오.

1) $\dot{x}-3t^2e^{-x}=0$, 2) $\dot{x}=(x^2-x)e^t$, 3) $t\dot{x}=6x\ln x$,

4) $\ln\dot{x}=x$, 5) $\dot{x}+3x(x+1)\sin 2t=0$, 6) $\dot{x}=(x-1)^2$.

3. 미지 함수 $x(t)$에 대한 다음과 같은 0계 동차형 미분 방정식의 일반해를 구하시오.

1) $\dot{x}=\dfrac{x}{t}$, 2) $\dot{x}=\dfrac{x}{t}+3\sqrt{\dfrac{t}{x}}$, 3) $\dot{x}=-\dfrac{2t+x}{t}$,

4) $\dot{x}=\dfrac{2x-t}{x-2t}$, 5) $\dot{x}=\dfrac{tx+2x^2}{t^2}$, 6) $\dot{x}=e^{x/t}+\dfrac{x}{t}$.

4. a, b가 주어진 실수라고 할 때 아래에 다시 보인 식 (1.47)을 구하시오.

$$\int^t e^{at}\sin bt\,dt=\frac{(a\sin bt-b\cos bt)e^{at}}{a^2+b^2}. \tag{1.47}$$

5. 미지 함수 $x(t)$에 대한 다음과 같은 베르누이 방정식의 일반해를 구하시오.

1) $\dot{x}+tx=\dfrac{t}{x}$, 2) $t\dot{x}+x=(\ln t)x^2$, 3) $t\dot{x}-2x=t^3x^2$,

4) $\dot{x}+tx=(\sin t)x^2$, 5) $\sqrt{x}(3\dot{x}+x)=t$, 6) $\dot{x}-\dfrac{x}{2t}=5t^2x^5$.

6. 미지 함수 $x(t)$에 대한 다음과 같은 달랑베르 또는 클레이로 방정식의 일반해를 구하시오. 단 $\dot{x} \equiv u(t)$라고 한다.

1) $x = te^u - 5\cos u$, 2) $x = t(u^2 - 2u + 2) + e^u$,
3) $x = t(u^2 - 2u) + 6u^3$, 4) $x = tu - u^2$,
5) $x = tu + u - u^2$, 6) $x = tu + \dfrac{2}{u}$.

7. 미지 함수 $y(x)$에 대한 다음과 같은 완전 미분형 미분 방정식의 일반해를 구하시오.

1) $x\,dx + 2y\,dy = 0$, 2) $x^2\,dx + y^2\,dy = 0$,
3) $(x-2y)\,dx - (2x-y)\,dy = 0$, 4) $4\cos 2x\,dx - e^{-5y}\,dy = 0$,
5) $e^y\,dx + (xe^y - 1)\,dy = 0$.

8. 미지 함수 $y(x)$에 대한 다음과 같은 미분 방정식에 대해 적분 인자를 구하여 일반해를 구하시오.

1) $dx + x\,dy = 0$, 2) $y\,dx + (x\ln x)\,dy = 0$,
3) $(3x - 2y)\,dx - x\,dy = 0$, 4) $y\,dx + (x^2 - x)\,dy = 0$,
5) $2xy\,dx + (y^2 - x^2)\,dy = 0$.

9. 미지 함수 $y(x)$에 대한 다음과 같은 리카티 방정식의 일반해를 구하시오.

1) $y' = y^2 - xy + 1$, $Y(x) = x$,
2) $y' = e^{-x}y^2 - y$, $Y(x) = 2e^x$,
3) $y' = xy^2 + 2x - x^5$, $Y(x) = ax^b$, 먼저 a, b를 구하시오.

2장

상수 계수의 선형 상미분 방정식

이 장에서는 2계 이상의 고계 선형 상미분 방정식을 생각하는데, 미지 함수나 그 도함수에 곱해진 계수들이 상수인 경우에 한해서 생각하기로 한다. 상수 계수의 미분 방정식은 계수가 독립 변수의 함수로 주어진 경우에 비해 해를 구하는 것이 훨씬 쉬울 뿐만 아니라, 실제로 진동공학에서 자주 다루어야 하며 응용 범위도 꽤 넓다고 할 수 있다.

1절에서는 **제차**(homogeneous)인 2계 상미분 방정식에 대해 살펴보고, 그 해에 대해 진동공학의 자유 진동 문제와 관련하여 논의하며,

2절에서는 고계 상미분 방정식의 해를 구하는 방법과 해의 기본적인 성질에 대해 생각하고,

3절에서는 비제차 상미분 방정식의 해를 **매개변수 변분법**과 **미정계수법**을 사용하여 구하는 과정을 보이고, 진동공학의 강제 진동 문제와 관련하여 기술하기로 한다.

2.1 2계 상미분 방정식과 자유 진동

미지 함수 $x(t)$에 대한 상수 계수를 가진 **제차**(homogeneous)의 2계 선형 상미분 방정식은 다음과 같이 쓸 수 있다.

$$\ddot{x} + 2\alpha\dot{x} + \beta x = 0. \tag{2.1}$$

여기서 α, β는 주어진 실수이며, 이와 같이 식의 우변이 영인 경우를 제차라고 하며, 독립 변수만의 함수가 하나의 항으로 방정식에 포함되지 않은 경우를 뜻한다.

위 식을 보면 미지 함수와 그 도함수의 선형 결합이 영이 되어야 하므로, 미지 함수가 미분에 의해 그 함수 형태가 변화하는 경우는 식 (2.1)의 해가 될 수 없을 것이다. 잘 알려진 함수 중에서 미분에 의해 그 형태가 변하지 않는 함수는 지수 함수 e^t가 있으며, 따라서 식 (2.1)의 해로 다음을 가정하기로 한다.

$$x(t) = e^{\lambda t}. \tag{2.2}$$

여기서 λ는 이 가정이 식 (2.1)을 만족하도록 결정되어야 한다.

이 가정을 식 (2.1)에 대입하면 다음과 같은 λ에 대한 2차 방정식을 얻는데,

$$\lambda^2 + 2\alpha\lambda + \beta = 0, \tag{2.3}$$

이 방정식은 식 (2.1)에 대한 **특성 방정식**(characteristic equation), 이 식의 좌변은 **특성 다항식**(characteristic polynomial)이라고 부른다.

이제 2차 방정식에 대한 근의 공식을 사용하여 특성 방정식의 근을 다음과 같이 얻는다.

$$\lambda_{1,2} = -\alpha \pm \sqrt{\alpha^2 - \beta} = -\alpha \pm \sqrt{\Delta},\ \Delta \equiv \alpha^2 - \beta. \tag{2.4}$$

잘 알려진 바와 같이 Δ는 **판별식**(discriminant)으로 불리며, Δ의 크기에 따라 세 가지 경우로 나누어 생각해야 한다.

1) $\Delta > 0$인 경우

특성 방정식인 식 (2.3)이 두 개의 서로 다른 실근을 가지므로 식 (2.2)의 형태로 식 (2.1)을 만족하는 해가 두 개 있으며, 그들의 어떠한 선형 조합도 해가 될 것이므로, 다음과 같이 일반해를 얻을 수 있다.

$$x(t) = C_1 e^{\lambda_1 t} + C_2 e^{\lambda_2 t},\ \lambda_{1,2} = -\alpha \pm \sqrt{\Delta}. \tag{2.5}$$

여기서 C_1, C_2는 아직 정해지지 않은 상수로 미분 방정식에 추가로 부과된 초기 조건 등을 만족하도록 결정할 수 있다.

1계 미분 방정식의 경우에는 일반해가 하나의 적분 상수를 가지고 있던 것에 반해 위에 보인 해는 두 개의 상수, 즉 적분 상수를 가지고 있다. 이와 같은 차이는 2계 미분 방정식의 해는 본질적으로는 두 번의 적분에 의해 구해질 수 있는 점에 기인한다.

2) $\Delta < 0$인 경우

특성 방정식인 식 (2.3)이 다음과 같이 주어지는 **복소켤레**(complex conjugate)인 **복소근**(complex root)을 가지므로,

$$\lambda_{1,2} = -\alpha \pm i\sqrt{|\Delta|} = -\alpha \pm i\omega_0,\ \omega_0 \equiv \sqrt{|\Delta|} = \sqrt{\beta - \alpha^2}, \tag{2.6}$$

식 (2.2)의 형태로 식 (2.1)을 만족하는 해가 두 개 있으며, 그들의 어떠한 선형 조합도 해가 될 것이므로, 다음과 같이 일반해를 얻을 수 있다.

$$x(t) = e^{-\alpha t}\left(C_1 e^{i\omega_0 t} + C_2 e^{-i\omega_0 t}\right). \tag{2.7}$$

여기서 다음과 같은 **오일러 공식**(Euler's formula)을 사용하기로 하고,

$$e^{\pm i\theta} = \cos\theta \pm i\sin\theta, \tag{2.8}$$

이를 식 (2.7)에 대입하여 다음을 얻는다.

$$\begin{aligned} x(t) &= e^{-\alpha t}\{C_1(\cos\omega_0 t + i\sin\omega_0 t) + C_2(\cos\omega_0 t - i\sin\omega_0 t)\} \\ &= e^{-\alpha t}\{(C_1 + C_2)\cos\omega_0 t + i(C_1 - C_2)\sin\omega_0 t\} \\ \therefore x(t) &= e^{-\alpha t}(A\cos\omega_0 t + B\sin\omega_0 t). \end{aligned} \tag{2.9}$$

여기서 $x(t)$는 실함수가 되어야 하므로, A, B는 실수가 되어야 하며, 따라서 식 (2.7)의 C_1, C_2는 다음과 같이 주어지는 복소수이어야 했음을 알 수 있다([연습문제 1] 참조).

$$C_{1,2} = \frac{A \mp iB}{2}. \tag{2.10}$$

오일러 공식이 알려지지 않은 상황이었다면 식 (2.2)의 가정을 사용하여 구한 λ의 값이 복소수로 주어졌을 때, 식 (2.9)의 형태로 주어지는 해를 구할 수 없었음에 유의하기 바란다.

3) $\Delta = 0$인 경우

특성 방정식인 식 (2.3)이 $\lambda = -\alpha$로 주어지는 중근을 가지므로, 식 (2.2)의 형태를 가지는 해는 다음과 같이 주어지는 해 하나밖에 구할 수 없다.

$$x(t) = C_0 e^{-\alpha t}. \tag{2.11}$$

추가적으로 하나의 해를 더 구하기 위해 매개변수 변분법을 사용하기로 하고, 해의 형태를 다음과 같이 가정하기로 하면,

$$x(t) = C(t) e^{-\alpha t}, \tag{2.12}$$

이를 식 (2.1)에 대입하여 다음을 얻는다.

$$(\ddot{C} - \alpha^2 C + \beta C) e^{-\alpha t} = 0, \ \therefore \ddot{C} = 0. \tag{2.13}$$

여기서 마지막 식을 얻는 데는 $\Delta = 0$임을 사용하였다.

따라서 $C(t) = C_1 t + C_2$를 얻는데, C_2 항은 식 (2.11)의 우변과 같은 항이므로 결국 식 (2.3)이 중근을 가지는 경우에 대해 일반해를 다음과 같이 얻는다.

$$x(t) = (C_0 + C_1 t) e^{-\alpha t}. \tag{2.14}$$

여기서 C_0, C_1은 미정의 상수이다

예를 들어 다음과 같은 미분 방정식이 주어졌다고 하면,

$$\ddot{x} - 3\dot{x} + 2x = 0, \tag{2.15}$$

여기에 식 (2.2)를 대입하여 λ에 대한 2차 방정식인 특성 방정식을 다음과 같이 얻는데,

$$\lambda^2 - 3\lambda + 2 = 0, \tag{2.16}$$

근의 공식을 쓸 수도 있지만, 인수분해에 의해 다음을 얻으므로,

$$(\lambda - 1)(\lambda - 2) = 0, \tag{2.17}$$

특성 방정식은 두 개의 실근 $\lambda_1 = 2$, $\lambda_2 = 1$을 가진다.[3] 따라서 식 (2.5)로부터 일반해를 다음과 같이 얻는다.

$$x(t) = C_1 e^{2t} + C_2 e^{t}. \tag{2.18}$$

한편 위에서 특성 방정식이 복소근을 가지는 경우와 관련하여 오일러 공식을 사용하며 허수 i, 또 복소함수 $e^{i\theta}$를 사용하였는데, 차후를 위하여 복소수에 대한 몇 가지 사항을 정리해 두기로 한다. 먼저 잘 알려져 있는 바와 같이 $i = \sqrt{-1}$로 제곱하여 음수인 -1을 얻는 수로 생각하기로 하면 다음을 얻고,

$$i^2 = -1, \tag{2.19}$$

기타 덧셈, 뺄셈에 대해서는 실수에 대해서와 같은 방법으로 연산하기로 한다. 식 (2.6)에서 보인 바와 같이 복소근은 복소켤레로 얻어지므로, 복소켤레에 대해서는 다음과 같이 표기하기로 하면,

$$\overline{\lambda_1} = \lambda_2, \tag{2.20}$$

식 (2.10)은 다음과 같이 쓸 수 있다.

$$\overline{C_1} = C_2. \tag{2.21}$$

또 실함수의 미분으로부터 다음 관계를 얻으므로,

---

3) 근의 공식에서 제곱근 앞의 부호가 $+$ 인 근이 λ_1 에 상응한다.

$$\frac{de^{i\theta}}{dt} = \frac{d}{dt}(\cos\theta + i\sin\theta) = -\sin\theta + i\cos\theta = i(\cos\theta + i\sin\theta) = ie^{i\theta}, \quad (2.22)$$

$e^{i\theta}$를 미분할 때 일반적인 실함수에 대해 함수의 함수를 미분하는 것과 같이 다루면 될 것이며, 또 적분은 미분에 준하여 다루기로 한다.

나아가 복소수 또는 복소함수에 대해 그 실수부와 허수부를 Re과 Im를 사용하여 각각 다음과 같이 나타내기로 한다.

$$Re(e^{i\theta}) = \cos\theta, \ Im(e^{i\theta}) = \sin\theta. \quad (2.23)$$

따라서 예를 들어 $e^{i\theta}$의 복소켤레에 대해 다음을 얻는다.

$$e^{i\theta} + \overline{e^{i\theta}} = 2\cos\theta = 2Re(e^{i\theta}), \ \therefore Re(e^{i\theta}) = \frac{e^{i\theta} + \overline{e^{i\theta}}}{2}, \quad (2.24)$$

$$e^{i\theta} - \overline{e^{i\theta}} = 2i\sin\theta = 2i\,Im(e^{i\theta}), \ \therefore Im(e^{i\theta}) = \frac{e^{i\theta} - \overline{e^{i\theta}}}{2i}. \quad (2.25)$$

또한 식 (2.10)을 식 (2.7)에 대입하면 다음을 얻는데,

$$x(t) = \frac{e^{-\alpha t}}{2}\left\{(A - iB)e^{i\omega_0 t} + (A + iB)e^{-i\omega_0 t}\right\}, \quad (2.26)$$

이 식 우변 { } 안의 두 양은 서로 복소켤레이므로 식 (2.24)의 관계를 적용하면 식 (2.9)를 얻음을 확인할 수 있다([연습문제 2] 참조).

앞에서 고려한 식 (2.1)은 진동공학에서 다루는 **질량-감쇠기-스프링 계**(mass-dashpot -spring system)의 운동 방정식과 본질적으로 같은 식이며, 이하에서는 [그림 2.1]에 보인 것과 같은 계의 운동 방정식에 대해 생각하기로 한다.

질량 m의 물체가 감쇠계수 c의 감쇠기와 스프링 상수 k의 스프링에 의한 힘을 받으면서 **자유 진동**(free vibration) 또는 **자유 동요**(free oscillation)를 하고 있는 경우, 그 변위 $x(t)$는 뉴턴의 운동 법칙을 적용하여 얻는 다음과 같은 운동 방정식의 해로 주어진다.

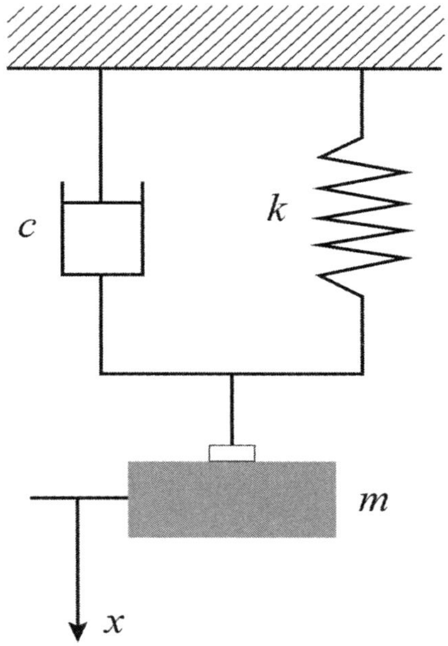

그림 2.1 질량-감쇠기-스프링 계의 자유 진동

$$m\ddot{x} + c\dot{x} + kx = 0. \tag{2.27}$$

이 식의 양변을 m으로 나누고, $\omega_n^2 \equiv \dfrac{k}{m}$, $2\zeta\omega_n \equiv \dfrac{c}{m}$이라고 하면 다음 식을 얻는다.

$$\ddot{x} + 2\zeta\omega_n\dot{x} + \omega_n^2 x = 0. \tag{2.28}$$

여기서는 $c > 0$인 경우만 생각하기로 하면, $\zeta > 0$이며, 식 (2.28)을 식 (2.1)과 비교하면 $\alpha = \zeta\omega_n$, $\beta = \omega_n^2$을 얻으므로, 식 (2.4)에서 정의한 판별식 Δ에 대해 다음을 얻는다.

$$\Delta = \left(\zeta^2 - 1\right)\omega_n^2. \tag{2.29}$$

따라서 위에서 고려한 세 가지 경우는 각각 다음 경우에 상응한다.

i) $\zeta > 1$, **과감쇠 진동**(overdamped vibration),
ii) $\zeta < 1$, **저감쇠 진동**(underdamped vibration),
iii) $\zeta = 1$, **임계감쇠 진동**(critically damped vibration).

여기서 ζ는 무차원 량이며 무차원 감쇠계수라고 불리는데, 실제 물체에 대한 ζ는 대부분 $\zeta \ll 1$로 저감쇠 진동에 속한다.

과감쇠 진동의 경우에는 식 (2.5)로부터 일반해를 다음과 같이 얻으며,

$$x(t) = \left(C_1 e^{\lambda_1 t} + C_2 e^{\lambda_2 t}\right) = \left(C_1 e^{\sqrt{\zeta^2 - 1}\,\omega_n t} + C_2 e^{-\sqrt{\zeta^2 - 1}\,\omega_n t}\right) e^{-\zeta \omega_n t}, \quad (2.30)$$

$$\lambda_{1,2} = \left(-\zeta \pm \sqrt{\zeta^2 - 1}\right)\omega_n, \quad (2.31)$$

따라서 $t \to \infty$일 때, λ_1에 의해 주어지는 항이 지배적인데, $\lambda_1 < 0$이므로 결국 $x(t)$는 지수 함수처럼 영으로 수렴하여 물체는 정지함을 뜻한다.

저감쇠 진동의 경우에는 식 (2.6)으로부터 다음을 얻으므로,

$$\omega_0 = \sqrt{1 - \zeta^2}\,\omega_n, \quad (2.32)$$

$\omega_0 < \omega_n$이 항상 성립함에 유의한다.

또 식 (2.9)로부터 일반해를 다음과 같이 얻으며,

$$x(t) = e^{-\zeta \omega_n t}\left(A \cos \omega_0 t + B \sin \omega_0 t\right), \quad (2.33)$$

따라서 $t \to \infty$일 때, $x(t)$는 진동수 ω_0인 조화 진동과 유사하지만, 그 진폭이 지수 함수 $e^{-\zeta \omega_n t}$와 같이 영으로 수렴하여 물체는 결국 정지함을 뜻한다.

임계감쇠 진동의 경우에는 $\alpha = \omega_n$이므로 식 (2.14)로부터 일반해를 다음과 같이 얻으며,

$$x(t) = \left(C_0 + C_1 t\right) e^{-\omega_n t}, \quad (2.34)$$

따라서 $t \to \infty$일 때, $x(t)$는 저감쇠 진동의 경우보다는 천천히 영으로 수렴하지만 결국 물체는 정지함을 뜻한다.

위에서 $t \to \infty$일 때, 세 경우 모두 물체의 운동이 정지함을 얻었는데, 이는 감쇠기의 존재에 기인하며, 만약 $c = 0$, 즉 $\zeta = 0$인 **비감쇠 진동**(undamped vibration)의 경우에는 식 (2.4)로부터 $\lambda_{1,2} = \pm i\omega_n$을 얻으며 일반해는 식 (2.33)으로부터 다음과 같이 얻는다.

$$x(t) = A\cos\omega_n t + B\sin\omega_n t = \sqrt{A^2 + B^2}\cos(\omega_n t - \varepsilon),\ \varepsilon = \tan^{-1}\frac{B}{A}. \quad (2.35)$$

따라서 이 경우에는 진폭이 $\sqrt{A^2 + B^2}$인 코싸인 운동을 함을 알 수 있으며, 진동수 ω_n은 **고유 진동수**(natural frequency)라고 불리며, 또 운동의 진폭은 초기 조건을 만족하도록 결정되어야 할 것이다.

2.2 고계 선형 상미분 방정식

미지 함수 $x(t)$에 대한 상수 계수를 가지는 제차의 n계 상미분 방정식은 일반적으로 다음과 같이 쓸 수 있는데,

$$\frac{d^n x}{dt^n} + a_1\frac{d^{n-1}x}{dt^{n-1}} + \cdots + a_{n-1}\frac{dx}{dt} + a_n x = 0, \quad (2.36)$$

여기서 a_j, $j \in [1; n]$은 주어진 실수라고 한다. 1절에서와 같은 이유로 식 (2.36)의 해로 식 (2.2)를 가정하기로 하고, 이 가정을 식 (2.36)에 대입하면 다음과 같은 λ에 대한 n차 방정식, 즉 특성 방정식을 얻는다.

$$\lambda^n + a_1\lambda^{n-1} + \cdots + a_{n-1}\lambda + a_n = 0. \quad (2.37)$$

대수학의 근본 정리(fundamental theorem of algebra)에[4] 의해 이 특성 방정식은 n개의 복소근을 가진다. 실수가 아닌 근은 항상 복소켤레로 이루어지므로, 만약 n개의

근 중에서 실수가 아닌 근이 있다면 $2m$개라고 할 수 있고, 또 만약 어떤 근도 중근이 아니라면 식 (2.36)의 일반해 $x(t)$는 다음과 같이 쓸 수 있다.

$$x(t) = \sum_{j=1}^{n-2m} C_j e^{\lambda_j t} + \sum_{k=1}^{m} e^{\mu_k t}\left(A_k \cos\omega_k t + B_k \sin\omega_k t\right). \tag{2.38}$$

여기서 C_j, $j \in [1; n-2m]$, A_k, B_k, $k \in [1; m]$은 아직 정해지지 않은 실수의 상수이며 $\lambda_{n-2m+2k-1} = \mu_k + i\omega_k$, $\lambda_{n-2m+2k} = \mu_k - i\omega_k$, $k \in [1; m]$이다.

식 (2.38)은 n개의 적분 상수를 가지는 일반해이며, 따라서 중근을 가지지 않는 경우에는 주어진 초기 조건 등을 만족하도록 이들 상수를 결정하면 된다.

하지만 만약 **중복도**(multiplicity)가 J인 중근을 가진다면 식 (2.37) 좌변의 특성 다항식은 $(\lambda - \lambda_0)^J$의 인자를 가지며, 이 경우에 대해서는 식 (2.12)에서처럼 매개변수 변분법을 사용하기로 하고, 다음과 같이 가정한 뒤,

$$x(t) = C(t) e^{\lambda_0 t}, \tag{2.39}$$

이를 식 (2.36)에 대입하여 다음을 얻는다([연습문제 3] 참조).

$$\frac{d^J C}{dt^J} = 0. \tag{2.40}$$

따라서 $C(t)$를 $(J-1)$차 다항식으로 다음과 같이 얻고,

$$C(t) = \sum_{j=0}^{J-1} C_j t^j, \tag{2.41}$$

중근에 상응하는 일반해의 부분 $x_J(t)$에 대해 다음을 얻는다.

$$x_J(t) = e^{\lambda_0 t} \sum_{j=0}^{J-1} C_j t^j. \tag{2.42}$$

4) 대수학의 근본 정리에 대해서는 이승준(2018)<2>를 참조하기 바란다.

예를 들어 다음과 같은 상수 계수를 가지는 3계 미분 방정식이 주어졌다고 하자.

$$\frac{d^3x}{dt^3} - 3\frac{d^2x}{dt^2} + 3\frac{dx}{dt} - x = 0. \tag{2.43}$$

이 식에 식 (2.2)를 대입하여 λ에 대한 3차 방정식인 특성 방정식을 다음과 같이 얻는데,

$$\lambda^3 - 3\lambda^2 + 3\lambda - 1 = 0, \tag{2.44}$$

인수분해에 의해 다음을 얻으므로,

$$(\lambda - 1)^3 = 0, \tag{2.45}$$

중복도 $J = 3$인 실근 $\lambda_0 = 1$을 가진다.

따라서 식 (2.39)를 가정하고, 이를 식 (2.43)에 대입하면 다음을 얻는데,

$$\left(\frac{d^3C}{dt^3} + 3\frac{d^2C}{dt^2} + 3\frac{dC}{dt} + C\right) - 3\left(\frac{d^2C}{dt^2} + 2\frac{dC}{dt} + C\right) + 3\left(\frac{dC}{dt} + C\right) - C = 0,$$

$$\therefore \frac{d^3C}{dt^3} = 0, \tag{2.46}$$

이 식은 식 (2.40)에 $J = 3$을 대입한 결과와 동일함을 확인할 수 있다.

따라서 $C(t)$에 대해 다음을 얻으며,

$$C(t) = C_0 + C_1 t + C_2 t^2, \tag{2.47}$$

일반해 $x(t)$를 다음과 같이 얻는다.

$$x(t) = \left(C_0 + C_1 t + C_2 t^2\right)e^t. \tag{2.48}$$

물론 이 식은 식 (2.42)와 같은 결과이며, 식 (2.43)은 $n = J = 3$인 경우이므로 $x_J(t)$가 그대로 $x(t)$가 된다.

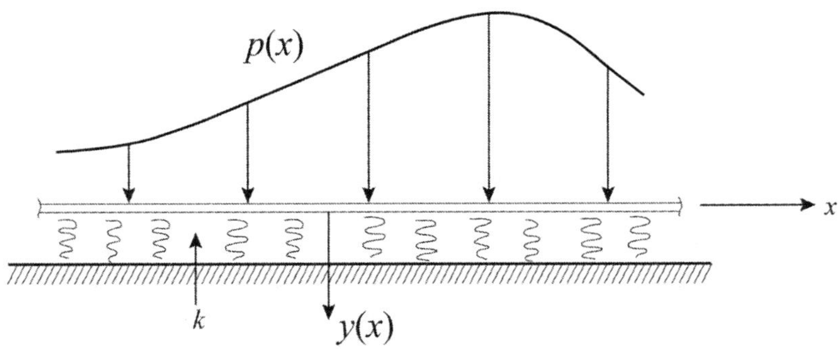

그림 2.2 탄성 지지대 위에 놓인 보의 처짐

이 절의 마지막 예제로 재료역학에서 생각하는 탄성 지지대 위에 놓인 보의 처짐 $y(x)$에 대해 생각하기로 한다. **오일러 보 이론**(Euler beam theory)에 따르면, 보의 횡단면의 도심을 지나는 축에 대한 연직 방향 2차 모멘트를 I, Young의 탄성 계수를 E, 보에 가해지는 분포 하중을 $P(x)$, 탄성 지지대의 스프링 상수를 k라고 하면 보의 연직 방향 변위 $y(x)$는 다음과 같은 4계 상미분 방정식을 만족해야 한다([그림 2.2] 참조).

$$EI\frac{d^4y}{dx^4} + ky = P(x). \tag{2.49}$$

아래에서는 $P(x) = 0$이라고 하고 제차 문제에 대해 생각하기로 한다.

식 (2.49)의 양변을 EI로 나누고 $(\sqrt{2}\,\alpha)^4 \equiv \dfrac{k}{EI}$라고 하면 식 (2.49)로부터 다음을 얻으며,

$$\frac{d^4y}{dx^4} + (\sqrt{2}\,\alpha)^4 y = 0, \tag{2.50}$$

제차해를 식 (2.2)에서처럼 다음과 같이 가정하고,

$$y(x) = e^{\lambda x}, \tag{2.51}$$

이를 식 (2.50)에 대입하면 다음과 같은 특성 방정식을 얻는다.

$$\lambda^4 + (\sqrt{2}\,\alpha)^4 = 0. \tag{2.52}$$

이 방정식의 해는 다음과 같이 쓸 수 있고,

$$\lambda_j = \sqrt{2}\,\alpha e^{i\pi(2j-1)/4} = \sqrt{2}\,\alpha e^{-i\pi/4} e^{ij\pi/2} = i^j \sqrt{2}\,\alpha e^{-i\pi/4},\ j \in [1;4], \quad (2.53)$$

따라서 다음을 얻는데,

$$\lambda_1 = \alpha(1+i),\ \lambda_2 = \alpha(-1+i),\ \lambda_3 = \alpha(-1-i),\ \lambda_4 = \alpha(1-i), \quad (2.54)$$

이로부터 제차 문제에 대한 일반해는 다음과 같이 얻을 수 있다.

$$\begin{aligned} y(x) &= e^{\alpha x}\left(C_1 e^{i\alpha x} + C_4 e^{-i\alpha x}\right) + e^{-\alpha x}\left(C_2 e^{i\alpha x} + C_3 e^{-i\alpha x}\right) \\ &= e^{\alpha x}(A\cos\alpha x + B\sin\alpha x) + e^{-\alpha x}(C\cos\alpha x + D\sin\alpha x). \end{aligned} \quad (2.55)$$

여기서 A, B, C, D는 경계 조건을 만족하도록 결정되어야 할 상수이다.

2.3 비제차 방정식과 강제 진동

미지 함수 $x(t)$에 대한 상수 계수를 가진 **비제차**(inhomogeneous)의 2계 선형 상미분 방정식은 다음과 같이 쓸 수 있다.

$$\ddot{x} + 2\alpha\dot{x} + \beta x = f(t). \quad (2.56)$$

여기서 α, β는 주어진 실수이고, $f(t)$는 주어진 함수이며, 이와 같이 식의 우변이 영이 아닌 경우, 위 방정식을 비제차 방정식이라고 하는데, 독립 변수만의 함수가 방정식에 포함되는 경우를 뜻한다.

식 (2.56)의 일반해는 1.1절, 식 (1.18) 아래에서 논의한 것과 같이 제차 문제에 대한 일반해와 비제차 문제에 대한 특수해의 합으로 주어지는데, 제차 문제의 일반해에 대해서는 2.1절에서 논의한 바 있다. 비제차 문제의 특수해를 구하는 데는 기본적으로 라그랑쥐의 매개변수 변분법을 사용할 수 있는데, 제차 방정식인 식 (2.1)에 대한 일반해는 식 (2.5), (2.9), (2.14)를 망라하여 다음과 같은 형태로 쓸 수 있다([연습문제 4] 참조).

$$x(t) = C_1 x_1(t) + C_2 x_2(t). \tag{2.57}$$

여기서 $x_1(t)$, $x_2(t)$는 서로 독립인 두 개의 **제차해**(homogeneous solution)이며, C_1, C_2는 아직 정해지지 않은 상수이다.

이제 비제차 문제의 특수해 $\xi(t)$를 1.1절 식 (1.16)에서와 같이 다음 형태로 가정하는데,

$$\xi(t) = c_1(t) x_1 + c_2(t) x_2, \tag{2.58}$$

여기서 $c_1(t)$, $c_2(t)$는 주어진 비제차 방정식을 만족하도록 결정해야 할 함수이다. 식 (2.58)을 식 (2.56)에 대입하기 위해 다음을 생각하는데,

$$\dot{\xi}(t) = \left(\dot{c}_1 x_1 + \dot{c}_2 x_2\right) + \left(c_1 \dot{x}_1 + c_2 \dot{x}_2\right), \tag{2.59}$$

특수해에 대한 가정 식 (2.58)을 주어진 식에 대입하여 얻는 식이 $c_1(t)$, $c_2(t)$의 2계 도함수를 포함하지 않기 위해서는 식 (2.59) 우변의 첫째 ( ) 안이 영이 되어야 한다. 따라서 다음 식들을 얻으며,

$$\dot{\xi}(t) = c_1 \dot{x}_1 + c_2 \dot{x}_2, \tag{2.60}$$

$$\dot{c}_1 x_1 + \dot{c}_2 x_2 = 0, \tag{2.61}$$

위의 식 (2.60)을 한 번 더 미분하여 다음을 얻는다.

$$\ddot{\xi}(t) = \left(\dot{c}_1 \dot{x}_1 + \dot{c}_2 \dot{x}_2\right) + \left(c_1 \ddot{x}_1 + c_2 \ddot{x}_2\right). \tag{2.62}$$

식 (2.58), (2.60), (2.62)를 식 (2.56)에 대입하여 다음을 얻으며,

$$\begin{aligned} &\left(\dot{c}_1 \dot{x}_1 + \dot{c}_2 \dot{x}_2\right) + \left(c_1 \ddot{x}_1 + c_2 \ddot{x}_2\right) + 2\alpha\left(c_1 \dot{x}_1 + c_2 \dot{x}_2\right) + \beta^2\left(c_1 x_1 + c_2 x_2\right) \\ &= \left(\dot{c}_1 \dot{x}_1 + \dot{c}_2 \dot{x}_2\right) + c_1\left(\ddot{x}_1 + 2\alpha \dot{x}_1 + \beta^2 x_1\right) + c_2\left(\ddot{x}_2 + 2\alpha \dot{x}_2 + \beta^2 x_2\right) \\ &= \dot{c}_1 \dot{x}_1 + \dot{c}_2 \dot{x}_2 = f(t). \end{aligned} \tag{2.63}$$

위 식의 마지막 등식과 식 (2.61)은 $\dot{c}_1$, $\dot{c}_2$에 대한 1차 연립 방정식으로 볼 수 있으므로, Cramer 규칙(Cramer's rule)을 사용하여 다음을 얻는다.

$$\dot{c}_1 = -\frac{x_2 f}{W},\ \dot{c}_2 = \frac{x_1 f}{W},\ W(t) \equiv \begin{vmatrix} x_1 & x_2 \\ \dot{x}_1 & \dot{x}_2 \end{vmatrix} = x_1\dot{x}_2 - x_2\dot{x}_1. \tag{2.64}$$

여기서 $W(t)$는 $x_1(t)$, $x_2(t)$에 대한 Wronskian이라고 불리는데, $W(t)$에 대해 생각하기 위해 식 (2.1)에 $x_2(t)$를 대입하고 그 식에 $x_1(t)$를 곱한 식으로부터, 식 (2.1)에 $x_1(t)$를 대입하고 그 식에 $x_2(t)$를 곱한 식을 빼줌으로써 다음 결과를 얻는다.

$$\begin{aligned}
& x_1\left(\ddot{x}_2 + 2\alpha\dot{x}_2 + \beta^2 x_2\right) - x_2\left(\ddot{x}_1 + 2\alpha\dot{x}_1 + \beta^2 x_1\right) \\
&= \left(x_1\ddot{x}_2 - x_2\ddot{x}_1\right) + 2\alpha\left(\dot{x}_2 x_1 - \dot{x}_1 x_2\right) \\
&= \left(x_1\ddot{x}_2 + \dot{x}_1\dot{x}_2 - \dot{x}_1\dot{x}_2 - x_2\ddot{x}_1\right) + 2\alpha W \\
&= \frac{d}{dt}\left(x_1\dot{x}_2 - x_2\dot{x}_1\right) + 2\alpha W = \dot{W} + 2\alpha W = 0,\ \therefore W(t) = e^{-2\alpha t}W(0).
\end{aligned} \tag{2.65}$$

이 결과에 따르면 $W(0) \neq 0$일 경우, $W(t)$는 영이 될 수 없다. $W(0) = 0$는 식 (2.64)로부터 $\frac{\dot{x}_1(0)}{x_1(0)} = \frac{\dot{x}_2(0)}{x_2(0)}$와 등가임을 얻으며, 식 (2.5), (2.9), (2.14)의 세 경우에 대해 모두 $W(0) \neq 0$을 얻는다([연습문제 5] 참조).

예를 들어 식 (2.5)에 대해서는 $x_1 = e^{\lambda_1 t}$, $x_2 = e^{\lambda_2 t}$이므로, $W(0)$에 대해 다음을 얻는다.

$$W(0) = \begin{vmatrix} 1 & 1 \\ \lambda_1 & \lambda_2 \end{vmatrix} = \lambda_2 - \lambda_1 = -2\sqrt{\Delta} \neq 0,\ \Delta \equiv \alpha^2 - \beta. \tag{2.66}$$

식 (2.64)의 첫째, 둘째 식들을 적분하여 다음을 얻으며,

$$c_1(t) = -\int^t \frac{x_2 f}{W}dt,\ c_2(t) = \int^t \frac{x_1 f}{W}dt, \tag{2.67}$$

이들을 식 (2.58)에 대입하여 비제차 문제의 특수해 $\xi(t)$를 다음과 같이 얻는다.

$$\xi(t) = -x_1(t)\int^t \frac{x_2 f}{W}\,dt + x_2(t)\int^t \frac{x_1 f}{W}\,dt. \tag{2.68}$$

그러므로 식 (2.56)의 비제차 방정식에 대한 일반해 $x(t)$는 식 (2.57)로 주어지는 제차 문제에 대한 일반해와 식 (2.68)로 주어지는 비제차 문제의 특수해로부터 다음과 같이 얻는다.

$$x(t) = C_1 x_1 + C_2 x_2 - x_1\int^t \frac{x_2 f}{W}\,dt + x_2\int^t \frac{x_1 f}{W}\,dt. \tag{2.69}$$

예를 들어 2.1절에서 생각한 식 (2.15)와 관련하여 다음과 같은 비제차 미분 방정식이 주어졌다고 하자.

$$\ddot{x} - 3\dot{x} + 2x = \sin t. \tag{2.70}$$

2.1절로부터 $\Delta = \frac{1}{4}$, $\lambda_1 = 2$, $\lambda_2 = 1$, $x_1(t) = e^{2t}$, $x_2(t) = e^t$를 얻었으며, 식 (2.66)으로부터 $W(0) = -1$을 얻고, 따라서 식 (2.65)으로부터 $W(t) = -e^{3t}$를 얻는다. 이들을 이용하여, 비제차 문제의 특수해 $\xi(t)$는 식 (2.68)로부터 다음과 같이 쓸 수 있다.

$$\xi(t) = e^{2t}\int^t e^{-2t}\sin t\,dt - e^t\int^t e^{-t}\sin t\,dt. \tag{2.71}$$

위 식 우변의 적분에 대해 1.2절의 식 (1.47)을 이용하여 특수해 $\xi(t)$를 다음과 같이 얻는다.

$$\xi(t) = -\frac{1}{5}(2\sin t + \cos t) + \frac{1}{2}(\sin t + \cos t) = \frac{1}{10}(\sin t + 3\cos t). \tag{2.72}$$

그러므로 비제차 문제, 식 (2.70)의 일반해 $x(t)$는 식 (2.71)로부터 다음과 같이 얻는다.

$$x(t) = C_1 e^{2t} + C_2 e^t + \frac{1}{10}(\sin t + 3\cos t). \tag{2.73}$$

위의 식 (2.70)과 같이 비제차 항인 우변의 함수가 간단한 함수일 경우에는 **미정계수법**(method of undetermined coefficient)이라고 불리는 방법을 사용할 수도 있다.

예를 들어 식 (2.70)에서 우변의 함수가 싸인 함수인데, 어떤 함수를 한 번 또는 두 번 미분하여 싸인 함수가 될 수 있는 함수는 싸인 함수와 코싸인 함수밖에 없으므로, 비제차 문제의 특수해 $\xi(t)$를 다음과 같이 가정할 수 있다.

$$\xi(t) = C_1 \sin t + C_2 \cos t. \tag{2.74}$$

여기서 C_1, C_2는 아직 정해지지 않은 계수, 즉 미정계수이다. 이 가정을 주어진 식 (2.70)에 대입하면 다음을 얻고,

$$\begin{aligned} &-(C_1 \sin t + C_2 \cos t) - 3(C_1 \cos t - C_2 \sin t) + 2(C_1 \sin t + C_2 \cos t) \\ &\quad = (-C_1 + 3C_2 + 2C_1)\sin t + (-C_2 - 3C_1 + 2C_2)\cos t \\ &\quad = (C_1 + 3C_2)\sin t + (C_2 - 3C_1)\cos t = \sin t, \end{aligned} \tag{2.75}$$

따라서 다음 식들이 성립해야 한다.

$$C_1 + 3C_2 = 1\,,\ \ C_2 - 3C_1 = 0. \tag{2.76}$$

둘째 식으로부터 $C_2 = 3C_1$를 얻고, 첫째 식으로부터 C_2를 소거하여 $C_1 = \dfrac{1}{10}$을 얻으므로, $C_2 = \dfrac{3}{10}$을 얻어 식 (2.72)와 같은 결과를 얻음을 확인할 수 있다.

만약 비제차 항인 우변이 t의 n차 다항식인 경우에는 이에 상응하는 특수해도 미정계수의 n차 다항식으로 가정할 수 있다.

예를 들어 다음과 같은 비제차 미분 방정식이 주어졌다고 할 때,

$$\ddot{x} - 3\dot{x} + 2x = t^2, \tag{2.77}$$

특수해 $\xi(t)$를 다음과 같이 가정할 수 있으며,

$$\xi(t) = C_0 + C_1 t + C_2 t^2, \tag{2.78}$$

여기서 C_0, C_1, C_2는 미정계수이다.

이 가정을 주어진 식 (2.77)에 대입하면 다음을 얻으므로,

$$\begin{aligned}&(2C_2) - 3(C_1 + 2C_2 t) + 2(C_0 + C_1 t + C_2 t^2) \\ &= (2C_2 - 3C_1 + 2C_0) + (-6C_2 + 2C_1)t + 2C_2 t^2 = t^2,\end{aligned} \tag{2.79}$$

따라서 다음 식들이 성립해야 한다.

$$2C_2 - 3C_1 + 2C_0 = 0,\ -6C_2 + 2C_1 = 0,\ 2C_2 = 1. \tag{2.80}$$

셋째 식으로부터 $C_2 = \dfrac{1}{2}$를 얻고, 둘째 식으로부터 C_2를 소거하여 $C_1 = \dfrac{3}{2}$을 얻으며, 첫째 식으로부터 C_1, C_2를 소거하여 $C_0 = \dfrac{7}{4}$을 얻어 특수해 $\xi(t)$를 다음과 같이 얻는다.

$$\xi(t) = \frac{7}{4} + \frac{3}{2}t + \frac{1}{2}t^2. \tag{2.81}$$

위에서 고려한 식 (2.56)은 진동공학에서 다루는 질량-감쇠기-스프링 계가 기진력에 의해 **강제 진동**(forced vibration) 또는 **강제 동요**(forced oscillation)를 하고 있는 경우의 운동 방정식과 본질적으로 같은 식이다. [그림 2.1]에 보인 것과 같은 물체가 $F(t)$의 **외력**(external force) 또는 **기진력**(exciting force)을 받는 경우, 그 변위 $x(t)$는 뉴턴의 운동 법칙을 적용하여 얻는 다음과 같은 운동 방정식의 해로 주어진다.

$$m\ddot{x} + c\dot{x} + kx = F(t). \tag{2.82}$$

2.1절에서와 같이 이 식의 양변을 m으로 나누고, $\omega_n^2 \equiv \dfrac{k}{m}$, $2\zeta\omega_n \equiv \dfrac{c}{m}$, $f = \dfrac{F}{m}$라고 하면 다음 식을 얻는다.

$$\ddot{x}+2\zeta\omega_n\dot{x}+\omega_n^2 x=f(t),\ \zeta=\frac{c}{2\sqrt{mk}},\ \omega_n=\sqrt{\frac{k}{m}}\,. \tag{2.83}$$

이 식의 일반해는 제차해와 특수해의 합으로 구성되는데, 제차해는 2.1절에서 다룬바 있으므로, 특수해만 구하면 된다. 이 식의 특수해는 식 (2.68)에 식 (2.65)의 결과를 대입하여 다음과 같이 쓸 수 있는데,

$$\xi(t)=\frac{1}{W(0)}\left\{-x_1(t)\int^t x_2 f e^{2\alpha t}\,dt+x_2(t)\int^t x_1 f e^{2\alpha t}\,dt\right\}, \tag{2.84}$$

2.1절로부터 $\alpha=\zeta\omega_n$, $\beta=\omega_n^2$이며, 2.1절에서 고려한 과감쇠, 저감쇠, 임계감쇠 진동의 세 경우에 대해 제차해 x_1, x_2가 다르므로, 이들을 한꺼번에 다루기는 곤란하다.

하지만 만약 식 (2.82)에서 $F(t)=F_0\cos\omega t$라고 하면, 식 (2.83)은 다음과 같이 쓸 수 있으며,

$$\ddot{x}+2\zeta\omega_n\dot{x}+\omega_n^2 x=f_0\cos\omega t,\ f_0\equiv\frac{F_0}{m}, \tag{2.85}$$

우변이 코싸인 함수이므로 특수해를 미정계수법을 사용하여 구할 수 있다. 식 (2.74)에서처럼 특수해를 다음과 같이 가정하고,

$$\xi(t)=C_1\cos\omega t+C_2\sin\omega t=C_1\gamma+C_2\sigma,\ (\cos\omega t,\sin\omega t)\equiv(\gamma,\sigma), \tag{2.86}$$

이를 식 (2.85)에 대입하면 다음을 얻으며,

$$\begin{aligned}&-\omega^2(C_1\gamma+C_2\sigma)+2\zeta\omega_n\omega(-C_1\sigma+C_2\gamma)+\omega_n^2(C_1\gamma+C_2\sigma)\\&=\left(-\omega^2C_1+2\zeta\omega_n\omega\,C_2+\omega_n^2C_1\right)\gamma+\left(-\omega^2C_2-2\zeta\omega_n\omega\,C_1+\omega_n^2C_2\right)\sigma=f_0\gamma,\end{aligned} \tag{2.87}$$

따라서 다음 식들이 성립해야 한다.

$$\left(\omega_n^2-\omega^2\right)C_1+2\zeta\omega_n\omega\,C_2=f_0,\ -2\zeta\omega_n\omega\,C_1+\left(\omega_n^2-\omega^2\right)C_2=0. \tag{2.88}$$

Cramer 규칙을 사용하여 C_1, C_2를 구하면 다음을 얻고,

$$C_1 = \frac{\left(\omega_n^2 - \omega^2\right) f_0}{D}, \quad C_2 = \frac{2\zeta\omega_n \omega f_0}{D}, \quad D \equiv \left(\omega_n^2 - \omega^2\right)^2 + \left(2\zeta\omega_n \omega\right)^2, \tag{2.89}$$

이들을 식 (2.86)에 대입하여 특수해를 다음과 같이 얻는다.

$$\xi(t) = \frac{f_0}{D}\left\{\left(\omega_n^2 - \omega^2\right)\cos\omega t + 2\zeta\omega_n \omega \sin\omega t\right\}, \tag{2.90}$$

$$\therefore \xi(t) = \xi_0 \cos(\omega t - \varepsilon), \ \xi_0 \equiv \frac{f_0}{\sqrt{D}}, \ \varepsilon = \tan^{-1}\frac{2\zeta\omega_n\omega}{\omega_n^2 - \omega^2}. \tag{2.91}$$

식 (2.30), (2.33), (2.34)로 얻었던 제차 문제의 일반해와는 달리, 비제차 문제의 특수해는 기진력과 같은 진동수를 가지는 **조화 진동**(harmonic vibration)을 하는 것을 알 수 있으며, $t \to \infty$일 때 제차해는 영으로 수렴하지만, 특수해는 그렇지 않으므로, 이와 같은 관점에서 비제차 문제의 특수해는 **정상해**(steady solution)라고 불리기도 한다. 정상해로 주어지는 조화 진동의 진폭 $\frac{f_0}{\sqrt{D}}$와 위상차 ε은 진동수 ω의 함수로 주어지는 것에 유의한다.

식 (2.91)의 둘째, 셋째 식은 기진력의 진동수를 고유 진동수로 나누어 준 무차원 진동수 Ω를 사용하여 다음과 같이 다시 쓸 수 있다.

$$\xi_0 \equiv \frac{f_0}{\omega_n^2}\frac{1}{\sqrt{(1-\Omega^2)^2 + (2\zeta\Omega)^2}}, \ \varepsilon = \tan^{-1}\frac{2\zeta\Omega}{1-\Omega^2}, \ \Omega \equiv \frac{\omega}{\omega_n}. \tag{2.92}$$

여기서 $\frac{f_0}{\omega_n^2} = \frac{F_0}{k}$이고, $\frac{F_0}{k} = \delta$는 F_0의 힘이 정역학적으로 스프링에 작용할 때 발생하는 스프링의 변위, 즉 **정적 변위**(static displacement)이다. 통상 식 (2.92)의 첫째 식은 다음과 같은 무차원 량 사이의 관계로 나타낸다.

$$a_0(\Omega;\zeta) \equiv \frac{\xi_0}{\delta} = \frac{1}{\sqrt{(1-\Omega^2)^2 + (2\zeta\Omega)^2}}. \tag{2.93}$$

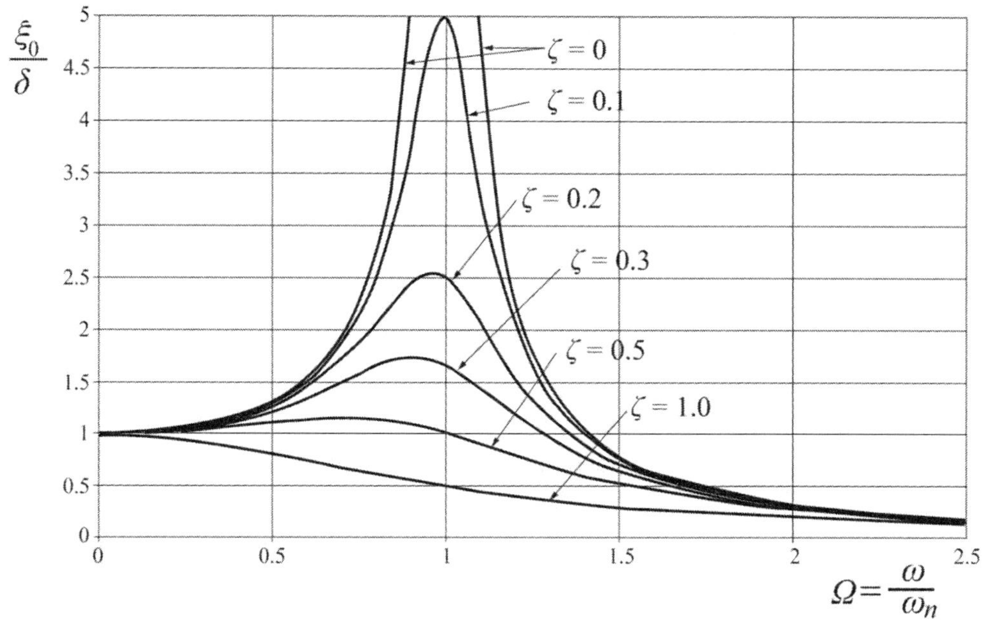

그림 2.3 진동수 응답 곡선

[그림 2.3]에 이 관계를 보였는데, 이와 같은 곡선 군을 **진동수 응답 곡선**(frequency response curves)0이라고 부른다.

무차원 진동수 $\Omega \to 0$ 일 때, 물체의 변위는 거의 정역학적으로 결정될 것이므로, ζ 의 값에 상관없이 $a_0 \to 1$임을 확인할 수 있으며, 또한 $\Omega \to \infty$ 일 때는, 운동 방정식의 좌변에서 가속도에 상응하는 항의 크기가 지배적일 것이므로, 따라서 물체의 응답은 Ω^{-2} 에 비례하여 영으로 수렴함을 볼 수 있다.

임계감쇠, 즉 $\zeta = 1$ 일 때, 응답 a_0 는 다음과 같이 되므로,

$$a_0 \Big|_{\zeta=1} = \frac{1}{\sqrt{(1-\Omega^2)^2 + (2\Omega)^2}} = \frac{1}{1+\Omega^2}, \tag{2.94}$$

$\Omega = 0$ 에서 최대값을 가지는 단조 감소 함수이다. 따라서 $\zeta \geq 1$, $\omega > 0$ 이면, 물체의 진동 진폭은 모든 진동수에 대해 항상 정적 변위보다 작아 동역학적 고려가 불필요하다고 할 수 있다.

ζ의 값이 감소할수록 무차원 진폭 a_0, 즉 **응답**(response)의 크기가 증가하는 것을 볼 수 있으며, 특히 $\Omega=1$ 부근에서 그와 같은 경향이 현저함을 알 수 있다. $\Omega=1$, 즉 $\omega=\omega_n$은 **공진 진동수**(resonance frequency)라고 부르는데, 이 진동수 부근에서 응답 a_0은 최대값을 가진다. a_0의 최대값은 정확하게는 $\frac{da_0}{d\Omega}=0$인 점에서 발생하므로 다음과 같이 얻을 수 있다.

$$4\Omega\left(1-\Omega^2\right)+8\zeta^2\Omega=0,\ \ \therefore \Omega^2=1-2\zeta^2. \tag{2.95}$$

이 식에 따르면 응답의 크기가 최대가 되는 진동수는 항상 공진 진동수보다 약간 작은 것을 알 수 있다. 물론 비감쇠인 경우, 즉 $\zeta=0$인 경우에는 공진 진동수에서 응답은 무한히 큰 값을 가진다.

감쇠가 없는 경우, 공진 시 응답이 무한히 크다는 것은 기진력이 작용하자마자 그와 같은 상황이 발생해야 한다는 것을 뜻하는데 이와 같은 일은 물리적으로는 불가능한 일이다. 실제 어떠한 일이 발생할 지 생각하기 위해 식 (2.85)에 $\zeta=0$를 대입하고, $\omega=\omega_n$인 경우를 생각하기로 하면 다음 방정식을 얻는다.

$$\ddot{x}+\omega_n^2 x=f_0\cos\omega_n t. \tag{2.96}$$

이 방정식의 제차형의 일반해는 식 (2.35)와 같이 주어지는데, 계산의 편의를 위해 복소함수를 사용하기로 하면, 식 (2.35)는 다음과 같이 다시 쓸 수 있다.

$$x(t)=Re\left(Ce^{i\omega_n t}\right), \tag{2.97}$$

여기서 C는 아직 정해지지 않은 복소 상수이다.

식 (2.96)의 우변인 기진력도 $Re\left(f_0 e^{i\omega_n t}\right)$로 쓸 수 있어, 제차해와 같은 형태이므로, 특수해를 매개변수 변분법에 의해 다음과 같이 가정하기로 한다.

$$\xi(t)=Re\left(c(t)\,e^{i\omega_n t}\right). \tag{2.98}$$

여기서 $c(t)$는 복소함수이다. 이 식을 식 (2.96)에 대입하면 다음을 얻으므로([연습문제 6] 참조),

$$\ddot{c} + 2i\omega_n \dot{c} = f_0, \tag{2.99}$$

$\dot{c}(t) = a(t)$로 치환하면 위 식은 다음과 같이 바꾸어 쓸 수 있으며,

$$\dot{a} + 2i\omega_n a = f_0, \tag{2.100}$$

이 식은 분리형이므로 다음 결과를 얻는다.

$$\frac{da}{f_0 - 2i\omega_n a} = dt \Rightarrow \ln(f_0 - 2i\omega_n a) = -2i\omega_n t,$$

$$\therefore a(t) = \frac{1}{2i\omega_n}\left(f_0 - e^{-2i\omega_n t}\right). \tag{2.101}$$

따라서 위 식의 적분으로부터 $c(t)$를 다음과 같이 얻으며,

$$c(t) = \frac{1}{2i\omega_n}\left(f_0 t + \frac{e^{-2i\omega_n t}}{2i\omega_n}\right), \tag{2.102}$$

이를 식 (2.98)에 대입하여 다음을 얻는데,

$$\xi(t) = Re\left\{\frac{1}{2i\omega_n}\left(f_0 t + \frac{e^{-2i\omega_n t}}{2i\omega_n}\right)e^{i\omega_n t}\right\} = \frac{f_0 t}{2\omega_n}\sin\omega_n t - \frac{1}{4\omega_n^2}\cos\omega_n t, \tag{2.103}$$

위 식 마지막 우변의 둘째 항은 제차해이므로 무시하기로 하면 결국 식 (2.96)의 일반해를 다음과 같이 얻는다.

$$x(t) = A\cos\omega_n t + B\sin\omega_n t + \frac{f_0 t}{2\omega_n}\sin\omega_n t. \tag{2.104}$$

여기서 A, B는 초기 조건을 만족하도록 결정해야 하는 상수이다.

이 식 우변의 마지막 항에 따르면 공진에 기인하는 특수해는 시간 t에 비례하여 증가하는 진폭을 가진 조화 함수로 주어지며, 물론 $t \to \infty$일 때 무한히 증가하는 결과를 줌을 확인할 수 있다.

이 절의 마지막 예제로 2.2절에서 고려했던 탄성 지지대 위에 놓인 길이 l인 보에 분포 하중이 다음과 같이 가해진다고 할 때,

$$P(x) = P_0 \sin Kx,\ K \equiv \frac{\pi}{l},\ x \in (0, l), \tag{2.105}$$

보의 처짐 $y(x)$에 대해 생각하기로 한다. 보의 왼쪽 끝이 좌표계의 원점인 점에 유의한다.

식 (2.49)의 양변을 EI로 나누고 $p_0 \equiv \frac{P_0}{EI}$라고 하면 식 (2.49)로부터 다음을 얻으며,

$$\frac{d^4 y}{dx^4} + (\sqrt{2}\,\alpha)^4 y = p_0 \sin Kx\ ,\ (\sqrt{2}\,\alpha)^4 \equiv \frac{k}{EI}, \tag{2.106}$$

제차 문제에 대한 일반해는 식 (2.55)와 같이 주어지므로, 비제차 문제의 특수해를 미정계수법을 사용하여 구하기로 한다. 식 (2.106) 좌변은 미지 함수와 그 4계 도함수만으로 구성되어 있으므로, 특수해 $\eta(x)$를 다음과 같이 가정하는데,

$$\eta(x) = C \sin Kx, \tag{2.107}$$

여기서 C는 미정계수이다.

이를 식 (2.106)에 대입하면 다음을 얻는다.

$$C\left\{K^4 + (\sqrt{2}\,\alpha)^4\right\} = p_0\ ,\ \ \therefore C = \frac{p_0}{K^4 + (\sqrt{2}\,\alpha)^4}\ . \tag{2.108}$$

따라서 이를 식 (2.107)에 대입하여 특수해 $\eta(x)$를 다음과 같이 얻는다.

$$\eta(x) = \frac{p_0}{K^4 + (k/EI)} \sin Kx\,. \tag{2.109}$$

보의 길이 l이 크면 클수록 K는 작아지므로, 따라서 위 식에 따르면 특수해에 의한 보의 처짐은 커지는 것을 알 수 있다.

연습문제

1. 식 (2.9)로부터 아래에 다시 보인 식 (2.10)을 유도하시오.

$$C_{1,2} = \frac{A \mp iB}{2}\,. \tag{2.10}$$

2. 식 (2.24)를 적용하여 식 (2.26)으로부터 식 (2.9)를 유도하시오.

3. 식 (2.39)를 식 (2.36)에 대입하여 식 (2.40)을 구하시오.

4. 식 (2.5), (2.9), (2.14)를 망라하여 아래에 다시 보인 식 (2.55)와 같이 쓸 수 있음을 보이시오.

$$x(t) = C_1 x_1(t) + C_2 x_2(t)\,. \tag{2.55}$$

5. 식 (2.64)로부터 $W(0) = 0$와 $\dfrac{\dot{x}_1(0)}{x_1(0)} = \dfrac{\dot{x}_2(0)}{x_2(0)}$는 등가임을 보이고, 또 식 (2.5), (2.9), (2.14)의 세 경우에 대해 모두 $W(0) \neq 0$을 보이시오.

6. 식 (2.98)을 식 (2.96)에 대입하여 아래에 다시 보인 식 (2.99)를 얻으시오.

$$\ddot{c} + 2i\omega_n \dot{c} = f_0\,. \tag{2.99}$$

7. 미지 함수 $x(t)$에 대한 다음과 같은 제차 미분 방정식의 일반해를 구하시오.

1) $\ddot{x} - 2\dot{x} - 8x = 0$,　2) $\ddot{x} - 4x = 0$,　3) $\ddot{x} + 4x = 0$,

4) $\ddot{x} - 2\dot{x} + 5x = 0$,　5) $\dfrac{d^3x}{dt^3} - x = 0$,

6) $\dfrac{d^5x}{dt^5}-7\dfrac{d^3x}{dt^3}+12\dfrac{dx}{dt}=0$,

7) $\ddot{x}-4\dot{x}-5x=0$,

8) $\ddot{x}-4\dot{x}+5x=0$,

9) $\ddot{x}+2\dot{x}+3x=0$,

10) $\ddot{x}+6\dot{x}+9x=0$,

11) $\dfrac{d^3x}{dt^3}+3\dfrac{d^2x}{dt^2}+3\dfrac{dx}{dt}+x=0$.

8. 미지 함수 $x(t)$에 대한 다음과 같은 비제차 미분 방정식의 일반해를 구하시오.

1) $\ddot{x}-9x=4+5\sinh 3t$,

2) $\ddot{x}-4x=8e^{2t}$,

3) $\ddot{x}-x=5\sin 2t$,

4) $\ddot{x}+x=5\cos t+1$,

5) $\dfrac{d^3x}{dt^3}-3\dfrac{d^2x}{dt^2}=4t-\cosh t$.

3장
상수 계수의 연립 선형 상미분 방정식

이 장에서는 둘 이상의 미지 함수를 가지는 문제에 대해 미지 함수의 수와 같은 수의 연립 미분 방정식이 주어졌는데 그 계수가 상수인 연립 선형 상미분 방정식을 생각하기로 한다.

1절에서는 상수 계수를 가지는 연립 1계 선형 상미분 방정식에 대해 고찰하고,

2절에서는 상수 계수를 가지는 연립 2계 선형 상미분 방정식에 대해 논의한다. 물론 2계인 방정식을 연립 1계의 방정식으로 치환하여 풀 수 있지만, 연립 2계 미분 방정식은 진동공학 등에서 가장 많이 나오는 문제이므로 따로 다루었으며,

3절에서는 진동공학의 다자유도 문제에 대한 해법을 다루었다.

3.1 상수 계수의 연립 1계 선형 상미분 방정식

상수 계수를 가지는 2계 이상의 고계 선형 상미분 방정식은 항상 연립 1계 상미분 방정식으로 바꿀 수 있어 상미분 방정식에 대한 이론을 전개하고자 할 때 연립 1계 방정식은 매우 중요하게 다루어지고 있다.

2.1절에서 고려한 제차의 2계 상미분 방정식, 식 (2.1)을 아래에 다시 보였는데,

$$\ddot{x} + 2\alpha\dot{x} + \beta x = 0, \tag{2.1}$$

이 식에 대해 다음과 같이 변수들을 정의하기로 하면,

$$x_1(t) \equiv x(t),\ x_2(t) \equiv \dot{x}(t), \tag{3.1}$$

식 (2.1)은 다음과 같은 연립 1계 미분 방정식으로 바꾸어 쓸 수 있다.

$$\dot{x}_1(t) = x_2(t), \tag{3.2}$$

$$\dot{x}_2(t) = -\beta x_1 - 2\alpha x_2. \tag{3.3}$$

다음과 같이 열벡터를 정의하기로 하면,

$$\underline{x}(t) \equiv \begin{pmatrix} x_1 \\ x_2 \end{pmatrix},\ \dot{\underline{x}}(t) \equiv \begin{pmatrix} \dot{x}_1 \\ \dot{x}_2 \end{pmatrix}, \tag{3.4}$$

식 (3.2), (3.3)은 다음과 같이 행렬 $\underline{A}$를 사용하여 다시 쓸 수 있다.

$$\dot{\underline{x}} = \underline{A}\,\underline{x},\ \underline{A} \equiv \begin{pmatrix} 0 & 1 \\ -\beta & -2\alpha \end{pmatrix}. \tag{3.5}$$

위 문제에 대해서는 2.1절에서 식 (2.1)과 관련하여 설명한 바와 같은 이유로 $x_j = a_j e^{\lambda t}$, $j = 1, 2$를 가정하기로 한다. 여기서 a_1, a_2는 구해야 하는 상수이다. 이 가정을 식 (3.5)에 대입하면 다음을 얻는데,

$$\lambda \underline{a} = \underline{A}\,\underline{a},\ \ \therefore (\lambda \underline{1} - \underline{A})\underline{a} = \underline{0},\ \underline{a} \equiv \begin{pmatrix} a_1 \\ a_2 \end{pmatrix}, \tag{3.6}$$

여기서 $\underline{1}$은 2×2의 단위 행렬이다. 둘째 식의 우변이 영 벡터이므로 $\underline{a}$에 대한 해가 존재하기 위해서는 계수 행렬의 행렬값이 영이 되어야 한다. 따라서 다음 결과를 얻는데,

$$\det(\underline{A} - \lambda \underline{1}) = \begin{vmatrix} -\lambda & 1 \\ -\beta & -2\alpha-\lambda \end{vmatrix} = (2\alpha+\lambda)\lambda+\beta = \lambda^2+2\alpha\lambda+\beta = 0, \tag{3.7}$$

이 식의 마지막 부분은 식 (2.1)에 대한 특성 방정식 (2.3)과 같은 식임을 확인할 수 있다.

2.1절에서는 세 가지 경우로 나누어 기술하였으나, 여기서는 특성 방정식이 서로 다른 두 실근 λ_1, λ_2을 가지는 것으로 가정하고 논의를 전개하기로 한다.

$\lambda = \lambda_1$ 일 때, 식 (3.6)으로부터 다음을 얻는데,

$$(\underline{A} - \lambda_1 \underline{1})\underline{a} = \begin{pmatrix} -\lambda_1 & 1 \\ -\beta & -2\alpha - \lambda_1 \end{pmatrix} \begin{pmatrix} a_1 \\ a_2 \end{pmatrix} = \begin{pmatrix} -\lambda_1 a_1 + a_2 \\ -\beta a_1 - (2\alpha + \lambda_1) a_2 \end{pmatrix} = \begin{pmatrix} 0 \\ 0 \end{pmatrix}, \quad (3.8)$$

이 식의 첫째 행으로부터 $a_1 = 1$ 이라고 하면 $a_2 = \lambda_1$ 을 얻으며, $\lambda = \lambda_2$ 일 경우에 대해서도 같은 방법으로 $a_1 = 1$ 이라고 하면 $a_2 = \lambda_2$ 를 얻는다.

따라서 미지 함수 $\underline{x}(t)$ 는 다음과 같이 얻으며,

$$\underline{x}(t) = \begin{pmatrix} x_1 \\ x_2 \end{pmatrix} = C_1 \begin{pmatrix} 1 \\ \lambda_1 \end{pmatrix} e^{\lambda_1 t} + C_2 \begin{pmatrix} 1 \\ \lambda_2 \end{pmatrix} e^{\lambda_2 t}, \quad (3.9)$$

이 식의 첫째 행은 2.1절에서 얻은 식 (2.5)와 같은 결과임을 확인할 수 있다. 물론 둘째 행은 식 (2.5)의 양변을 미분하여 얻는 결과와 같다. 또한 열벡터 $\underline{a}$ 의 크기는 어차피 상수 C가 곱해질 것이므로 중요하지 않다고 볼 수 있는데, 단위 벡터를 취하거나 아니면 위에서와 같이 그 성분 중의 하나를 1 로 취하는 것이 보통이다.

2.3절에서 고려한 비제차의 2계 상미분 방정식, 식 (2.56)을 아래에 다시 보였는데,

$$\ddot{x} + 2\alpha \dot{x} + \beta x = f(t), \quad (2.56)$$

위에서와 같은 방법으로 이 식을 다시 쓰면 다음을 얻는다.

$$\dot{\underline{x}} = \underline{A}\,\underline{x} + \underline{f}, \ \underline{f} \equiv \begin{pmatrix} 0 \\ f \end{pmatrix}. \quad (3.10)$$

위에서와 같이 $x_j = a_j e^{\lambda t}$, $j = 1, 2$ 를 가정하고 이를 식 (3.10)에 대입하면 다음을 얻는다.

$$\lambda \underline{a} = \underline{A}\,\underline{a} + \underline{f}, \ \therefore (\lambda \underline{1} - \underline{A})\underline{a} = \underline{f}. \quad (3.11)$$

여기서 a_1, a_2 는 구해야 하는 상수이다. 위 문제의 해는 위에서 구한 식 (3.9)의 제차해와 위 문제에 대한 특수해의 합으로 주어진다.

이하에서는 논의를 쉽게 하기 위해 식 (2.56) 대신 아래에 다시 보인 식 (2.85)를 생각하기로 하면,

$$\ddot{x} + 2\zeta\omega_n \dot{x} + \omega_n^2 x = f_0 \cos\omega t, \tag{2.85}$$

식 (3.10)의 $\underline{A}$와 $\underline{f}$는 각각 다음 식으로 주어진다.

$$\underline{A} \equiv \begin{pmatrix} 0 & 1 \\ -\omega_n^2 & -2\zeta\omega_n \end{pmatrix},\ \underline{f} \equiv \begin{pmatrix} 0 \\ f_0 \end{pmatrix} \cos\omega t \equiv \underline{f}_0 \cos\omega t,\ \underline{f}_0 \equiv \begin{pmatrix} 0 \\ f_0 \end{pmatrix}. \tag{3.12}$$

따라서 특수해 $\underline{\xi}(t)$를 다음과 같이 가정하는데,

$$\underline{\xi}(t) = \begin{pmatrix} a_1 \\ a_2 \end{pmatrix} \cos\omega t + \begin{pmatrix} b_1 \\ b_2 \end{pmatrix} \sin\omega t \equiv \gamma \underline{a} + \sigma \underline{b},\ (\cos\omega t, \sin\omega t) \equiv (\gamma, \sigma), \tag{3.13}$$

여기서 a_1, a_2, b_1, b_2는 구해야 하는 상수이다. 이를 식 (3.10)에 대입하면 다음을 얻으며,

$$-\omega\sigma\underline{a} + \omega\gamma\underline{b} = \gamma\underline{A}\,\underline{a} + \sigma\underline{A}\,\underline{b} + \gamma\underline{f}_0, \tag{3.14}$$

물론 여기서 $\underline{A}$, $\underline{f}_0$는 식 (3.12)에 주어진 바와 같다.

따라서 다음 두 식을 얻고,

$$\omega\underline{b} - \underline{A}\,\underline{a} = \underline{f}_0,\ \underline{A}\,\underline{b} + \omega\,\underline{a} = \underline{0}, \tag{3.15}$$

둘째 식으로부터 $\underline{a} = -\omega^{-1}\underline{A}\,\underline{b}$를 얻으므로, 이를 첫째 식에 대입하여 다음을 얻는다.

$$\left(\omega^2\underline{1} + \underline{A}^2\right)\underline{b} = \omega\underline{f}_0,\ \therefore \underline{b} = \omega\left(\omega^2\underline{1} + \underline{A}^2\right)^{-1}\underline{f}_0. \tag{3.16}$$

위 둘째 식에 포함된 역행렬을 다음과 같이 얻으며([연습문제 1] 참조),

$$\left(\omega^2\underline{1} + \underline{A}^2\right)^{-1} = \frac{1}{D}\begin{pmatrix} \omega^2 - \omega_n^2 + 4\zeta^2\omega_n^2 & 2\zeta\omega_n \\ -2\zeta\omega_n^3 & \omega^2 - \omega_n^2 \end{pmatrix},\ D \equiv \left(\omega_n^2 - \omega^2\right)^2 + \left(2\zeta\omega_n\omega\right)^2, \tag{3.17}$$

식 (3.16)의 둘째 식에 이를 대입하여 $\underline{b}$를 다음과 같이 얻고,

$$\underline{b} = \frac{\omega f_0}{D}\begin{pmatrix} 2\zeta\omega_n \\ \omega^2 - \omega_n^2 \end{pmatrix}, \tag{3.18}$$

이 결과를 $\underline{a} = -\omega^{-1}\underline{A}\,\underline{b}$에 대입하여 $\underline{a}$를 다음과 같이 얻는다.

$$\underline{a} = -\frac{f_0}{D}\begin{pmatrix} \omega^2 - \omega_n^2 \\ -2\zeta\omega_n\omega^2 \end{pmatrix}. \tag{3.19}$$

이들을 식 (3.13)에 대입하고 첫째 행을 구하면 다음을 얻는데,

$$\xi_1(t) = \frac{f_0}{D}\left\{\left(\omega_n^2 - \omega^2\right)\cos\omega t + 2\zeta\omega_n\omega\sin\omega t\right\}, \tag{3.20}$$

이 결과는 2.3절에서 구한 식 (2.90)과 전적으로 같음을 확인할 수 있다.

이상으로 제차 및 비제차 2계 미분 방정식을 연립 1계 미분 방정식으로 바꾸어 푸는 방법을 보였으며, 위에서 보인 방법은 3계 이상의 고계 미분 방정식에 대해서도 그대로 확장, 적용할 수 있다.

3.2 상수 계수의 연립 2계 선형 상미분 방정식

앞 절에서 기술한 바와 같이 2계 미분 방정식은 연립 1계 미분 방정식으로 바꾸어 쓸 수 있으므로, 연립 2계 미분 방정식을 따로 생각하지 않아도 되지만, 진동공학이나 **구조동역학**(structural dynamics)의 **다자유도**(multi-degree of freedom) 문제와 관련하여 연립 2계 미분 방정식을 자주 풀어야 하므로 이 절에서는 이에 대해 논의하기로 한다.

예를 들어 [그림 3.1]에 보인 바와 같이 2 자유도의 질량-스프링 계에 대해 뉴턴의 운동 법칙을 적용하면 두 물체의 변위 $x_1(t)$, $x_2(t)$에 대한 연립 2계 미분 방정식을 다음과 같이 얻는다.

$$m\ddot{x}_1 + 2kx_1 - kx_2 = 0, \tag{3.21}$$

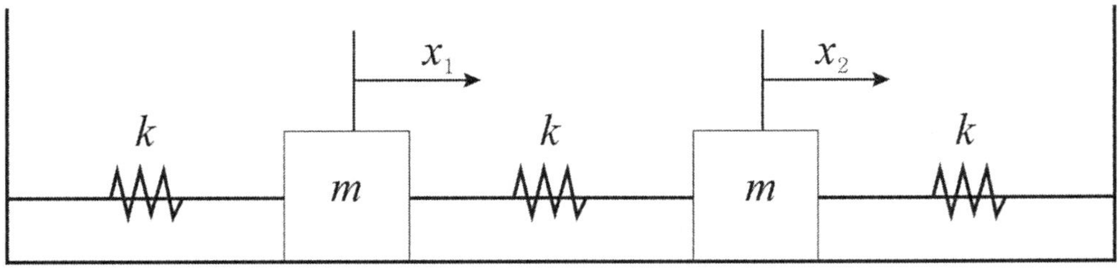

그림 3.1 2 자유도의 질량-스프링 계

$$m\ddot{x}_2+2kx_2-kx_1=0. \tag{3.22}$$

$x_1(t)$, $x_2(t)$는 각각 물체 1, 물체 2의 변위라고 하고, 두 물체의 질량은 모두 m, 세 스프링의 스프링 상수는 모두 k라고 한다.

위 두 식의 양변을 m으로 나누어, x_1, x_2에 대한 방정식을 다음과 같이 얻으며,

$$\ddot{x}_1+2\mu x_1-\mu x_2=0,\ \mu\equiv\frac{k}{m}, \tag{3.23}$$

$$\ddot{x}_2+2\mu x_2-\mu x_1=0, \tag{3.24}$$

앞 절에서와 같이 열벡터와 행렬을 사용하여 위 식을 나타내기로 하면 다음을 얻는다.

$$\ddot{\underline{x}}+\underline{K}\,\underline{x}=\underline{0},\ \underline{x}(t)\equiv\begin{pmatrix}x_1\\x_2\end{pmatrix},\ \underline{K}\equiv\begin{pmatrix}2\mu & -\mu\\-\mu & 2\mu\end{pmatrix}. \tag{3.25}$$

여기서 행렬 $\underline{K}$는 **대칭 행렬**(symmetric matrix)임에 유의한다.

식 (3.25)의 일반해를 구함에 있어 그 계수가 모두 상수이므로 그 해의 형태로 $x_j=a_je^{st}$, $j=1, 2$를 가정하기로 하는데, 여기서 a_1, a_2는 구해야 하는 상수이다. 이 가정을 식 (3.25)에 대입하면 다음을 얻는다.

$$s^2\underline{a}+\underline{K}\,\underline{a}=\underline{0},\ \therefore\left(s^2\underline{1}+\underline{K}\right)\underline{a}=\underline{0},\ \underline{a}\equiv\begin{pmatrix}a_1\\a_2\end{pmatrix}. \tag{3.26}$$

앞 절에서와 같이 $\underline{1}$은 2×2의 단위 행렬이다.

식 (3.26) 둘째 식의 우변이 영 벡터이므로 $\underline{a}$에 대한 해가 존재하기 위해서는 계수 행렬의 행렬값이 영이 되어야 하며 따라서 다음 결과를 얻는다.

$$\det\left(s^2 \underline{1} + \underline{K}\right) = \begin{vmatrix} s^2+2\mu & -\mu \\ -\mu & s^2+2\mu \end{vmatrix} = \left(s^2+2\mu\right)^2 - \mu^2 = \left(s^2+\mu\right)\left(s^2+3\mu\right) = 0. \quad (3.27)$$

식 (3.23)으로부터 $\mu = \dfrac{k}{m} \equiv \omega_0^2 > 0$이므로 다음과 같이 s를 얻는데,

$$s_{1,2} = \pm i\,\omega_0,\ s_{3,4} = \pm i\sqrt{3}\,\omega_0, \quad (3.28)$$

이와 같이 지수 함수 e^{st}의 지수가 허수가 되는 경우에는 오일러 공식에 의해 싸인과 코싸인 함수로 바꾸어 쓸 수 있음을 알고 있으므로, 식 (3.25)의 일반해를 다음과 같이 가정할 수 있다.

$$\begin{aligned} \underline{x}(t) &= A_1 \begin{pmatrix} a_1 \\ a_2 \end{pmatrix} \cos\omega_0 t + B_1 \begin{pmatrix} b_1 \\ b_2 \end{pmatrix} \sin\omega_0 t \\ &\quad + A_2 \begin{pmatrix} c_1 \\ c_2 \end{pmatrix} \cos\sqrt{3}\,\omega_0 t + B_2 \begin{pmatrix} d_1 \\ d_2 \end{pmatrix} \sin\sqrt{3}\,\omega_0 t. \end{aligned} \quad (3.29)$$

물론 여기서 열벡터 $\underline{a}$, $\underline{b}$, $\underline{c}$, $\underline{d}$는 각각의 s_j에 상응하는 값들로 식 (3.26)으로부터 구해야 한다.

먼저 $s = i\omega_0$일 때에 대해, 식 (3.26)으로부터 다음을 얻으므로,

$$\begin{pmatrix} \mu & -\mu \\ -\mu & \mu \end{pmatrix} \begin{pmatrix} a_1 \\ a_2 \end{pmatrix} = \begin{pmatrix} \mu a_1 - \mu a_2 \\ -\mu a_1 + \mu a_2 \end{pmatrix} = \begin{pmatrix} 0 \\ 0 \end{pmatrix}, \quad (3.30)$$

이 식의 첫째 행으로부터 $a_1 = 1$이라고 하면 $a_2 = 1$을 얻으며, $s = -i\,\omega_0$일 경우에 대해서도 같은 방법으로 $b_1 = 1$이라고 하면 $b_2 = 1$를 얻는다.

또 $s = \pm i\sqrt{3}\,\omega_0$일 때에 대해, 식 (3.26)으로부터 다음을 얻으므로,

$$\begin{pmatrix} -\mu & -\mu \\ -\mu & -\mu \end{pmatrix}\begin{pmatrix} a_1 \\ a_2 \end{pmatrix} = \begin{pmatrix} -\mu a_1 - \mu a_2 \\ -\mu a_1 - \mu a_2 \end{pmatrix} = \begin{pmatrix} 0 \\ 0 \end{pmatrix}, \tag{3.31}$$

$a_1 = 1$이라고 하면 $a_2 = -1$을 얻으며, 따라서 $s = \pm i\sqrt{3}\,\omega_0$일 경우에 대해서 $c_1 = d_1 = 1$이라고 하면 $c_2 = d_2 = -1$을 얻는다.

위의 결과를 종합하여 식 (3.25)의 일반해 $\underline{x}(t)$를 다음과 같이 얻는다.

$$\underline{x}(t) = (A_1 \cos\omega_0 t + B_1 \sin\omega_0 t)\begin{pmatrix} 1 \\ 1 \end{pmatrix} + (A_2 \cos\sqrt{3}\,\omega_0 t + B_2 \sin\sqrt{3}\,\omega_0 t)\begin{pmatrix} 1 \\ -1 \end{pmatrix}. \tag{3.32}$$

여기서 A_j, B_j, $j = 1, 2$는 초기 조건을 만족하도록 결정해야 할 상수이다.

이 결과에 따르면, x_1, x_2는 ω_0, $\sqrt{3}\,\omega_0$의 두 **고유 진동수**(natural frequency)와 그에 상응하는 **고유 모드**(natural mode)를 가진다고 할 수 있다. $\omega_1 = \omega_0$에 상응하는 고유 모드는 두 물체가 같은 크기, 같은 부호로 움직이므로 마치 하나의 질량이 움직이는 것과 같이 운동하는 모드이며, $\omega_2 = \sqrt{3}\,\omega_0$에 상응하는 고유 모드는 두 물체가 같은 크기, 반대 부호로 움직이므로 두 물체의 질량 중심은 움직이지 않는 모드이다.

이와 같은 고유 모드의 개념을 도입하여 **다자유도 계**(system of multi-degree of freedom)의 운동을 보다 쉽게 기술할 수 있으며, 소위 **정규 모드**(normal mode) $\xi_1(t)$, $\xi_2(t)$를 정의할 수 있다. 예를 들어 위에서 생각한 문제에 대해 $\xi_1(t)$, $\xi_2(t)$를 다음과 같이 정의하면,

$$\xi(t) \equiv \begin{pmatrix} \xi_1 \\ \xi_2 \end{pmatrix} \equiv \begin{pmatrix} x_1 + x_2 \\ x_1 - x_2 \end{pmatrix}, \tag{3.33}$$

이 식의 우변에 식 (3.32)를 대입하여 다음을 얻는다.

$$\xi = 2\begin{pmatrix} A_1 \cos\omega_0 t + B_1 \sin\omega_0 t \\ A_2 \cos\sqrt{3}\,\omega_0 t + B_2 \sin\sqrt{3}\,\omega_0 t \end{pmatrix}. \tag{3.34}$$

다시 말하면 각각의 정규 모드 $\xi_1(t)$, $\xi_2(t)$는 하나의 고유 진동수만을 가지는 조화 함수로 주어지는 모드이며, 정규 모드는 고유 모드 중에서 특정한 크기를 하나 지정하여 얻어지는 것으로 볼 수 있다.

만약 주어진 문제를 다루는데 처음부터 ξ_1, ξ_2를 일반 좌표로 사용하였다면, 식 (3.23), (3.24)로부터 다음 식들을 얻는데,

$$\ddot{\xi}_1 + \mu \xi_1 = 0, \tag{3.35}$$

$$\ddot{\xi}_2 + 3\mu \xi_2 = 0, \tag{3.36}$$

이들은 식 (3.23), (3.24)와 달리 서로 **비연계 되어**(uncoupled) 있어 따로따로 풀 수 있는 식들이다. 다시 말하면 정규 모드는 처음에 고려했던 좌표 x_1, x_2와는 달리 각각 하나의 고유 진동수로 진동하는 운동 모드이다.

다음 절에서는 n 자유도 계에 대한 운동 방정식을 고려하면서 위에서 보인 해를 구하는 과정을 일반화할 것이다. 이를 위하여 선형대수적인 관점에서 위에서 보인 과정을 다시 생각하기로 한다. 식 (3.25)의 일반해를 구하는데, 처음부터 $x_j = a_j e^{i\nu t}$, $j = 1, 2$를 가정하기로 하면, 이 가정을 식 (3.25)에 대입하여 다음을 얻으며,

$$\underline{K}\underline{a} = \lambda\, \underline{a},\ \lambda \equiv \nu^2, \tag{3.37}$$

이 문제는 대칭 행렬 $\underline{K}$의 **고유값**(eigenvalue) λ를 구하는 문제이다.

선형대수로부터 배운 바와 같이 식 (3.37)에 상응하는 특성 방정식은 두 개의 실근을 가지며, 위에서 보인 문제의 경우에는 λ에 대해 두 개의 양의 실근 $\lambda_1 = \omega_1^2$, $\lambda_2 = \omega_2^2$을 얻었고, 이들에 상응하는 **고유벡터**(eigenvector) $\underline{e}_1$, $\underline{e}_2$를 다음 식으로부터 구하였다.

$$(\underline{K} - \lambda_j \underline{1})\underline{e}_j = \underline{0},\ j = 1, 2. \tag{3.38}$$

위에서는 고유벡터를 정함에 있어 x_1 성분을 1로 취하여 얻었고, 또 고유벡터는 서로 직교하며, 운동의 고유 모드를 결정함에 유의한다.

따라서 식 (3.25)의 일반해 $\underline{x}(t)$, 식 (3.32)는 다음과 같이 쓸 수 있다.

$$\underline{x}(t) = (A_1 \cos\omega_1 t + B_1 \sin\omega_1 t)\underline{e}_1 + (A_2 \cos\omega_2 t + B_2 \sin\omega_2 t)\underline{e}_2. \tag{3.39}$$

한편, 정규 모드는 2×2 **모드 행렬**(modal matrix) $\underline{R}$을 사용하여 얻을 수 있는데, $\underline{R}$은 행렬의 각 열에 크기가 같은 고유벡터 $\underline{e}_1$, $\underline{e}_2$를 배치하여 얻는 행렬이며, 위 문제에 대해서는 다음과 같은 행렬이다.

$$\underline{R} = \begin{pmatrix} 1 & 1 \\ 1 & -1 \end{pmatrix}. \tag{3.40}$$

또 정규 모드 $\underline{\xi}$는 다음 식으로 주어지며,

$$\underline{\xi} = \underline{R}\,\underline{x}, \tag{3.41}$$

물론 이 식은 식 (3.33)과 같은 식이다.

$\underline{R}$은 **특이 행렬**(singular matrix)이 아니므로 **역행렬**(inverse matrix) $\underline{R}^{-1}$이 존재하고, 따라서 식 (3.41)은 다음과 같이 쓸 수 있으며,

$$\underline{x} = \underline{R}^{-1}\underline{\xi}, \tag{3.42}$$

이 식을 식 (3.25)에 대입한 후, 행렬 $\underline{R}$을 **앞에서 곱해주면**(pre-multiply) 다음을 얻는다.

$$\ddot{\underline{\xi}} + \underline{R}\,\underline{K}\,\underline{R}^{-1}\underline{\xi} = \underline{0}. \tag{3.43}$$

주기저 정리(principal basis theorem)[5]에 따르면 좌변의 $\underline{R}\,\underline{K}\,\underline{R}^{-1}$는 **주대각선**(main diagonal) 상에 행렬 $\underline{K}$의 고유값이 배열되는 **대각 행렬**(diagonal matrix)이므로 다음을 얻으며,

$$\underline{R}\,\underline{K}\,\underline{R}^{-1} = \begin{pmatrix} \lambda_1 & 0 \\ 0 & \lambda_2 \end{pmatrix} \equiv \underline{\Lambda}, \tag{3.44}$$

따라서 식 (3.43)은 다음과 같이 다시 쓸 수 있고,

$$\ddot{\underline{\xi}} + \underline{\Lambda}\,\underline{\xi} = \underline{0}, \tag{3.45}$$

5) 이 정리에 대해서는 이승준(2010)<1>을 참조하기 바란다.

이 식은 물론 식 (3.35), (3.36)과 같은 식이다. 위에서 기술한 바와 같이 $\underline{\Lambda}$는 대각 행렬이므로 ξ_1, ξ_2는 비연계 되어 있음에 유의한다.

이상으로 식 (3.25)의 일반해를 구하는 과정을 두 번 중복하여 보였는데, 식 (3.37) 이하에서 보인 열벡터와 행렬을 사용하는 과정은 선형대수에서는 주기저 정리와 관련하여 잘 알려져 있으며, 다음 절에서는 이와 같은 과정을 자유도 n인 계에 대해 확장, 일반화하기로 한다.

3.3 진동공학의 다자유도 문제

n 자유도 계에 대한 운동 방정식이 물체 j의 변위 $x_j(t)$, $j \in [1;n]$에 대해 다음과 같이 주어졌다고 하자.

$$\ddot{x}_1 + \sum_{j=1}^{n} \mu_{1j} x_j = 0, \tag{3.46}$$

$$\cdots$$

$$\ddot{x}_n + \sum_{j=1}^{n} \mu_{nj} x_j = 0. \tag{3.47}$$

여기서 μ_{lj}, $l \in [1;n]$, $j \in [1;n]$은 주어진 상수라고 한다.

위 식을 열벡터와 행렬을 사용하여 나타내기로 하면 다음을 얻는다.

$$\ddot{\underline{x}} + \underline{K}\,\underline{x} = \underline{0}, \quad \underline{K} \equiv (\mu_{lj}). \tag{3.48}$$

여기서 행렬 $\underline{K}$는 대칭 행렬임에 유의한다.

식 (3.48)의 일반해를 구함에 있어 계수가 모두 상수이므로 그 해의 형태로 $x_j = a_j e^{i\nu t}$, $j \in [1;n]$을 가정하기로 하고, 이 가정을 식 (3.48)에 대입하여 다음을 얻으며,

$$\underline{K}\,\underline{a} = \lambda\,\underline{a}, \quad \lambda \equiv \nu^2, \tag{3.49}$$

이 문제는 대칭 행렬 $\underline{K}$의 **고유값**(eigenvalue) λ를 구하는 문제이다.

선형대수로부터 배운 바와 같이 식 (3.49)에 상응하는 특성 방정식은 n 개의 실근을 가지며, 이하에서는 그 근들이 영보다 크다고 가정하기로 한다. 따라서 λ에 대해 $\lambda_j = \omega_j^2$, $j \in [1;n]$을 얻을 수 있으며, 이들에 상응하는 고유벡터 $\underline{e}_j$, $j \in [1;n]$는 다음 식으로부터 구할 수 있다.

$$(\underline{K} - \lambda_j \underline{1})\underline{e}_j = \underline{0}, \; j \in [1;n]. \tag{3.50}$$

고유벡터를 정함에 있어 x_1 성분을 1로 취하기로 하고, 이때 고유벡터는 서로 직교하며, 운동의 고유 모드를 결정함에 유의한다.

따라서 식 (3.48)의 일반해 $\underline{x}(t)$를 다음과 같이 얻는다.

$$\underline{x}(t) = \sum_{j=1}^{n} (A_j \cos \omega_j t + B_j \sin \omega_j t)\underline{e}_j. \tag{3.51}$$

여기서 A_j, B_j, $j \in [1;n]$은 초기 조건을 만족하도록 결정해야 할 상수이다.

한편, 정규 모드는 $n \times n$ 모드 행렬 $\underline{R}$을 사용하여 얻을 수 있는데, $\underline{R}$은 행렬의 j번째 열에 크기가 일정한 고유벡터 $\underline{e}_j$를 배치하여 얻는 행렬이며, 또 정규 모드 ξ는 다음 식으로 주어진다.

$$\xi = \underline{R}\underline{x}. \tag{3.52}$$

$\underline{R}$은 **비특이 행렬**(nonsingular matrix)이므로 역행렬 $\underline{R}^{-1}$이 존재하고, 따라서 식 (3.52)는 다음과 같이 쓸 수 있으며,

$$\underline{x} = \underline{R}^{-1}\xi, \tag{3.53}$$

이 식을 식 (3.48)에 대입한 후, 행렬 $\underline{R}$을 앞에서 곱해주면 다음을 얻는다.

$$\ddot{\xi} + \underline{R}\underline{K}\underline{R}^{-1}\xi = \underline{0}. \tag{3.54}$$

여기서 좌변의 $\underline{R}\underline{K}\underline{R}^{-1}$는 주대각선 상에 행렬 $\underline{K}$의 고유값이 배열되는 대각 행렬 $\underline{\Lambda}$이며, 따라서 식 (3.54)는 다음과 같이 다시 쓸 수 있는데,

$$\ddot{\xi} + \underline{\Lambda}\,\xi = \underline{0}, \tag{3.55}$$

여기서 ξ_j는 비연계 되어 있음에 다시 한 번 유의한다.

아래에서는 [그림 3.2]에 보인 바와 같은 3 자유도 질량-스프링 계의 일반해를 구하는 과정을 보이며 위의 해석 과정을 살펴보기로 한다.

먼저 뉴턴의 운동 법칙을 적용하여 운동 방정식을 구하면 다음을 얻으며,

$$m\ddot{x}_1 + 2kx_1 - kx_2 = 0, \tag{3.56}$$

$$m\ddot{x}_2 + 2kx_2 - kx_1 - kx_3 = 0, \tag{3.57}$$

$$m\ddot{x}_3 + 2kx_3 - kx_2 = 0, \tag{3.58}$$

$x_j(t)$, $j \in [1;3]$은 물체 j의 변위라고 하고, 세 물체의 질량은 모두 m, 세 스프링의 스프링 상수는 모두 k라고 한다.

위 세 식의 양변을 m으로 나누어, x_j에 대한 방정식을 다음과 같이 얻으며,

$$\ddot{x}_1 + 2\mu x_1 - \mu x_2 = 0,\ \mu \equiv \frac{k}{m}, \tag{3.59}$$

$$\ddot{x}_2 + 2\mu x_2 - \mu x_1 - \mu x_3 = 0, \tag{3.60}$$

$$\ddot{x}_3 + 2\mu x_3 - \mu x_2 = 0, \tag{3.61}$$

식 (3.48)의 대칭 행렬 $\underline{K}$를 다음과 같이 얻는다.

$$\ddot{\underline{x}} + \underline{K}\,\underline{x} = \underline{0},\ \underline{K} \equiv \begin{pmatrix} 2\mu & -\mu & 0 \\ -\mu & 2\mu & -\mu \\ 0 & -\mu & 2\mu \end{pmatrix} = \mu \begin{pmatrix} 2 & -1 & 0 \\ -1 & 2 & -1 \\ 0 & -1 & 2 \end{pmatrix}. \tag{3.62}$$

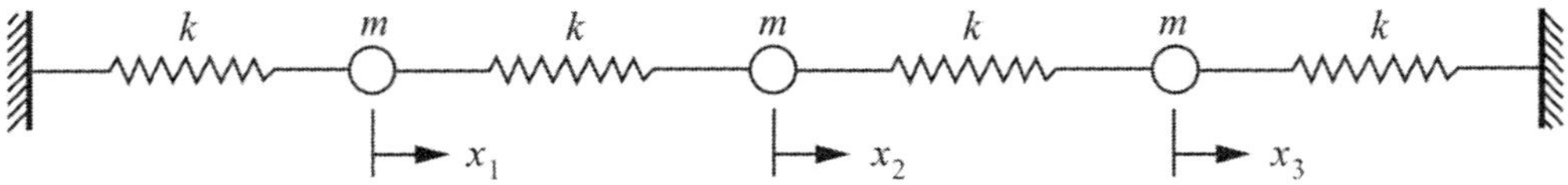

그림 3.2　3 자유도 질량-스프링 계

식 (3.62)의 일반해로 $x_j = a_j e^{i\nu t}$, $j \in [1;3]$을 가정하고, 이 가정을 식 (3.62)에 대입하여 고유값 $\lambda \equiv \nu^2$에 대한 문제를 얻으며, 특성 방정식은 다음과 같다.

$$\det(\underline{K} - \lambda \underline{1}) = \begin{vmatrix} 2\mu - \lambda & -\mu & 0 \\ -\mu & 2\mu - \lambda & -\mu \\ 0 & -\mu & 2\mu - \lambda \end{vmatrix} = (2\mu - \lambda)\{(2\mu - \lambda)^2 - 2\mu^2\}$$

$$= (2\mu - \lambda)(2\mu - \lambda + \sqrt{2}\,\mu)(2\mu - \lambda - \sqrt{2}\,\mu) = 0. \tag{3.63}$$

위 식으로부터 고유값을 다음과 같이 얻으며,

$$\lambda_1 = (2 - \sqrt{2})\,\mu,\ \lambda_2 = 2\,\mu,\ \lambda_3 = (2 + \sqrt{2})\,\mu, \tag{3.64}$$

$\mu \equiv \omega_0^2 > 0$이라고 하면 고유 진동수 ω_j를 다음과 같이 얻는다.

$$\omega_1 = \sqrt{2 - \sqrt{2}}\,\omega_0,\ \omega_2 = \sqrt{2}\,\omega_0,\ \omega_3 = \sqrt{2 + \sqrt{2}}\,\omega_0. \tag{3.65}$$

대략적으로 $\omega_1 = 0.765\,\omega_0$, $\omega_2 = 1.414\,\omega_0$, $\omega_3 = 1.848\,\omega_0$의 값을 가진다. 여기서 가장 작은 진동수 ω_1은 **기본 진동수**(fundamental frequency)라고 부른다.

이들에 상응하는 서로 직교하는 고유벡터 $\underline{e}_j$, $j \in [1;3]$을 다음과 같이 얻는다.

$$\underline{e}_1 = \begin{pmatrix} 1 \\ \sqrt{2} \\ 1 \end{pmatrix},\ \underline{e}_2 = \begin{pmatrix} 1 \\ 0 \\ -1 \end{pmatrix},\ \underline{e}_3 = \begin{pmatrix} 1 \\ -\sqrt{2} \\ 1 \end{pmatrix}. \tag{3.66}$$

따라서 식 (3.62)의 일반해 $\underline{x}(t)$는 식 (3.51)과 같이 얻는다. 위 식에 따르면 진동수가 가장 작은 1차 모드는 모든 물체가 같은 방향으로 움직이되 물체 2가 좌우 양쪽에 있는 물체들보다 $\sqrt{2}$배 더 움직이는 모드이며, 둘째로 진동수가 큰 2차 모드는 물체 2

는 움직이지 않고 좌우의 물체들이 크기는 같고 부호가 반대인 방향으로 움직이는 모드이고, 진동수가 가장 큰 3차 모드는 1차 모드와 같되 단 물체 2만 반대 방향으로 움직이는 모드이다.

한편, 모드 행렬 $\underline{R}$은 식 (3.66)으로부터 다음과 같이 얻는데,

$$\underline{R}=\begin{pmatrix}1 & \sqrt{2} & 1\\ \sqrt{2} & 0 & -\sqrt{2}\\ 1 & -\sqrt{2} & 1\end{pmatrix}, \tag{3.67}$$

여기서 $\underline{e}_1$, $\underline{e}_3$의 크기는 2인데, $\underline{e}_2$의 크기는 $\sqrt{2}$이므로, 그 크기를 같게 하기 위해 $\sqrt{2}$를 곱한 벡터를 둘째 열에 사용하였음에 유의한다. 따라서 정규 모드 $\underline{\xi}$는 식 (3.52)로 주어지고, 역행렬 $\underline{R}^{-1}$은 다음과 같으므로,

$$\underline{R}^{-1}=\frac{1}{4}\begin{pmatrix}1 & \sqrt{2} & 1\\ \sqrt{2} & 0 & -\sqrt{2}\\ 1 & -\sqrt{2} & 1\end{pmatrix}, \tag{3.68}$$

대각 행렬 $\underline{\Lambda}$가 다음과 같음을 실제 계산에 의해 확인할 수 있다.

$$\begin{aligned}\underline{R}\,\underline{K}\,\underline{R}^{-1}&=\frac{\mu}{4}\begin{pmatrix}1 & \sqrt{2} & 1\\ \sqrt{2} & 0 & -\sqrt{2}\\ 1 & -\sqrt{2} & 1\end{pmatrix}\begin{pmatrix}2 & -1 & 0\\ -1 & 2 & -1\\ 0 & -1 & 2\end{pmatrix}\begin{pmatrix}1 & \sqrt{2} & 1\\ \sqrt{2} & 0 & -\sqrt{2}\\ 1 & -\sqrt{2} & 1\end{pmatrix}\\ &=\frac{\mu}{4}\begin{pmatrix}1 & \sqrt{2} & 1\\ \sqrt{2} & 0 & -\sqrt{2}\\ 1 & -\sqrt{2} & 1\end{pmatrix}\begin{pmatrix}2-\sqrt{2} & 2\sqrt{2} & 2+\sqrt{2}\\ -2+2\sqrt{2} & 0 & -2-2\sqrt{2}\\ 2-\sqrt{2} & -2\sqrt{2} & 2+\sqrt{2}\end{pmatrix}\\ &=\mu\begin{pmatrix}2-\sqrt{2} & 0 & 0\\ 0 & 2 & 0\\ 0 & 0 & 2+\sqrt{2}\end{pmatrix}=\begin{pmatrix}\lambda_1 & 0 & 0\\ 0 & \lambda_2 & 0\\ 0 & 0 & \lambda_3\end{pmatrix}.\end{aligned} \tag{3.69}$$

따라서 식 (3.55)의 ξ_j는 비연계 되어 있음을 확인할 수 있다.

연습문제

1. 식 (3.17)을 유도하시오.

2. $x_1(t)$, $x_2(t)$에 대한 다음과 같은 연립 2계 미분 방정식의 일반해를 구하시오.

$$\ddot{x}_1 + 2\mu x_1 - \mu x_2 = 0, \tag{3.23}$$

$$\ddot{x}_2 + 2\mu x_2 - \mu x_1 = f_0 \cos\omega t. \tag{연3.1}$$

단 여기서 μ, f_0, ω는 주어진 상수라고 한다. 또 얻어진 해를 3.2절 식 (3.23), (3.24)의 해와 비교하여 논의하고, 공진의 위험에 대해 기술하시오.

3. $x_1(t)$, $x_2(t)$에 대한 다음과 같은 연립 2계 미분 방정식의 일반해를 구하시오.

$$\ddot{x}_1 + a x_1 - b x_2 = 0, \tag{연3.2}$$

$$\ddot{x}_2 + a x_2 - b x_1 = 0. \tag{연3.3}$$

단 여기서 a, b는 주어진 상수라고 한다. 또 얻어진 해를 3.2절 식 (3.23), (3.24)의 해와 비교하여 논의하시오.

4. $x_1(t)$, $x_2(t)$에 대한 다음과 같은 연립 2계 미분 방정식의 일반해를 구하시오.

$$\ddot{x}_1 + a x_1 - b x_2 = 0, \tag{연3.4}$$

$$\ddot{x}_2 + c x_2 - b x_1 = 0. \tag{연3.5}$$

단 여기서 a, b, c는 주어진 상수라고 한다. 또 얻어진 해를 [연습문제 2]의 해와 비교하여 논의하시오.

5. $x_1(t)$, $x_2(t)$에 대한 다음과 같은 연립 2계 미분 방정식의 일반해를 구하시오.

$$\ddot{x}_1 + \alpha \ddot{x}_2 + a x_1 = 0, \tag{연3.6}$$

$$\ddot{x}_2 + \beta \ddot{x}_1 + a x_2 = 0. \tag{연3.7}$$

단 여기서 α, β, a는 주어진 상수라고 한다. 또 얻어진 해를 [연습문제 2]의 해와 비교하여 논의하시오.

6. $x_j(t)$, $j \in [1;3]$에 대한 다음과 같은 연립 2계 미분 방정식의 일반해를 구하시오.

$$\ddot{x}_1 + a x_1 - b x_2 = 0, \tag{연3.8}$$

$$\ddot{x}_2 + a x_2 - b x_1 - c x_3 = 0, \tag{연3.9}$$

$$\ddot{x}_3 + a x_3 - c x_2 = 0. \tag{연3.10}$$

단 여기서 a, b, c는 주어진 상수라고 한다. 또 얻어진 해를 식 (3.59), (3.60), (3.61)의 해와 비교하여 논의하시오.

4장

2계 선형 상미분 방정식

앞의 2장, 3장에서는 상수 계수의 미분 방정식을 다루며 그 해로 **지수 함수**(exponential function) 또는 **조화 함수**(harmonic function)[6] 등을 생각하였다. 이들 함수는 한 번 또는 두 번 미분하여 함수의 형태가 바뀌지 않는 특징을 가지고 있어 상수 계수를 가지는 1계 또는 2계 미분 방정식의 해로 가정될 수 있었다.

한편, 미분 방정식이 2계 선형일 경우, 미지 함수 또는 그 도함수들의 계수가 독립변수 만의 함수일 수도 있는데, 이와 같은 경우에는 당연히 지수 함수, 또는 조화 함수를 해로 가정하는 것이 무리일 것이다. 경우에 따라서는 우리가 배운 함수 중 가장 기본적인 함수라고 할 수 있는 **다항식**(polynomials) 또는 **멱함수**(power function)가 생각하는 미분 방정식의 해가 될 수도 있다. 한편 물리학에서는 많은 문제들을 **파동**(wave motion)의 관점에서 해석하게 되는데 **직각 좌표계**(Cartesian coordinates)를 사용할 때는 조화 함수가 기본적인 파동을 나타내는데 사용되지만, **원기둥 좌표계**(cylindrical coordinates) (r, θ, z)를 사용할 때는 **베셀 함수**(Bessel function)가 그와 같은 용도로 사용된다. 이런 관점에서 베셀 함수는 **원기둥 조화 함수**(cylindrical harmonic function)라고 불리기도 한다.

1절에서는 멱함수가 해가 될 수 있는 미분 방정식으로 잘 알려진 코쉬-오일러 방정식을 생각한다.

6) 싸인과 코싸인 함수를 일컫는 말이며, **삼각 함수**(trigonometric function)에는 탄젠트 등 그 외의 많은 함수들도 포함되는 점에 유의한다. 단 삼각 함수 중에서 싸인과 코싸인, 즉 조화 함수가 가장 기본적인 함수라는 면에서 삼각 함수가 조화 함수를 뜻하는 경우도 종종 있으나, 여기서는 조화 함수라는 용어를 쓰기로 한다. 이는 싸인과 코싸인 함수가 듣기에 좋은 소리를 만드는 현의 형상을 나타내는데 사용된다는 면을 강조하여 만들어진 용어이다. 한편, 광의로는 조화 함수를 2계 편미분 방정식인 라플라스 방정식을 만족하는 함수로 정의하기도 하지만, 여기서는 상미분 방정식을 생각하고 있으므로 혼동의 여지가 없을 것으로 생각한다.

2절에서는 극 좌표계를 사용할 때 기본적인 파동으로 사용되는 베셀 함수를 그 해로 가지는 2계 선형 미분 방정식 즉 베셀 미분 방정식과, **르장드르 다항식**(Legendre polynomials)을 해로 가지는 2계 선형 미분 방정식인 르장드르 미분 방정식에 대해 논의하기로 한다.

3절에서는 일반적인 형태의 2계 선형 미분 방정식의 제차 문제, 비제차 문제에 대한 해들을 구하는 방법에 대해 공부하며,

4절에서는 매개변수 변분법을 사용하여 보다 체계적으로 3절에서 얻었던 결과를 구할 수 있음을 보이기로 한다.

4.1 코쉬-오일러 방정식

미지 함수 $y(x)$에 대한 **코쉬-오일러 방정식**(Cauchy-Euler equation)은 $y' = \frac{dy}{dx}$, $y'' = \frac{d^2y}{dx^2}$로 나타내기로 하면 다음과 같이 주어질 수 있다.

$$x^2 y'' + axy' + by = 0. \tag{4.1}$$

여기서 a, b는 주어진 상수이다. 위와 같은 형태의 미분 방정식은 2차원 문제에 대한 2계 선형 편미분 방정식인 라플라스 방정식을 극 좌표계를 사용하여 푸는 과정에서 얻어지는데, 이에 대해서는 10장에서 보이기로 한다.[7)]

멱함수, 즉 x^λ의 경우 한 번 미분할 때마다 그 지수가 1씩 감소하므로, 식 (4.1)에 대해서는 다음과 같은 형태의 해를 가정할 수 있다.

$$y(x) = x^\lambda. \tag{4.2}$$

물론 여기서 λ는 위의 가정이 식 (4.1)을 만족하도록 결정해야 할 복소수이다. 식 (4.2)를 식 (4.1)에 대입하면 다음을 얻으며,

---

7) 10.2절 2)를 참조하시오.

$$\lambda(\lambda-1)+a\lambda+b=0, \tag{4.3}$$

이 식은 λ에 대한 2차 방정식이므로 근의 공식을 사용하여 그 해를 구할 수 있다. 만약 위 식이 두 실근 λ_1, λ_2를 가진다면 식 (4.1)의 일반해는 다음과 같이 쓸 수 있다.

$$y(x)=C_1 x^{\lambda_1}+C_2 x^{\lambda_2}. \tag{4.4}$$

여기서 C_1, C_2는 적분 상수이다.

예를 들어 다음과 같은 미분 방정식이 주어졌다고 하자.

$$x^2 y''+xy'-n^2 y=0. \tag{4.5}$$

여기서 n은 자연수라고 한다. 이 식에 식 (4.2)의 가정을 대입하면 다음을 얻으며,

$$\lambda(\lambda-1)+\lambda-n^2=\lambda^2-n^2=(\lambda-n)(\lambda+n)=0, \tag{4.6}$$

따라서 식 (4.5)의 일반해를 다음과 같이 얻는다.

$$y(x)=C_1 x^n+C_2 x^{-n}. \tag{4.7}$$

물론 $x=0$가 문제의 영역에 포함되어 있는 경우, $y\to\infty$를 허용할 수 없으면 $C_2=0$을 취해야 할 것이며, $x\to\infty$가 문제의 영역에 포함되어 있는 경우, $y\to\infty$를 허용할 수 없으면 $C_1=0$을 취해야 할 것이다.

한편 식 (4.1)과 아래에 다시 보인 식 (2.1), 또는 식 (4.2)와 아래에 다시 보인 식 (2.2)는 변수 변환에 의해 같은 식임을 보일 수 있다.

$$\ddot{u}+2\alpha\dot{u}+\beta u=0, \tag{2.1}$$

$$u(t)=e^{\lambda t}. \tag{2.2}$$

단 여기서 혼동을 피하기 위해 변수를 바꾸어 $x(t)$를 $u(t)$로 표기하였다.

식 (4.2) $y(x)=x^{\lambda}$ 와 식 (2.2)의 형태로부터 다음과 같은 변환을 생각할 수 있다.

$$x=e^{t}, \ \therefore t=\ln x. \tag{4.8}$$

연쇄율(chain rule)을 사용하여 다음을 얻고,

$$\frac{dy}{dx}=\frac{dy}{dt}\frac{dt}{dx}=\frac{1}{x}\frac{dy}{dt}=e^{-t}\frac{dy}{dt}, \tag{4.9}$$

$$\frac{d}{dx}\frac{dy}{dx}=\frac{d}{dt}\left(e^{-t}\frac{dy}{dt}\right)\frac{dt}{dx}=e^{-2t}\left(-\frac{dy}{dt}+\frac{d^2y}{dt^2}\right), \tag{4.10}$$

이들을 식 (4.1)에 대입하면 다음을 얻는다.

$$\left(-\frac{dy}{dt}+\frac{d^2y}{dt^2}\right)+a\frac{dy}{dt}+by=\frac{d^2y}{dt^2}+(a-1)\frac{dy}{dt}+by=0. \tag{4.11}$$

다시 말하면 $2\alpha=a-1$, $\beta=b$이면 식 (4.1)과 식 (2.1)은 동일한 식임을 확인할 수 있다.

따라서 식 (4.3)의 경우에도 그 근이 복소근 또는 중근인 경우를 고려해야 하지만, 실제적으로 많이 다루어야 하는 경우들이 두 실근을 가지는 경우이므로 위에서도 그와 같은 경우에 한해서 논의하였으며, 그 외의 경우에 대해서는 [연습문제 1], [연습문제 2]를 참조하기 바란다.

4.2 베셀 미분 방정식과 르장드르 미분 방정식

식 (4.1)과 비교하여 약간 다른 형태를 가진 미지 함수 $y(x)$에 대한 다음과 같은 2계 선형 상미분 방정식을 생각하기로 하자.

$$x^2y''+xy'+(x^2-n^2)y=0, \ x\in(0,\infty). \tag{4.12}$$

여기서 n은 정수인 경우만 생각하기로 한다. 이 방정식은 n**차 베셀 미분 방정식**

(Bessel's differential equation of order n)으로 알려진 식인데, 그 해는 n차 베셀 함수로 불린다. 이 방정식은 또한 3차원 문제에 대한 2계 선형 편미분 방정식인 라플라스 방정식을 원기둥 좌표계를 사용하여 푸는 과정에서 얻어지며, 이에 대해서는 10장에서 보이기로 한다.[8] 위 식에서 x는 반경 방향 좌표에 해당하므로, 음의 x 값은 고려하지 않는 점에 유의한다.

물론 식 (4.12)의 미분 방정식은 좌변 ( ) 안의 x^2 항 때문에 코쉬-오일러 방정식이 아니다. 위 미분 방정식의 해의 성질에 대해 생각하기 위해 우선 $n=0$인 경우에 대해 생각하기로 하면 **0차 베셀 미분 방정식**(Bessel's differential equation of order 0)을 다음과 같이 얻는데,

$$x^2 y'' + xy' + x^2 y = 0, \quad \therefore y'' + \frac{1}{x} y' + y = 0, \tag{4.13}$$

이 식에 대해 다음과 같은 치환을 도입하기로 한다.

$$y(x) = A(x)u(x). \tag{4.14}$$

여기서 $A(x)$는 식 (4.13)의 1계 도함수 항을 없앨 목적으로 도입되었다.

위 식을 식 (4.13)에 대입하면 다음을 얻으며,

$$(A''u + 2A'u' + Au'') + \frac{1}{x}(A'u + Au') + Au = 0,$$

$$\therefore Au'' + \left(2A' + \frac{A}{x}\right)u' + \left(A'' + \frac{A'}{x} + A\right)u = 0, \tag{4.15}$$

마지막 식 좌변의 둘째 항을 없애기 위해서는 다음 식이 만족되어야 한다.

$$2A' + \frac{A}{x} = 0. \tag{4.16}$$

이 식은 분리형이므로 다음을 얻고,

8) 10.3절 2)를 참조하시오.

$$\frac{dA}{A} = -\frac{dx}{2x}, \tag{4.17}$$

이 식의 양변을 적분하여 다음을 얻는다.

$$\ln A = -\ln\sqrt{x} + c, \ \therefore A = \frac{C}{\sqrt{x}}. \tag{4.18}$$

여기서 c는 적분 상수이며, $C = e^c$이다.

이 결과를 식 (4.15)에 대입하여 $u(x)$에 대한 미분 방정식을 다음과 같이 얻는다.

$$u'' + \left(1 + \frac{1}{4x^2}\right)u = 0. \tag{4.19}$$

위 식에서 $x \to \infty$일 때를 생각하면 그 해는 $u \sim e^{\pm ix}$이 되므로, 0차 베셀 미분 방정식의 일반해 $y(x)$는 $x \to \infty$일 때, 다음과 같이 될 것으로 생각할 수 있다.

$$y(x) \sim \frac{1}{\sqrt{x}}(A\cos x + B\sin x). \tag{4.20}$$

여기서 A, B는 경계 조건 등으로부터 결정되어야 할 상수이다.

이 장의 머리글에서 베셀 함수는 원기둥 조화 함수로도 불린다고 했는데, 식 (4.20)에 따르면 원기둥 조화 함수의 진폭은 $\sqrt{x}$에 반비례하여 감소하며, 이는 **평면파**(plane wave), 즉 직각 좌표계로 주어진 기본 파동이 그냥 조화 함수로 주어져 진폭이 불변인 것과 대조된다. 이와 같은 차이는 물리적으로 생각하면 쉽게 설명할 수 있다. 평면파의 경우에는 파동이 진행함에 따라 파정선의 길이에 변화가 없으므로, 파동의 에너지가 보존되는 것과 파도의 크기가 보존되는 것이 등가이며 따라서 에너지가 보존되는 파동의 크기는 변화할 수 없다. 반면에 **원기둥파**(cylindrical wave)의 경우에는 파동이 진행함에 따라 파정선의 길이는 **원주**(circumference)의 길이가 되는데, 이는 반경에 비례하여 증가하므로, 원기둥파의 크기는 파동이 진행함에 따라 감소해야 할 것이다. 단 파동의 에너지는 대체적으로 파동의 크기의 제곱에 비례하며, 따라서 에너지 보존과 위에서 얻은 진폭이 $\sqrt{x}$에 반비례하여 감소한다는 사실은 서로 등가임을 알 수 있다. [그림 4.1]에 $n = 0, 1, 2$인 경우에 대한 제1종 베셀 함수를 보였다.

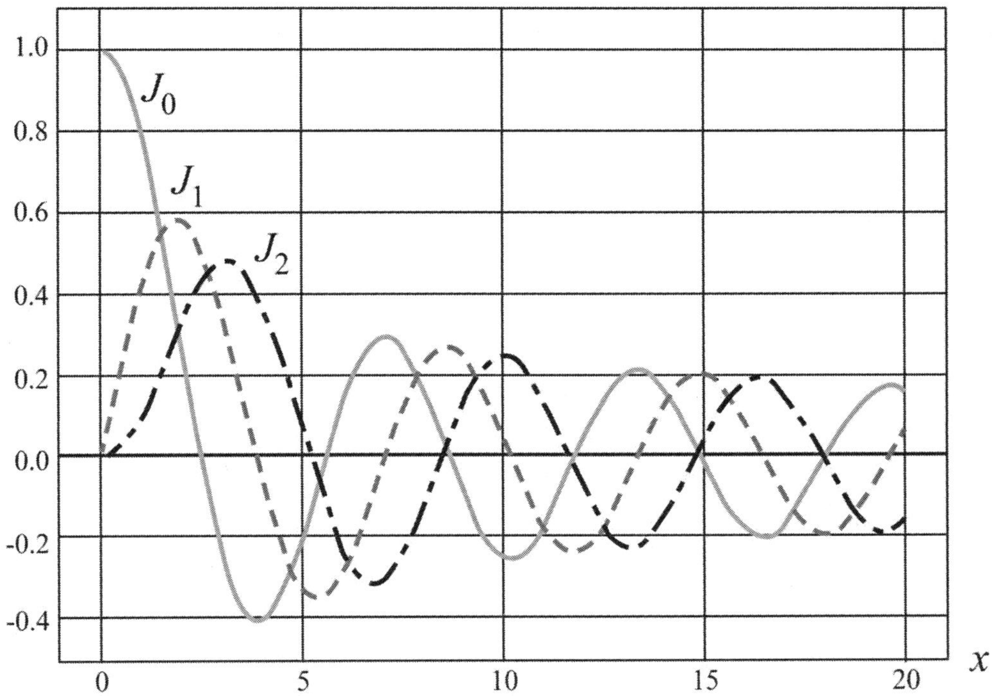

그림 4.1 제1종 베셀 함수 $J_n(x)$, $n\in[0;2]$

다음으로 식 (4.1)과 비교하여 약간 다른 형태를 가진 미지 함수 $y(x)$에 대한 다음과 같은 2계 선형 상미분 방정식을 생각하기로 하자.

$$(1-x^2)y''-2xy'+n(n+1)y=0,\ x\in(-1,1). \tag{4.21}$$

여기서 n은 영 또는 자연수인 경우만 생각하기로 한다. 이 방정식은 n차 **르장드르 미분 방정식**(Legendre's differential equation of order n)으로 알려진 식인데, 3차원 문제에 대한 2계 선형 편미분 방정식인 라플라스 방정식을 구 좌표계를 사용하여 푸는 과정에서 얻어지며, 이에 대해서는 10.3절 3)에서 보이기로 한다. 이때 $x=\cos\theta$이므로, 위 방정식이 고려되는 x의 영역은 $x\in(-1,1)$로 주어진다.

물론 식 (4.21)은 좌변 첫째 ( ) 안의 상수 항 때문에 코쉬-오일러 방정식으로 볼 수 없다. 위 방정식의 해의 성질에 대해 생각하기 위해 우선 식 (4.21) 좌변의 첫째, 둘째 항을 묶어서 나타내면 다음과 같은 식을 얻는데,

$$\frac{d}{dx}\left\{(1-x^2)\frac{d}{dx}\right\}y=-n(n+1)y,$$

$$\therefore Ly=-\lambda y,\ L\equiv\frac{d}{dx}\left\{(1-x^2)\frac{d}{dx}\right\},\ \lambda\equiv n(n+1), \tag{4.22}$$

이 식은 미분 연산자 L에 대한 고유값 문제임을 알 수 있다. 다시 말하면, 미지 함수의 도함수에 $(1-x^2)$을 곱하고 그 결과로 얻어지는 함수의 도함수를 취한 결과가 미지 함수의 상수 배와 같아야 하므로, 일견 코쉬-오일러 방정식의 경우와 비슷한 상황이기는 하지만, 이 경우에는 멱함수가 아니라 다항식을 해로 가정할 수 있으며, n이 증가하면 다항식의 차수도 증가할 것임을 기대할 수 있다.

먼저 $n=0$, 즉 고유값이 0인 경우에 대해서는, $y=const.=C$가 위 방정식을 만족함을 알 수 있으며, $n=1$, 즉 고유값이 2인 경우에 대해서는, $y=Cx$가 위 방정식을 만족함을 알 수 있다. 따라서 $n=2$인 경우에 대해서는 $y(x)$를 다음과 같이 2차 다항식으로 가정하기로 하고,

$$y=ax^2+bx+c, \tag{4.23}$$

이를 식 (4.22)에 대입하면 다음을 얻는다.

$$2a(1-x^2)-2x(2ax+b)=-6(ax^2+bx+c),$$

$$\therefore b=0,\ c=-\frac{a}{3}. \tag{4.24}$$

여기서 a는 임의의 실수이다.

이를 식 (4.23)에 대입하여 다음을 얻는데,

$$y=a\left(x^2-\frac{1}{3}\right), \tag{4.25}$$

$x=1$에서 $y=1$이 되어야 한다는 조건을 부과하면 다음을 얻는다.

$$y=\frac{3}{2}x^2-\frac{1}{2}. \tag{4.26}$$

$n \in [3;\infty]$ 에 대해서도 같은 방법으로 주어진 n에 상응하며 식 (4.21)을 만족하는 n차 다항식을 구할 수 있는데, 이들은 보통 $P_n(x)$로 나타내고 n차 **르장드르 다항식**(Legendre polynomial of order n)이라고 부른다.

위에서 구한 $P_n(x)$를 아래에 정리하여 보인다([연습문제 4], [그림 4.2] 참조).

$$P_0(x) = 1,\ P_1(x) = x,\ P_2(x) = \frac{3}{2}x^2 - \frac{1}{2}. \tag{4.27}$$

모든 르장드르 다항식 $P_n(x)$는 $x = 1$에서 1이 되도록 결정되며, n이 홀수일 때는 기함수, 짝수일 때는 우함수임에 유의한다.

물론 식 (4.21)은 2계 미분 방정식이므로 위에서 보인 르장드르 다항식과 선형 독립인 해가 하나 더 존재하며, 식 (4.21)의 일반해는 이들 두 해의 선형 결합으로 주어진다.

$\{\Pi\} \equiv \{P_0, P_1, \cdots\}$라고 정의하면, $\{\Pi\}$는 n차 다항식에 대한 **직교기저**(orthogonal basis)이기도 한데, 이는 이승준(2010)⟨1⟩ 3.2절에서 Gram-Schmidt 직교화 과정에 대해 설명하면서 보인 바 있다. 다시 말하면, 예를 들어 구간 $x \in (-1, 1)$에서 연속인 모든 함수를 C_0로 표기하기로 할 때, C_0에 속한 어떠한 함수도 르장드르

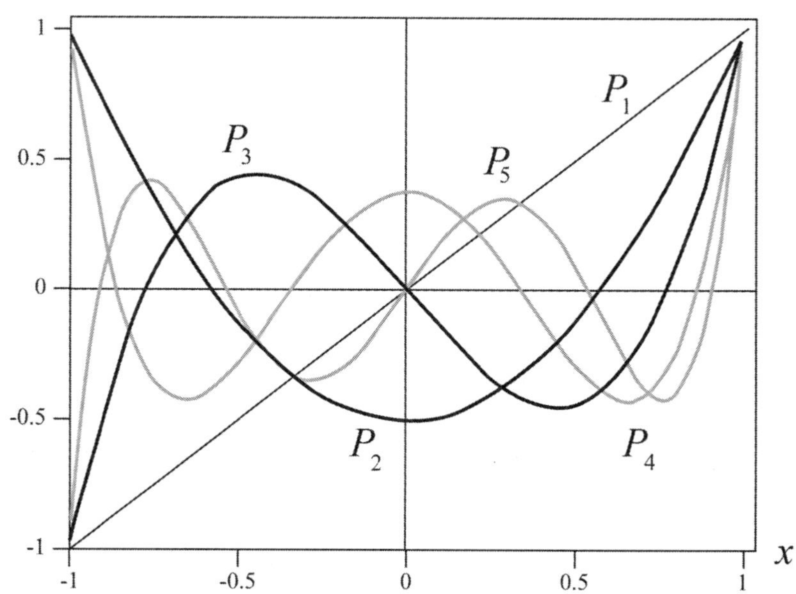

그림 4.2 르장드르 다항식 $P_n(x)$, $n \in [1;5]$

다항식을 사용하여 나타낼 수 있다. C_0에 대해 **스칼라곱**(scalar product)을 다음과 같이 정의하기로 하는데,

$$(f, g) \equiv \int_{-1}^{1} f(x)\, g(x)\, dx, \tag{4.28}$$

여기서 f, g는 C_0에 속하는 임의의 두 함수이다.

임의의 $f \in C_0$를 $\{\Pi\}$, 즉 르장드르 다항식을 사용하여 나타내기로 하면 다음과 같이 쓸 수 있는데,

$$f(x) = \sum_{n=0}^{\infty} c_n P_n(x), \tag{4.29}$$

여기서 c_n은 다음 식을 사용하여 얻을 수 있다.

$$c_n = \frac{(f, P_n)}{(P_n, P_n)}. \tag{4.30}$$

이 식은 물론 식 (4.29)의 양변을 $P_n(x)$와 스칼라곱하여 얻으며, 위 식은 르장드르 다항식의 다음과 같은 직교성을 이용하여 얻는다.

$$(P_m, P_n) = 0, \; m \neq n. \tag{4.31}$$

르장드르 다항식의 직교성을 증명하기 위해서는 다음을 생각한다. P_m, P_n은 각각 다음과 같은 방정식을 만족하는데,

$$(L + \lambda_m)P_m = 0, \; (L + \lambda_n)P_n = 0, \tag{4.32}$$

위 식의 첫째 식은 P_n과, 둘째 식은 P_m과 스칼라곱하여 그 차이를 구하면 다음을 얻는다.

$$((L + \lambda_m)P_m, P_n) - ((L + \lambda_n)P_n, P_m) = 0. \tag{4.33}$$

여기서 (LP_m, P_n)에 대해 부분 적분을 적용하여 다음을 얻으므로,

$$\left(LP_m, P_n\right) = -\int_{-1}^{1}(1-x^2)\frac{dP_m}{dx}\frac{dP_n}{dx}dx = \left(LP_n, P_m\right), \tag{4.34}$$

식 (4.33)으로부터 다음 결과를 얻는다.

$$\left(LP_m, P_n\right) + \lambda_m\left(P_m, P_n\right) - \left(LP_n, P_m\right) - \lambda_n\left(P_n, P_m\right) = \left(\lambda_m - \lambda_n\right)\left(P_m, P_n\right) = 0. \tag{4.35}$$

그런데 가정에 의해서 $\lambda_m \neq \lambda_n$ 이므로 원하는 결과, 식 (4.31)을 얻는다.

[연습문제 5]에서 보인 바와 같이 $m = n$ 인 경우에 대해서는 다음을 보일 수 있다.

$$\left(P_n, P_n\right) = \frac{2}{2n+1}. \tag{4.36}$$

이 결과를 식 (4.30)에 대입하고, 그렇게 얻은 c_n 을 식 (4.29)에 대입하면 $f \in C_0$ 에 대해 다음 결과를 얻는다.

$$f(x) = \frac{1}{2}\sum_{n=0}^{\infty}(2n+1)\left(f, P_n\right)P_n(x). \tag{4.37}$$

5장에서는 베셀 미분 방정식과 르장드르 미분 방정식의 해를 **급수 전개**(series expansion)를 사용하여 구하는 것을 보일 것이므로 이들 해에 대한 보다 자세한 논의는 5장을 참조하기 바란다.

4.3 일반적인 형태의 2계 선형 상미분 방정식

미지 함수 $y(x)$ 에 대한 일반적인 형태의 2계 선형 상미분 방정식은 다음과 같이 주어질 수 있다.

$$y'' + p(x)y' + q(x)y = r(x). \tag{4.38}$$

여기서 $p(x)$, $q(x)$, $r(x)$ 는 주어진 함수이다.[9]

식 (4.38)과 관련하여 아래에 다시 보인 식 (4.14)에서 도입한 치환을 생각하기로 한다.

$$y(x) = w(x)u(x). \tag{4.14}$$

위 식을 식 (4.38)에 대입하면 다음을 얻으며,

$$(w''u + 2w'u' + wu'') + p(w'u + wu') + qwu = r,$$
$$\therefore wu'' + (2w' + pw)u' + (w'' + pw' + qw)u = r, \tag{4.39}$$

이 식 좌변 u의 계수를 영으로 하는 w는 식 (4.38)의 제차 문제에 대한 해, 즉 **제차 해**(homogeneous solution)임을 알 수 있다.

따라서 그와 같은 제차해 w를 아는 경우에는 식 (4.39)로부터 다음을 얻는데,

$$wu'' + (2w' + pw)u' = r, \tag{4.40}$$

여기서 $u' \equiv v(x)$라고 하면 위 식은 다음과 같이 다시 쓸 수 있으며,

$$v' + \left(\frac{2w'}{w} + p\right)v = \frac{r}{w}, \tag{4.41}$$

이 식은 $v(x)$에 대한 1계 선형 미분 방정식으로 식 (1.5)와 같은 형태이며, $a = \dfrac{2w'}{w} + p$, $b = \dfrac{r}{w}$ 이므로 다음을 얻고,

$$A(x) = \int^x \left(\frac{2w'}{w} + p\right)dx = 2\ln w + P(x),\ P(x) \equiv \int^x p\,dx,$$
$$\therefore e^A = e^{2\ln w + P} = w^2 e^P, \tag{4.42}$$

따라서 $v(x)$는 식 (1.8)로부터 다음과 같이 얻는다.

$$v(x) = C_1 \frac{e^{-P}}{w^2} + \frac{e^{-P}}{w^2}\int^x rwe^P dx. \tag{4.43}$$

여기서 C_1은 적분 상수이다.

---

9) 이 절과 다음 절에 대한 보다 자세한 사항에 대해서는 Forsyth(1961)<3>을 참조하기 바란다.

위 식을 적분하여 $u(x)$를 다음과 같이 얻으며,

$$u(x) = C_2 + C_1 \int^x \frac{e^{-P}}{w^2} dx + \int^x \frac{e^{-P}}{w^2} dx \int^x r w e^P dx, \qquad (4.44)$$

여기서 C_2는 적분 상수이고, 위 식에 $w(x)$를 곱하여 식 (4.38)의 일반해 $y(x)$를 얻는다.

예를 들어 다음과 같은 2계 선형 미분 방정식이 주어졌다고 하자.

$$y'' - x^2 y' + xy = x^2. \qquad (4.45)$$

위 식의 제차 문제는 다음과 같은데,

$$y'' - x^2 y' + xy = 0, \qquad (4.46)$$

다행히 위 방정식은 $y = x$에 의해 만족됨을 확인할 수 있다.

따라서 $w = x$로 취하면, $p(x) = -x^2$, $q(x) = x$, $r(x) = x^2$이므로, 다음을 얻으며,

$$P(x) = -\int^x x^2 dx = -\frac{x^3}{3}, \qquad (4.47)$$

식 (4.43)으로부터 $u' \equiv v(x)$를 다음과 같이 얻고,

$$v(x) = C_1 \frac{e^{-P}}{x^2} + \frac{e^{-P}}{x^2} \int^x x^3 e^P dx, \quad P(x) = -\frac{x^3}{3}, \qquad (4.48)$$

또 식 (4.44)로부터 $u(x)$를 다음과 같이 얻는다.

$$u(x) = C_2 + C_1 \int^x \frac{e^{-P}}{x^2} dx + \int^x \frac{e^{-P}}{x^2} dx \int^x x^3 e^P dx, \quad P(x) = -\frac{x^3}{3}. \qquad (4.49)$$

여기서 C_1, C_2는 적분 상수이다.

만약 식 (4.38)의 제차 문제에 대한 해, w를 구하기 힘든 경우에는 식 (4.39)에서 1계 도함수 항을 제거할 수도 있으며, 이때는 w에 대해 다음과 같은 조건을 부과해야 한다.

$$2w' + pw = 0. \tag{4.50}$$

이 문제의 해는 다음과 같이 주어지며,

$$w(x) = e^{-P/2},\ P(x) \equiv \int^x p\,dx, \tag{4.51}$$

식 (4.39) 좌변의 u의 계수에 대해 다음을 얻고,

$$w'' + pw' + qw = \left\{\left(-\frac{p'}{2} + \frac{p^2}{4}\right) - \frac{p^2}{2} + q\right\}w = \left(-\frac{p'}{2} - \frac{p^2}{4} + q\right)w, \tag{4.52}$$

이를 이용하여 식 (4.39)를 다시 쓰면 다음 결과를 얻는다.

$$u'' + \left(q - \frac{p^2}{4} - \frac{p'}{2}\right)u = \frac{r}{w},$$

$$\therefore u'' + Iu = re^{P/2},\ I \equiv q - \frac{p^2}{4} - \frac{p'}{2}. \tag{4.53}$$

이 문제의 해를 얻으면 식 (4.38)로 주어진 문제의 해를 구할 수 있는데, 단 식 (4.53)에 주어진 문제의 해를 구할 수 있는 경우는 그리 많지 않다는 문제점이 있다.

예를 들어 다음과 같은 2계 선형 미분 방정식이 주어졌다고 하자.

$$y'' - \frac{y'}{\sqrt{x}} + \frac{y}{4x^2}\left(x + \sqrt{x} - 8\right) = 0. \tag{4.54}$$

위 식의 제차 문제에 대한 해를 구하는 것이 쉽지 않으므로, 식 (4.50)의 조건을 부과하도록 하면 $p(x) = -\frac{1}{\sqrt{x}}$ 이므로 식 (4.51)로부터 다음을 얻으며,

$$P(x) = -2\sqrt{x}, \quad \therefore w(x) = e^{\sqrt{x}}, \tag{4.55}$$

$q(x) = \dfrac{x + \sqrt{x} - 8}{4x^2}$ 이므로, 따라서 다음을 얻고,

$$I = \frac{x + \sqrt{x} - 8}{4x^2} - \frac{1}{4x} - \frac{1}{4x\sqrt{x}} = -\frac{2}{x^2}, \tag{4.56}$$

식 (4.53)으로부터 $u(x)$에 대한 식을 다음과 같이 얻는다.

$$u'' - \frac{2u}{x^2} = 0. \tag{4.57}$$

이 식은 코쉬-오일러 방정식에 속하며 특성 방정식이 다음과 같으므로,

$$\lambda(\lambda - 1) - 2 = \lambda^2 - \lambda - 2 = (\lambda + 1)(\lambda - 2), \tag{4.58}$$

$u(x)$를 다음과 같이 얻는다.

$$u(x) = C_1 x^{-1} + C_2 x^2. \tag{4.59}$$

여기서 C_1, C_2는 적분 상수이다. 결국 식 (4.54)의 해 $y(x)$는 위의 결과로부터 다음과 같이 얻는다.

$$y(x) = \left(C_1 x^{-1} + C_2 x^2\right) e^{\sqrt{x}}. \tag{4.60}$$

지금까지는 미지 함수, 즉 종속 변수를 치환하여 해를 구하는 방법을 생각하였으나, 반대로 독립 변수에 대한 치환을 사용하여 해를 구할 수도 있으며, 아래에서는 그와 같은 방법에 대해 생각하기로 한다.

새로운 독립 변수 z는 x의 함수일 것이므로, 미지 함수의 도함수들에 대해 다음을 얻으며,

$$\frac{dy}{dx} = \frac{dy}{dz}\frac{dz}{dx}, \tag{4.61}$$

$$\frac{d^2y}{dx^2} = \frac{d}{dz}\left(\frac{dy}{dz}\frac{dz}{dx}\right)\frac{dz}{dx} = \frac{d^2y}{dz^2}\left(\frac{dz}{dx}\right)^2 + \frac{dy}{dz}\frac{d^2z}{dx^2}, \tag{4.62}$$

이들을 이용하며 식 (4.38)의 제차 문제는 다음과 같이 다시 쓸 수 있다.

$$\frac{d^2y}{dz^2}\left(\frac{dz}{dx}\right)^2 + \left(\frac{d^2z}{dx^2} + p\frac{dz}{dx}\right)\frac{dy}{dz} + qy = 0. \tag{4.63}$$

여기서 1계 도함수의 계수가 영이 되어야 한다는 조건을 부과하면 다음을 얻으며,

$$\frac{d^2z}{dx^2} + p\frac{dz}{dx} = 0, \tag{4.64}$$

$\eta \equiv z'(x)$ 라고 하면 위 식은 다음과 같이 다시 쓸 수 있는데,

$$\eta' + p\eta = 0, \tag{4.65}$$

이 식은 분리형이므로 $\eta(x)$ 를 다음과 같이 얻을 수 있고,

$$\eta = e^{-P}, \quad P(x) \equiv \int^x p\,dx, \tag{4.66}$$

따라서 $z(x)$ 는 위 식의 적분으로부터 다음과 같이 얻는다.

$$z(x) = \int^x e^{-P}dx. \tag{4.67}$$

이와 같은 변환을 도입하면 식 (4.63)으로부터 다음 식을 얻으며,

$$\frac{d^2y}{dz^2}\left(\frac{dz}{dx}\right)^2 + qy = 0, \tag{4.68}$$

이때 만약 다음과 같은 두 가지 특수한 조건이 만족된다면, $y(z)$ 를 쉽게 구할 수 있다.

1) α를 주어진 상수라고 할 때 다음이 성립하면,

$$\left(\frac{dz}{dx}\right)^2 = \frac{qz^2}{\alpha}, \tag{4.69}$$

식 (4.68)은 다음과 같은 식이 되며,

$$z^2\frac{d^2y}{dz^2} + \alpha y = 0, \tag{4.70}$$

이 식은 코쉬-오일러 방정식이므로 쉽게 그 해 $y(z)$를 구할 수 있다.

2) α를 주어진 상수라고 할 때, 식 (4.69) 대신 다음과 같은 식이 성립하면,

$$\left(\frac{dz}{dx}\right)^2 = \frac{q}{\alpha}, \tag{4.71}$$

식 (4.68)은 다음과 같은 식이 되며,

$$\frac{d^2y}{dz^2} + \alpha y = 0, \tag{4.72}$$

이 식은 상수 계수의 2계 미분 방정식이므로 역시 쉽게 그 해 $y(z)$를 구할 수 있다.

예를 들어 다음과 같은 2계 선형 미분 방정식이 주어졌다고 하자.

$$(1-x^2)y'' - xy' - c^2y = 0. \tag{4.73}$$

여기서 c는 주어진 상수이다.

위 식에 대해 식 (4.64)의 조건을 부과하면, $p(x) = -\dfrac{x}{1-x^2}$ 이므로 식 (4.66)으로부터 다음을 얻으며,

$$P(x) = -\int^x \frac{x}{1-x^2}\,dx = \ln\sqrt{1-x^2}, \tag{4.74}$$

따라서 식 (4.67)로부터 $z(x)$를 다음과 같이 얻는데,

$$z(x) = \int^{x} \frac{1}{\sqrt{1-x^2}}\,dx = \sin^{-1}x \equiv \theta, \tag{4.75}$$

$q(x) = -\dfrac{c^2}{1-x^2}$ 이고, 따라서 다음을 얻으므로,

$$\left(\frac{dz}{dx}\right)^2 = \frac{1}{1-x^2} = -\frac{q}{c^2}, \tag{4.76}$$

이는 위의 2), 즉 식 (4.71)이 성립하는 경우이며, $\alpha = -c^2$ 이므로 식 (4.72)로부터 다음 결과를 얻는다.

$$\frac{d^2y}{dz^2} - c^2 y = 0, \tag{4.77}$$

따라서 $y(z)$는 다음과 같이 얻을 수 있는데,

$$y(z) = \left(C_1 e^{cz} + C_2 e^{-cz}\right), \tag{4.78}$$

여기서 C_1, C_2는 적분 상수이다.

한편, $\sin\theta = x$ 이면 $\cos\left(\dfrac{\pi}{2} - \theta\right) = x$ 이며, 따라서 $-\theta = \cos^{-1}x - \dfrac{\pi}{2}$ 가 성립하므로, 위 식은 다음과 같이 쓸 수도 있다.

$$y(x) = \left(C_1 e^{c\sin^{-1}x} + C_3 e^{c\cos^{-1}x}\right). \tag{4.79}$$

여기서 $C_3 = C_2 e^{-c\pi/2}$ 이다.

4.4 매개변수 변분법

앞 절에서 아래에 다시 보인 식 (4.38)과 관련하여 2계 선형 제차 상미분 방정식의 해가 알려진 경우에는 비제차 문제의 일반해를 구할 수 있음을 이미 보였다. 이 절에서는 2.3절에서 상수 계수의 2계 상미분 방정식에 적용하였던 매개변수 변분법을 사용하여 식 (4.38)의 해들이 가지는 특성에 대해 보다 체계적으로 알아보기로 한다.

$$y'' + p(x)y' + q(x)y = r(x). \tag{4.38}$$

여기서 $p(x)$, $q(x)$, $r(x)$는 주어진 함수이다.

식 (4.38)에 대한 제차 방정식은 다음과 같이 주어지는데,

$$y'' + p(x)y' + q(x)y = 0, \tag{4.80}$$

만약 이 식의 한 해, $y = \eta(x)$가 주어졌다면, η는 다음 식을 만족하며,

$$\eta'' + p(x)\eta' + q(x)\eta = 0, \tag{4.81}$$

식 (4.80)에 η를 곱하고 식 (4.81)에 y를 곱한 뒤 그 차이를 구하면 다음을 얻는다.

$$\eta y'' - y\eta'' + p(\eta y' - y\eta') = \frac{d}{dx}(\eta y' - y\eta') + p(\eta y' - y\eta') = 0\,. \tag{4.82}$$

위 식은 $Y(x) \equiv \eta y' - y\eta'$에 대한 분리형 1계 미분 방정식이므로, 다음과 같이 해를 얻는다.

$$Y(x) = C_0 e^{-P},\ P(x) \equiv \int^x p\,dx. \tag{4.83}$$

여기서 C_0은 적분 상수이다.

따라서 다음을 얻는데,

$$Y(x) = \eta y' - y\eta' = C_0 e^{-P}, \tag{4.84}$$

이 식은 다음과 같이 바꾸어 쓸 수 있고,

$$y' - \frac{\eta'}{\eta} y = C_0 \frac{e^{-P}}{\eta}, \tag{4.85}$$

이 식은 $y(x)$에 대한 1계 선형 미분 방정식으로 식 (1.5)의 형태를 가지며, 그 해는 식 (1.8)로부터 $a = -\frac{\eta'}{\eta}$, $A(x) = -\ln\eta$, $b = C_0 \frac{e^{-P}}{\eta}$ 이므로 다음과 같이 얻는다.

$$y(x) = C_1 \eta + C_0 \eta \int^x \frac{e^{-P}}{\eta^2} dx, \; P(x) \equiv \int^x p\, dx. \tag{4.86}$$

여기서 C_1 은 적분 상수이다.

이 해는 식 (4.80)의 일반해로 볼 수 있으며, 새롭게 얻어진 해는 위 식 우변의 둘째 항인데, α를 임의의 상수라고 하고 $\zeta(x)$를 다음과 같이 정의하면,

$$\zeta(x) \equiv \alpha \eta \int^x \frac{e^{-P}}{\eta^2} dx, \tag{4.87}$$

식 (4.86)은 다음과 같이 다시 쓸 수 있다.

$$y(x) = C_1 \eta + C_2 \zeta, \; C_2 \equiv \frac{C_0}{\alpha}. \tag{4.88}$$

식 (4.84)에 식 (4.88)을 대입하면 다음을 얻는다.

$$\eta \zeta' - \zeta \eta' = \alpha e^{-P}. \tag{4.89}$$

이 식은 식 (4.80)을 만족하는 선형 독립인 임의의 두 해 사이에 성립하는 관계식으로 볼 수 있는데, 좌변은 2.3절 식 (2.64)에서 정의했던 바와 같이 $\eta(x)$, $\zeta(x)$에 대한 Wronskian임에 유의한다.

위에서 제차 방정식인 식 (4.80)의 일반해를 식 (4.88)과 같이 얻었는데, 이제 비제차 방정식인 식 (4.38)을 만족하는 특수해를 구하기 위해 매개변수 변분법에 의해 다음과 같이 가정한다.

$$\xi(x) = c_1(x) \eta(x) + c_2(x) \zeta(x). \tag{4.90}$$

여기서 $c_1(x)$, $c_2(x)$는 비제차 방정식을 만족하도록 결정해야 할 함수이다. 식 (4.90)을 식 (4.38)에 대입하기 위해 다음을 생각하는데,

$$\xi'(x) = (c_1'\eta + c_2'\zeta) + (c_1\eta' + c_2\zeta'), \tag{4.91}$$

특수해에 대한 가정인 식 (4.90)을 식 (4.38)에 대입하여 얻는 식이 $c_1(x)$, $c_2(x)$의 2계 도함수를 포함하지 않기 위해서는 식 (4.91) 우변의 첫째 ( ) 안이 영이 되어야 한다. 따라서 다음 식들을 얻으며,

$$c_1'\eta + c_2'\zeta = 0, \tag{4.92}$$

$$\xi' = c_1\eta' + c_2\zeta', \tag{4.93}$$

위의 식 (4.93)을 한 번 더 미분하여 다음을 얻는다.

$$\xi'' = (c_1'\eta' + c_2'\zeta') + (c_1\eta'' + c_2\zeta''). \tag{4.94}$$

식 (4.90), (4.93), (4.94)를 식 (4.38)에 대입하여 다음을 얻으며,

$$\begin{aligned}
&(c_1'\eta' + c_2'\zeta') + (c_1\eta'' + c_2\zeta'') + p(c_1\eta' + c_2\zeta') + q(c_1\eta + c_2\zeta) \\
&= (c_1'\eta' + c_2'\zeta') + c_1(\eta'' + p\eta' + q\eta) + c_2(\zeta'' + p\zeta' + q\zeta) \\
&= c_1'\eta' + c_2'\zeta' = r(x),
\end{aligned} \tag{4.95}$$

위 식의 마지막 등식과 식 (4.92)는 c_1', c_2'에 대한 1차 연립 방정식으로 볼 수 있으므로, Cramer 규칙을 사용하여 다음을 얻는다.

$$c_1' = -\frac{\zeta r}{W},\ c_2' = \frac{\eta r}{W},\ W(x) \equiv \begin{vmatrix} \eta & \zeta \\ \eta' & \zeta' \end{vmatrix} = \eta\zeta' - \zeta\eta' = \alpha e^{-P}. \tag{4.96}$$

여기서 $W(x)$는 η, ζ에 대한 Wronskian이며, 마지막 식의 마지막 등호는 식 (4.89)로부터 얻었다.

식 (4.96)의 첫째, 둘째 식들을 적분하여 다음을 얻으며,

$$c_1(x) = -\frac{1}{\alpha}\int^x \zeta r e^P dx,\ c_2(x) = \frac{1}{\alpha}\int^x \eta r e^P dx,\ P(x) \equiv \int^x p\,dx, \quad (4.97)$$

이들을 식 (4.90)에 대입하여 특수해 $\xi(x)$를 다음과 같이 얻는다.

$$\xi(x) = -\frac{\eta}{\alpha}\int^x \zeta r e^P dx + \frac{\zeta}{\alpha}\int^x \eta r e^P dx. \quad (4.98)$$

예를 들어 다음과 같은 2계 선형 미분 방정식이 주어졌다고 하자.

$$y'' - \frac{x}{x-1}y' + \frac{1}{x-1}y = x-1. \quad (4.99)$$

위 방정식의 제차 문제는 다음과 같은데,

$$y'' - \frac{x}{x-1}y' + \frac{1}{x-1}y = 0, \quad (4.100)$$

다행히 위 방정식은 $y = x$에 의해 만족됨을 확인할 수 있다.

따라서 $\eta = x$라고 하면, $p(x) = -\frac{x}{x-1}$이므로 다음을 얻고,

$$P(x) = -\int^x \frac{x}{x-1}dx = -x - \ln(x-1), \quad (4.101)$$

식 (4.87)로부터 $\zeta(x)$를 다음과 같이 얻는다.

$$\zeta(x) = \alpha x\int^x \frac{e^x(x-1)}{x^2}dx. \quad (4.102)$$

이 식 우변의 적분에 대해 부분 적분을 사용하여 다음을 얻으므로,

$$\int^x \frac{e^x}{x^2}dx = -\frac{e^x}{x} + \int^x \frac{e^x}{x}dx,\ \therefore \int^x \frac{e^x(1-x)}{x^2}dx = -\frac{e^x}{x}, \quad (4.103)$$

이를 식 (4.102)에 대입하여 다음을 얻는다.

$$\zeta(x) = \alpha e^{x} . \tag{4.104}$$

여기서 $\alpha = 1$로 취하여도 일반성을 잃지 않으므로, 따라서 식 (4.88)로부터 다음과 같이 제차 문제의 일반해를 얻는다.

$$y(x) = C_1 x + C_2 e^{x} . \tag{4.105}$$

$r(x) = x - 1$이므로 비제차 문제에 대한 특수해는 식 (4.98)로부터 다음과 같이 얻는다.

$$\begin{aligned} \xi(x) &= -x \int^{x} e^{x}(x-1)\frac{e^{-x}}{x-1}\,dx + e^{x}\int^{x} x(x-1)\frac{e^{-x}}{x-1}\,dx \\ &= -x^2 - (x+1) = -\left(x^2 + x + 1\right). \end{aligned} \tag{4.106}$$

이상으로 앞 절과 이 절에서 제차 방정식의 해를 하나만이라도 아는 경우, 2계 선형 비제차 문제의 일반해를 구하는 것이 가능함을 보였다. 따라서 제차 문제의 해를 구하는 것이 매우 중요한데 이를 위해서는 앞 절에서 보인 방법들을 사용할 수 있으나, 항상 해를 얻을 수 있다는 보장은 없다. 물론 이러한 상황이 해가 없다는 것을 의미하는 것은 아니며, 이론적 연구의 결과 초기 조건이 부과된 선형 문제에 대한 해의 존재 및 유일성은 증명되어 있으므로, 컴퓨터를 이용한 수치 계산을 통해 해를 구하는 방법은 항상 사용할 수 있다.

연습문제

1. 미지 함수 $y(x)$에 대한 다음과 같은 제차 미분 방정식이 주어졌다.

$$x^2 y'' + xy' + n^2 y = 0. \tag{연4.1}$$

단 여기서 n은 자연수라고 한다.

이 방정식의 일반해가 다음과 같이 주어짐을 보이시오.

$$y(x) = C_1 \cos(n \ln x) + C_2 \sin(n \ln x). \tag{연4.2}$$

2. 미지 함수 $y(x)$에 대한 다음과 같은 코쉬-오일러 방정식의 일반해를 구하시오.

1) $x^2 y'' + xy' - 9y = 0$, 2) $x^2 y'' + xy' + 9y = 0$,

3) $x^2 y'' + 7xy' - 9y = 0$, 4) $x^2 y'' + 7xy' + 9y = 0$,

5) $x^2 y'' + 3xy' + 2y = 0$, 6) $x^2 y'' - 2xy' + 4y = 0$.

3. 위의 [연습문제 2]에서 다룬 방정식들에 대해 식 (4.8)의 변환을 사용하여 식 (2.1)과 같은 형태의 식을 각각 구하고, 그 일반해를 구한 뒤, 얻어진 방정식과 그 일반해를 [연습문제 2]에서 얻었던 해와 비교, 논의하시오.

4. 식 (4.22)의 해로 n차 다항식을 가정하고 $x = 1$에서 $y = 1$이 되어야 한다는 조건을 적용하여 $P_n(x)$, $n = 3, 4, 5$를 구하시오.

5. 르장드르 다항식은 다음과 같이 주어지는 **로드리게스 공식**(Rodrigues' formula)으로 주어질 수도 있다.

$$P_n(x) = \frac{1}{2^n n!}\frac{d^n}{dx^n}\left[(x^2-1)^n\right] \tag{연4.3}$$

$f(x)$가 $x \in [-1, 1]$에서 n 번 연속미분 가능인 임의의 함수라고 하고, 또 스칼라곱은 식 (4.28)로 정의된다고 할 때, (f, P_n)에 대해 n 번의 부분 적분을 적용하여 다음을 구하시오.

$$(f, P_n) = \frac{1}{2^n n!}\int_{-1}^{1}(1-x^2)^n \frac{d^n f}{dx^n}\,dx. \tag{연4.4}$$

로드리게스 공식으로부터 다음을 구하고,

$$\frac{d^n P_n}{dx^n} = \frac{1}{2^n n!}\frac{d^{2n}}{dx^{2n}}\left[(x^2-1)^n\right] = \frac{(2n)!}{2^n n!}, \tag{연4.5}$$

또 **이항 정리**(binomial theorem)를 사용하여 다음 식을 유도하시오.

$$\int_{-1}^{1}(1-x^2)^n\,dx = \frac{2^{2n+1}(n!)^2}{(2n+1)!}. \tag{연4.6}$$

이제 식 (연4.4)에 $f = P_n$을 대입하고, 위의 결과들을 이용하여 아래에 다시 보인 식 (4.36)을 유도하시오.

$$(P_n, P_n) = \frac{2}{2n+1}. \tag{4.36}$$

6. 미지 함수 $y(x)$에 대한 다음과 같은 미분 방정식의 일반해를 구하시오.

1) $y'' - xy' + (x-1)y = f(x)$,

2) $(ax - bx^2)y'' + 2ay' + 2by = x^{n-1}$,

3) $(1+x^2)y'' - 2xy' + 2y = f(x)$,

단 여기서 a, b는 주어진 상수이고, n은 자연수이며, $f(x)$는 주어진 함수이다.

7. 미지 함수 $y(x)$에 대한 다음과 같은 미분 방정식의 일반해를 구하시오.

1) $y'' - 2bxy' + b^2x^2y = x$,

2) $y'' - \dfrac{2}{x}y' + \left(a^2 + \dfrac{2}{x^2}\right)y = 0$,

3) $y'' - 4xy' + (4x^2 - 3)y = e^{x^2}$,

단 여기서 a, b는 주어진 상수이다.

8. 미지 함수 $y(x)$에 대한 다음과 같은 제차 미분 방정식의 일반해를 구하시오.

1) $y'' + y'\tan x + y\cos^2 x = 0$,

2) $(x^2 - 1)y'' + xy' - b^2y = 0$,

3) $y'' + \dfrac{2}{x}y' + \dfrac{a^2}{x^4}y = 0$,

4) $(1+x^2)y'' + xy' + 2y = 0$

단 여기서 a, b는 주어진 상수이다.

9. 미지 함수 $y(x)$에 대한 다음과 같은 비제차 미분 방정식의 일반해를 구하시오.

1) $y'' + n^2y = \sec nx$,

2) $(1-x^2)y'' - 4xy' - (1+x^2)y = x$,

단 여기서 n은 자연수이다.

5장
급수 해법과 베셀 및 르장드르 미분 방정식

미적분이 처음 알려진 17세기 말부터 주어진 미분 방정식에 대한 해를 멱급수를 사용하여 얻고자 하는 시도는 매우 자연스럽게 이루어졌다. 하지만 그와 관련된 이론적 연구는 매우 느리게 진전되어, 2계 선형 미분 방정식의 일반해를 멱급수를 사용하여 얻는 방법은 19세기 말이 되어서야 확립되었다.

1절에서는 보통점, 균정 특이점의 개념에 대해 설명하고, Frobenius 방법[10]에 대해 공부하며,

2절에서는 앞 절에서 얻은 방법을 베셀 미분 방정식에 적용하여 일반해를 구하는 과정과 결과를 보인다.

3절에서는 르쟝드르 미분 방정식에 같은 방법을 적용하여 그 일반해를 구하는 과정과 결과를 보이기로 한다.

5.1 급수 해법

4.1절에서는 멱함수가, 4.2절에서는 다항식이 미분 방정식의 해가 되는 경우에 대해 살펴보았다. 미분이 알려진 이래, 미분과 함수의 개념은 더불어 발전해왔으며, 그 초기에 함수는 급수 전개를 통해 인식되고 있었다. 물론 **테일러 급수**(Taylor series)는 이런 가운데 얻어진 함수의 성질에 대한 중요한 결과 중의 하나였다.

18세기 전반을 통해 미분 및 함수와 관련된 다양한 결과를 얻고 있었던 오일러조차

10) Frobenius. Über die Integration der linearen Differentialgleichungen durch Reihen. J. reine angew. Math. 76, 214-235, 1873.

도 지수가 복소수인 지수 함수, e^{ix}와 조화 함수, $\cos x$와 $\sin x$ 사이의 관계를 얻고 난 후에야 상수 계수의 미분 방정식에 대해 그 해를 2.1절의 식 (2.2), 즉 $x(t)=e^{\lambda t}$로 가정하는 방법을 쓸 수 있게 되었다. 사실 그는 그가 다루었던 대부분의 미분 방정식에 대해 급수해를 가정하고, 그 계수를 정하는 방법을 사용하여 해를 구하고 있었다.

예를 들어 미지 함수 $x(t)$에 대한 다음과 같은 상수 계수를 가진 2계 미분 방정식이 주어졌다고 하자.

$$\ddot{x}-x=0. \tag{5.1}$$

이 방정식의 해에 대해 다음과 같은 **멱급수**(power series)를 가정하고,

$$x(t)=\sum_{j=0}^{\infty}c_j t^j, \tag{5.2}$$

이를 주어진 미분 방정식 (5.1)에 대입하면 다음을 얻는다.

$$\sum_{j=2}^{\infty}j(j-1)c_j x^{j-2}-\sum_{j=0}^{\infty}c_j x^j=0. \tag{5.3}$$

여기서 첫째 급수에 대해 $k=j-2$, 둘째 급수에 대해 $k=j$의 치환을 도입하고 두 급수를 한꺼번에 쓰면 다음을 얻는다.

$$\sum_{k=0}^{\infty}\{(k+2)(k+1)c_{k+2}-c_k\}x^k=0. \tag{5.4}$$

위의 식에서 $1,\ x,\ x^2,\ \cdots$은 선형 독립이므로 위의 식이 성립하기 위해서는 $\{\ \}$의 양이 모든 $k\in[0;\infty]$에 대해 영이 되어야 하며 따라서 다음이 성립해야 된다.

$$c_{k+2}=\frac{c_k}{(k+1)(k+2)},\ k=0,\ 1,\ 2,\ \cdots. \tag{5.5}$$

이 식을 보면 $c_0,\ c_2,\ \cdots$ 등의 짝수 하첨자를 가진 계수들과, $c_1,\ c_3,\ \cdots$ 등의 홀수 하첨자를 가진 계수들이 따로 따로 관련되어 있음을 알 수 있으며, 전자에 대해서는 다음을 얻고,

$$c_2 = \frac{c_0}{1 \cdot 2},\ c_4 = \frac{c_2}{3 \cdot 4} = \frac{c_0}{4!},\ \cdots,\ c_{2k} = \frac{c_0}{(2k)!}, \tag{5.6}$$

후자에 대해서는 다음을 얻는다.

$$c_3 = \frac{c_1}{2 \cdot 3},\ c_5 = \frac{c_3}{4 \cdot 5} = \frac{c_1}{5!},\ \cdots,\ c_{2k+1} = \frac{c_1}{(2k+1)!}. \tag{5.7}$$

이들을 식 (5.2)에 대입하면 다음을 얻는데,

$$x(t) = c_0 \sum_{j=0}^{\infty} \frac{t^{2j}}{(2j)!} + c_1 \sum_{j=0}^{\infty} \frac{t^{2j+1}}{(2j+1)!}, \tag{5.8}$$

이 식 우변의 첫째 급수는 $\cosh t$, 둘째 급수는 $\sinh t$의 $t = 0$에 대한 테일러 급수이므로 결국 다음을 얻는다.

$$x(t) = c_0 \cosh t + c_1 \sinh t. \tag{5.9}$$

여기서 c_0, c_1은 임의의 상수이므로 이 결과는 두 개의 상수를 포함한 식 (5.1)의 일반해로 볼 수 있다.

물론 위에서 언급한 바와 같이 $x(t) = e^{\lambda t}$를 가정하여 얻어지는 특성 방정식 $\lambda^2 - 1 = 0$의 해로 $\lambda_{1,2} = \pm 1$을 얻으므로, C_1, C_2를 임의의 상수라고 할 때 일반해로 다음을 얻는데,

$$x(t) = C_1 e^{t} + C_2 e^{-t}, \tag{5.10}$$

이 식은 $e^t = \cosh t + \sinh t$, $e^{-t} = \cosh t - \sinh t$임을 고려하면 물론 식 (5.9)와 본질적으로 동일한 식임을 확인할 수 있다.

위에서는 식 (5.8)에 포함된 급수들이 이미 알려져 있는 함수들의 테일러 급수이므로, 식 (5.9)와 같은 형식으로 일반해를 쓰는 것이 가능하였지만, 일반적으로는 식 (5.9)와 같은 형태로 쓰는 것이 어려울 것이며, 식 (5.8) 자체를 식 (5.1)의 해로 생각할 수도 있을 것이다.

아래에 다시 보인 미지 함수 $y(x)$에 대한 2계 선형 제차 상미분 방정식인 식 (4.80)과 관련하여 매우 기본적인 **정리**(theorem)를 소개하기로 한다.

$$y'' + p(x)y' + q(x)y = 0. \tag{4.80}$$

만약 $p(x)$와 $q(x)$가 $x = 0$에서 정칙이면 점 $x = 0$는 **보통점**(ordinary point)이라고 불리며, 나아가 그들이 $|x| < \rho$에서 정칙이면, 식 (4.80)의 일반해는 다음과 같은 멱급수의 형태로 주어진다.

$$y(x) = \sum_{j=0}^{\infty} c_j x^j = c_0 y_1(x) + c_1 y_2(x). \tag{5.11}$$

여기서 c_0, c_1은 임의의 상수이고, y_1, y_2는 서로 선형 독립인 함수이며 그 수렴 반경은 ρ보다 작지 않다.

위의 정리에 따르면 상수 계수를 가지는 2계 선형 제차 미분 방정식에 대해서는 항상 식 (5.11)에 보인 것과 같은 급수로 일반해를 얻을 수 있다. 그런데 4.1절에서 다루었던 코쉬-오일러 방정식, 예를 들어 식 (4.1)을 식 (4.80)의 형태로 생각하면 a, b를 주어진 상수라고 할 때 다음을 얻으며,

$$y'' + \frac{a}{x}y' + \frac{b}{x^2}y = 0, \tag{5.12}$$

따라서 $p = \dfrac{a}{x}$, $q = \dfrac{b}{x^2}$를 얻는다. 이 경우는 위의 정리에서 언급한 $x = 0$에서의 조건을 만족하고 있지 않음에도 불구하고, 이미 멱함수, 즉 x^λ의 형태로 해를 얻은 바 있다. 따라서 급수해와 관련되어 언급된 위 정리가 포함하고 있는 조건은 조금 과한 것이 아닐까 하는 생각을 할 수 있으며, 이와 같은 의문에 답하고자 하는 노력에 의해 다음 방법, 보통 **Frobenius 방법**(Frobenius method; Frobenius, 1849-1917, Germany, 1873)이라고 불리는 결과가 얻어졌다.

만약 식 (4.80)과 같은 형태의 미분 방정식에 포함된 $p(x)$, $q(x)$ 중의 하나 또는 모두가 $x = 0$에서 각각 x^{-1}, x^{-2} 정도의 특이성을 가지고 있다면 $x = 0$는 **균정 특이점**(regular singular point)이라고 불리며 이때 미분 방정식은 다음과 같은 형태로 쓸 수 있다.

$$y'' + \frac{1}{x}(a + a_1 x + \cdots)y' + \frac{1}{x^2}(b + b_1 x + \cdots)y = 0. \tag{5.13}$$

따라서 이 식의 양변에 x^2 을 곱하여 다음을 얻는데,

$$x^2 y'' + x(a + a_1 x + \cdots)y' + (b + b_1 x + \cdots)y = 0, \tag{5.14}$$

위 식은 $x = 0$ 부근에서는 다음과 같은 코쉬-오일러 방정식으로 근사할 수 있다.

$$x^2 y'' + axy' + by = 0. \tag{4.1}$$

만약 이 식에 $y = x^\lambda$ 를 대입하면 4.1절 식 (4.3)에서 얻었던 다음과 같은 특성 방정식을 얻는데,

$$\lambda(\lambda - 1) + a\lambda + b = 0, \tag{4.3}$$

이 방정식이 최소한 하나의 실근을 가진다면,[11] 식 (5.14)는 최소한 하나의 다음과 같은 형태로 주어지는 해를 가질 것으로 기대할 수 있다.

$$y(x) = x^\lambda \sum_{j=0}^{\infty} c_j x^j,\ c_0 \neq 0. \tag{5.15}$$

다시 말하면 식 (5.11)에 보인 것과 같은 멱급수가 아닌 첫 항이 x^λ 로 시작하는 멱급수를 해로 가질 것이다. 단 여기서 λ는 음의 실수일 수 있으므로, 위 식으로 주어진 해는 $x = 0$을 특이점으로 가질 수 있는 점에 유의한다.

예를 들어 다음과 같은 2계 선형 제차 미분 방정식이 주어졌다고 하자.

$$x^2 y'' + \frac{7}{6} xy' - \frac{1}{6}(1 + x^2)y = 0. \tag{5.16}$$

이 식의 양변을 x^2 으로 나누고 y' 과 y의 계수를 살펴보면 $x = 0$는 이 식의 균정 특

11) Frobenius 방법 자체는 복소근일 경우에도 적용할 수 있으나([연습문제 1] 참조), 여기서는 최소한 하나의 실근을 가지는 문제에 한해서 논의하기로 한다.

이점임을 알 수 있으며, 따라서 식 (5.15)와 같은 형태의 급수해를 가정할 수 있고, 이 급수해를 식 (5.16)에 대입하면 다음을 얻는다.

$$\sum_{j=0}^{\infty}(j+\lambda)(j+\lambda-1)c_j x^{j+\lambda}+\frac{7}{6}\sum_{j=0}^{\infty}(j+\lambda)c_j x^{j+\lambda}$$

$$-\frac{1}{6}\sum_{j=0}^{\infty}(1+x^2)c_j x^{j+\lambda}=0. \tag{5.17}$$

좌변의 급수들을 하나로 모아 다시 쓰면 다음을 얻는데,

$$\sum_{j=0}^{\infty}\left\{(j+\lambda)(j+\lambda-1)+\frac{7}{6}(j+\lambda)-\frac{1}{6}(1+x^2)\right\}c_j x^{j+\lambda}=0, \tag{5.18}$$

여기서 x^{λ} 의 계수, 즉 $j=0$ 인 경우를 생각하면 다음을 얻으며,

$$\lambda(\lambda-1)+\frac{7}{6}\lambda-\frac{1}{6}=\lambda^2+\frac{1}{6}\lambda-\frac{1}{6}=\left(\lambda+\frac{1}{2}\right)\left(\lambda-\frac{1}{3}\right)=0, \tag{5.19}$$

이 식은 위에서 보인 식 (4.1)에 대한 특성 방정식, 식 (4.3)과 같음을 확인할 수 있다. Frobenius 방법을 사용할 때 얻어지는 위의 λ에 대한 방정식은 별도로 **지수 방정식**(indicial equation)이라고 부른다.

결국 식 (5.16)에 대한 지수 방정식의 해 $\lambda_{1,2}$를 식 (5.19)로부터 다음과 같이 얻으며,

$$\lambda_1=\frac{1}{3},\ \lambda_2=-\frac{1}{2}, \tag{5.20}$$

여기서 그 크기가 큰 근을 λ_1 으로 택한 점에 유의한다.

$\lambda_1=\frac{1}{3}$ 인 경우, 먼저 식 (5.18) 좌변의 급수에서 $x^{1+\lambda}$ 의 계수에 대해 생각하면 다음을 얻으며,

$$\left(\frac{4}{3}\,\frac{1}{3}+1+\frac{7}{18}\right)c_1=\frac{11}{6}c_1=0,\ \therefore c_1=0, \tag{5.21}$$

$x^{k+\lambda}$, $k \in [2;\infty]$ 의 계수에 대해 생각하면 다음을 얻고,

$$\left\{(j+\lambda)(j+\lambda-1)+\frac{7}{6}(j+\lambda)-\frac{1}{6}\right\}c_j=\frac{1}{6}c_{j-2},\ \ \therefore c_j=\frac{c_{j-2}}{j(6j+5)}, \quad (5.22)$$

위 식의 마지막 식을 이용하여 다음을 얻으므로,

$$c_2=\frac{c_0}{34},\ c_4=\frac{c_2}{116}=\frac{c_0}{34\cdot 116}=\frac{c_0}{3944},\ \cdots, \quad (5.23)$$

이들을 대입하여 다음과 같은 급수해를 얻는다.

$$y(x)=c_0x^{1/3}\left(1+\frac{x^2}{34}+\frac{x^4}{3944}+\cdots\right)\equiv c_0y_1(x). \quad (5.24)$$

한편, $\lambda_2=-\frac{1}{2}$ 인 경우, 먼저 식 (5.18) 좌변의 급수에서 $x^{1+\lambda}$ 의 계수에 대해 생각하면 다음을 얻으며,

$$\left(-\frac{1}{2}\frac{1}{2}+1-\frac{7}{12}\right)c_1=\frac{1}{6}c_1=0,\ \ \therefore c_1=0, \quad (5.25)$$

$x^{k+\lambda}$, $k \in [2;\infty]$ 의 계수에 대해 생각하면 다음을 얻고,

$$\left\{(j+\lambda)(j+\lambda-1)+\frac{7}{6}(j+\lambda)-\frac{1}{6}\right\}c_j=\frac{1}{6}c_{j-2},\ \ \therefore c_j=\frac{c_{j-2}}{j(6j-5)}, \quad (5.26)$$

위 식의 마지막 식을 이용하여 다음을 얻으므로,

$$c_2=\frac{c_0}{14},\ c_4=\frac{c_2}{76}=\frac{c_0}{14\cdot 76}=\frac{c_0}{1064},\ \cdots, \quad (5.27)$$

이들을 대입하여 다음과 같은 급수해를 얻는다.

$$y(x)=c_0x^{-1/2}\left(1+\frac{x^2}{14}+\frac{x^4}{1064}+\cdots\right)\equiv c_0y_2(x). \quad (5.28)$$

결국 식 (5.16)으로 주어진 문제에 대해서는 지수 방정식의 해가 서로 다른 두 실근이 되었으며, 따라서 식 (5.24)와 식 (5.28)에서 얻은 y_1과 y_2의 선형 결합, $y(x) = C_1 y_1 + C_2 y_2$로 주어지는 식 (5.16)의 일반해를 급수의 형태로 얻었다. 또한 y_2는 $x = 0$ 부근에서 $x^{-1/2}$의 특이성을 가지는 해임에 유의한다.

위의 예제에서 본 바와 같이 식 (5.15)와 같은 형태를 가지는 두 개의 선형 독립인 해를 얻을 수 있다면 식 (5.13)의 일반해를 구한 것으로 볼 수 있다. 하지만, 특성 방정식이 중근을 가지는 경우와, 또 두 실근의 차이가 정수일 경우에는 식 (5.15)의 형태를 가지는 하나의 해 $y_1(x)$는 큰 문제없이 구할 수 있지만, 이 해에 대해 선형 독립인 둘째 해 $y_2(x)$의 형태에 대해서는 보다 자세한 논의가 필요하다. 아래에서는 이 경우들에 대해 차례로 생각하기로 한다.

1) 중근을 가지는 경우

이 경우 하나의 해는 물론 식 (5.15)의 형태로 주어지지만, 둘째 해의 형태를 생각하기 위해 코쉬-오일러 방정식의 경우로 되돌아가보자. 4.1절에서 논의한 바와 같이 코쉬-오일러 방정식, 식 (4.1)은 식 (4.8)의 치환에 의해 식 (2.1)과 일대일 대응을 이루는데, 편의를 위해 이들 식을 아래에 다시 보였으며, 단 혼동을 피하기 위해 식 (2.1)에서 $x(t)$를 $u(t)$로 바꾸었다.

$$\ddot{u} + 2\alpha\dot{u} + \beta u = 0,\ u(t) = e^{\lambda t}, \tag{2.1}$$

$$x^2 y'' + axy' + by = 0,\ y(x) = x^{\lambda}, \tag{4.1}$$

$$x = e^t,\ \therefore t = \ln x. \tag{4.8}$$

여기서 α, β는 주어진 상수이고, $2\alpha = a - 1$, $\beta = b$, $u(t) = y(x(t))$임에 유의한다.

식 (2.1)과 관련하여 그 특성 방정식이 중근 $\lambda = -\alpha$를 가지는 경우, 2.1절 3)의 논의에서 보인 바와 같이 그 해는 아래에 다시 보인 식 (2.14)로 주어진다.

$$u(t) = \left(C_0 + C_1 t\right) e^{-\alpha t}. \tag{2.14}$$

이 식에 식 (4.8)의 변환을 도입하면 코쉬-오일러 방정식의 특성 방정식이 중근을 가지는 경우에 대한 일반해를 다음과 같이 얻을 수 있는데,

$$y(x) = \left(C_0 + C_1 \ln x\right) x^{(1-a)/2}, \tag{5.29}$$

이 식을 얻는 데는 식 (4.11)에서 보인 $2\alpha = a - 1$의 관계를 이용하였음에 유의한다.

따라서 지수 방정식이 중근을 가지는 경우, 둘째 해 $y_2(x)$는 다음과 같은 형태로 가정할 수 있다.

$$y_2(x) = (\ln x) x^{(1-a)/2} \sum_{j=0}^{\infty} c_j x^j + x^{(1-a)/2} \sum_{j=1}^{\infty} d_j x^j. \tag{5.30}$$

여기서 우변 둘째 급수의 매개변수 j의 값이 1부터 시작하는 것은 만약 0부터 시작한다고 하면 우변 둘째 항이 $y_1(x)$와 같은 형태의 급수가 될 것이므로, 그와 같은 해를 배제하기 위한 것임에 유의한다.

식 (5.30)의 형태로부터 둘째 해 $y_2(x)$는 $x = 0$에서 대수 함수적 특이성을 가짐을 알 수 있으며, 이와 같은 특이성은 물론 코쉬-오일러 방정식의 특성 방정식이 중근을 가지는 경우의 해가 가지는 특성으로부터 연유한다. 위의 식(5.30)은 우변 첫째 항에 $y_1(x)$를 이용하여 다음과 같이 다시 쓸 수 있다.

$$y_2(x) = y_1(x) \ln x + x^{(1-a)/2} \sum_{j=1}^{\infty} d_j x^j. \tag{5.31}$$

예를 들어 다음과 같은 2계 선형 제차 미분 방정식, 4.2절 식 (4.13)에서 고려했던 0차 베셀 미분 방정식이 주어졌다고 하자.

$$x^2 y'' + x y' + x^2 y = 0, \ x \in (0, \infty). \tag{5.32}$$

이 식의 양변을 x^2으로 나누고 식 (5.13)과 비교하면 $x = 0$는 이 식의 균정 특이점임을 알 수 있으며, 따라서 식 (5.15)와 같은 형태의 급수해를 가정할 수 있고, 이 급수해를 식 (5.32)에 대입하여 다음을 얻는다.

$$\sum_{j=0}^{\infty}(j+\lambda)(j+\lambda-1)c_j x^{j+\lambda}+\sum_{j=0}^{\infty}(j+\lambda)c_j x^{j+\lambda}+\sum_{j=0}^{\infty}c_j x^{j+2+\lambda}=0. \quad (5.33)$$

좌변의 급수들을 하나로 모아 다시 쓰면 다음을 얻는데,

$$\sum_{j=0}^{\infty}\{(j+\lambda)(j+\lambda-1)+(j+\lambda)+x^2\}c_j x^{j+\lambda}=0, \quad (5.34)$$

여기서 x^{λ} 의 계수를 생각하면 다음을 얻으며,

$$\lambda(\lambda-1)+\lambda=\lambda^2=0, \quad (5.35)$$

결국 지수 방정식은 중근 $\lambda_0=0$을 가진다.

식 (5.34) 좌변의 급수에서 $\lambda=\lambda_0=0$이므로, $x^{1+\lambda}$, 즉 x 의 계수에 대해 생각하면 $c_1=0$을 얻으며, x^k, $k\in[2;\infty]$ 의 계수에 대해 생각하면 다음을 얻는다.

$$\{j(j-1)+j\}c_j=-c_{j-2}, \quad \therefore c_j=-\frac{c_{j-2}}{j^2}, \quad (5.36)$$

위 식의 마지막 식을 이용하여 다음을 얻으므로,

$$c_2=-\frac{c_0}{2^2}, \; c_4=-\frac{c_2}{4^2}=\frac{c_0}{2^2\cdot 4^2}=\frac{c_0}{2^4\cdot 1^2\cdot 2^2}, \; \cdots,$$

$$c_{2j}=-\frac{c_{2j-2}}{(2j)^2}=(-1)^j\frac{c_0}{2^{2j}(j!)^2}, \quad (5.37)$$

이들을 대입하여 결국 다음과 같은 급수해를 얻는다.

$$y(x)=c_0\sum_{j=0}^{\infty}\frac{(-1)^j}{(j!)^2}\left(\frac{x}{2}\right)^{2j}\equiv c_0 J_0(x). \quad (5.38)$$

여기서 $J_0(x)$는 [그림 4.1]에 보였던 **제1종 0차 베셀 함수**(Bessel function of the first kind of order zero)이다.

한편, 위에서 식 (5.38)로 얻은 해와 선형 독립인 둘째 해 $y_2(x)$는 식 (5.31)로부터 $a=1$임을 고려하여 다음과 같은 형태로 가정할 수 있다.

$$y_2(x) = J_0(x)\ln x + \sum_{j=1}^{\infty} d_j x^j. \tag{5.39}$$

위 식을 식 (5.32)에 대입하면 다음을 얻으므로,

$$2xJ_0'(x) + \sum_{j=1}^{\infty} j^2 d_j x^j + \sum_{j=1}^{\infty} d_j x^{j+2} = 0,$$

$$\therefore \sum_{j=1}^{\infty}(-1)^j \frac{4j}{(j!)^2}\left(\frac{x}{2}\right)^{2j} + \sum_{j=1}^{\infty} j^2 d_j x^j + \sum_{j=1}^{\infty} d_j x^{j+2} = 0, \tag{5.40}$$

먼저 위 식 좌변의 급수에서 x의 계수에 대해 생각하면 다음을 얻으며,

$$d_1 = 0, \tag{5.41}$$

x^2의 계수에 대해 생각하면 다음을 얻는다.

$$-1 + 4d_2 = 0, \ \therefore d_2 = \frac{1}{4}. \tag{5.42}$$

식 (5.40)의 형태와 식 (5.41)로부터 하첨자가 홀수인 계수 d_{2j+1}은 모두 0임을 알 수 있으며, 짝수인 계수 d_{2j}, $j \in [2;\infty]$에 대해서는 다음을 얻는다.

$$(-1)^j \frac{4j}{4^j (j!)^2} + (2j)^2 d_{2j} = -d_{2j-2}, \ \therefore d_{2j} = -\frac{(-1)^j}{4^j j (j!)^2} - \frac{d_{2j-2}}{4j^2}. \tag{5.43}$$

위 식의 마지막 식에 $j=2, 3$을 각각 대입하여 d_4, d_6 등을 다음과 같이 얻으므로,

$$d_4 = -\frac{1}{4^2(2!)^2}\left(1+\frac{1}{2}\right) = -\frac{3}{128}, \ d_6 = \frac{1}{4^3(3!)^2}\left(1+\frac{1}{2}+\frac{1}{3}\right) = \frac{11}{13824}, \tag{5.44}$$

이들을 일반화하여 d_{2j}를 다음과 같이 다시 쓸 수 있다.

$$d_{2j} = -\frac{(-1)^j}{2^{2j}(j!)^2}\phi_j, \ \phi_j \equiv \sum_{k=1}^{j}\frac{1}{k}. \tag{5.45}$$

이 결과를 식 (5.39)에 대입하여 다음을 얻는다.

$$y_2(x) = J_0(x)\ln x - \sum_{j=1}^{\infty}\frac{(-1)^j\phi_j}{(j!)^2}\left(\frac{x}{2}\right)^{2j}. \tag{5.46}$$

물론 위의 식 (5.38)에서 얻은 J_0과 식 (5.46)으로 얻은 y_2의 선형 결합, $y(x)= C_1J_0 + C_2y_2$로 주어지는 해를 0차 베셀 미분 방정식, 식 (5.32)의 일반해로 취할 수 있다. 하지만 일반적으로 **제2종 0차 베셀 함수**(Bessel function of the second kind of order zero), $Y_0(x)$는 다음과 같이 정의되며,

$$\begin{aligned} Y_0(x) &\equiv \frac{2}{\pi}\{y_2(x) + (\gamma - \ln 2)J_0(x)\} \\ &= \frac{2}{\pi}\left\{\left(\gamma + \ln\frac{x}{2}\right)J_0(x) - \sum_{j=1}^{\infty}\frac{(-1)^j\phi_j}{(j!)^2}\left(\frac{x}{2}\right)^{2j}\right\}, \end{aligned} \tag{5.47}$$

여기서 γ는 오일러 상수(Euler's constant)로 다음과 같이 정의된다.

$$\gamma = \lim_{j\to\infty}(\phi_j - \ln j) \doteq 0.5772157, \ \phi_j \equiv \sum_{k=1}^{j}\frac{1}{k}. \tag{5.48}$$

$Y_0(x)$를 식 (5.47)과 같이 정의해야 하는 필요성에 대해서는 다음 절을 참조하기 바란다.

따라서 0차 베셀 미분 방정식, 식 (5.32)의 일반해는 통상 다음과 같은 형태로 주어진다.

$$y(x)= A\,J_0(x) + B\,Y_0(x). \tag{5.49}$$

물론 여기서 A, B는 미정의 상수이다.

2) 두 실근의 차이가 정수일 경우

이 경우에 대해서는 왜 이 경우가 문제가 되는지에 대해서부터 설명해야 하는데, 그러기 위해서는 아래에 다시 보인, 4.4절에서 구한 식 (4.87)을 사용하기로 한다.

$$y_2(x) = y_1 \int^x \frac{e^{-P}}{y_1^2} dx, \ P(x) \equiv \int^x p\, dx. \tag{5.50}$$

단 함수들의 표기만 이 절의 논의에 적합하도록 η를 y_1으로, ζ를 y_2로 바꾸었으며, 편의 상 $\alpha = 1$로 취하였다. 물론 위에서 얻은 함수 y_2는 다음과 같은 제차 방정식, 식 (4.80)에 대한 둘째 해로 얻었다.

$$y'' + p(x)y' + q(x)y = 0. \tag{4.80}$$

균정 특이점에 대해 생각하고 있으므로, 식 (5.13)으로부터 $p(x)$를 다음과 같이 얻으며,

$$p = \frac{1}{x}(a + a_1 x + \cdots), \tag{5.51}$$

따라서 $P(x)$를 다음과 같이 얻는다.

$$P(x) = a \ln x + a_1 x + \cdots. \tag{5.52}$$

$y_1(x)$는 두 실근 중 큰 근을 λ_1이라고 하면 식 (5.15)로부터 다음을 얻으며,

$$y_1(x) = x^{\lambda_1} \sum_{j=0}^{\infty} c_j x^j, \tag{5.53}$$

따라서 식 (5.50) 첫째 식의 피적분 함수에 대해 다음을 얻는다.

$$\frac{e^{-P}}{y_1^2} = x^{-a-2\lambda_1} h(x), \ h(x) \equiv \sum_{j=0}^{\infty} h_j x^j. \tag{5.54}$$

여기서 $h(x)$는 $x=0$에서 영이 아닌 유한한 값을 가지는 멱급수이다.

식 (5.13)의 지수 방정식은 식 (4.3)의 특성 방정식과 같으며, 따라서 $l>0$을 두 실근의 차이인 양의 정수라고 하면 두 실근은 λ_1, λ_1-l이 되며, 다음 관계를 만족해야 한다.

$$(\lambda-\lambda_1)(\lambda-\lambda_1+l)=\lambda^2-(2\lambda_1-l)\lambda+\lambda_1(\lambda_1-l),\ \therefore a-1=l-2\lambda_1. \quad (5.55)$$

위 식의 마지막 식으로부터 $-a-2\lambda_1=-(1+l)$을 얻으며, 이를 식 (5.54)에 대입하고 그 결과를 식 (5.50)의 첫째 식에 대입하여 적분을 수행하면 다음을 얻는다.

$$y_2(x)=y_1(x)\left(\frac{h_0}{l}x^{-l}+\cdots-h_{l-1}x^{-1}+h_l\ln x+h_{l+1}x+\cdots\right). \quad (5.56)$$

이 식을 보면 우변 ( ) 안은 음의 지수를 가지는 멱함수와 대수 함수, 그리고 양의 지수를 가지는 멱함수의 합으로 구성되어 있다.

앞의 1)에서 고려한 중근을 가지는 경우는 $l=0$인 경우에 상응하며, 위에서 음의 지수를 가지는 멱함수 부분이 없이 대수 함수와 x로부터 시작하는 양의 지수를 가지는 멱함수의 합으로 주어지는데, 이는 앞에서 가정했던 식 (5.31)과 전적으로 일치함을 확인할 수 있다.

지금 고려 중인 두 실근의 차이가 정수인 경우에 대해서는 식 (5.56)의 형태로부터 다음과 같이 둘째 해의 형태를 가정할 수 있으며,

$$y_2(x)=y_1(x)\ln x+x^{\lambda_1-l}\sum_{j=0}^{\infty}d_jx^j, \quad (5.57)$$

여기서 우변 둘째 항에 곱해진 x^{λ_1-l}은 식 (5.56)에서 $y_1(x)$의 급수가 x^{λ_1}부터 시작하는 것을 고려하여 얻어졌음에 유의한다.

예를 들어 다음과 같은 2계 선형 제차 미분 방정식이 주어졌다고 하자.

$$xy''+y=0,\ x\in(0,\infty). \quad (5.58)$$

이 식의 양변을 x로 나누고 식 (5.13)과 비교하면 $x=0$은 이 식의 균정 특이점임을 알 수 있으며, 따라서 식 (5.15)와 같은 형태의 급수해를 가정할 수 있고, 이 급수해를 식 (5.58)의 양변에 x를 곱한 식에 대입하여 다음을 얻는다.

$$\sum_{j=0}^{\infty}(j+\lambda)(j+\lambda-1)c_j x^{j+\lambda}+\sum_{j=0}^{\infty}c_j x^{j+\lambda+1}=0. \tag{5.59}$$

좌변의 급수들을 하나로 모아 다시 쓰면 다음을 얻는데,

$$\sum_{j=0}^{\infty}\{(j+\lambda)(j+\lambda-1)+x\}c_j x^{j+\lambda}=0, \tag{5.60}$$

여기서 x^{λ}의 계수를 생각하면 다음을 얻으며,

$$\lambda(\lambda-1)=0, \tag{5.61}$$

결국 지수 방정식은 그 차이가 정수인 두 개의 실근 $\lambda_1=1$, $\lambda_2=0$을 가지고, $l=1$임을 얻는다.

$\lambda_1=1$인 경우, 식 (5.60) 좌변의 급수에서 x^2의 계수에 대해 생각하면 다음을 얻으며,

$$2c_1+c_0=0, \quad \therefore c_1=-\frac{1}{2}c_0, \tag{5.62}$$

x^{j+1}, $j\in[2;\infty]$의 계수에 대해 생각하면 다음을 얻는다.

$$j(j+1)c_j+c_{j-1}=0, \quad \therefore c_j=-\frac{c_{j-1}}{j(j+1)}. \tag{5.63}$$

위 식의 마지막 식을 이용하여 다음을 얻으므로,

$$c_2=-\frac{c_1}{2\cdot 3}=\frac{1}{2}\frac{c_0}{3!},\ c_3=-\frac{c_2}{3\cdot 4}=-\frac{c_0}{3!\,4!},\ \cdots,$$

$$c_j=(-1)^j\frac{c_0}{j!\,(j+1)!}, \tag{5.64}$$

이들을 대입하여 결국 다음과 같은 급수해를 얻는다.

$$y(x) = c_0 \sum_{j=0}^{\infty} (-1)^j \frac{x^{j+1}}{j!\,(j+1)!} \equiv c_0\, y_1(x)\,. \tag{5.65}$$

한편, $\lambda_2 = 0$인 경우, 먼저 식 (5.60) 좌변의 급수에서 x^0의 계수에 대해 생각하면 다음을 얻는데,

$$c_0 = 0\,, \tag{5.66}$$

이는 급수해의 첫 항에 상응하는 계수가 영이 아니라는 가정에 어긋나므로, $\lambda_2 = 0$인 경우에 대해 식 (5.15)와 같은 형태의 해를 구할 수 없음을 뜻한다.

위에서 얻은 결과, 식 (5.57)을 사용하기로 하면 다음을 얻고

$$y_2(x) = y_1(x) \ln x + \sum_{j=0}^{\infty} d_j x^j. \tag{5.67}$$

이를 주어진 미분 방정식, 식 (5.58)에 대입하여 다음을 얻는다.

$$2\, y_1{}' - \frac{y_1}{x} + \sum_{j=0}^{\infty} j(j-1)\, d_j x^{j-1} + \sum_{j=0}^{\infty} d_j x^j = 0\,. \tag{5.68}$$

이 식 좌변에 식 (5.65)로 주어지는 y_1을 대입하면 다음을 얻으며,

$$\sum_{j=0}^{\infty} \frac{(-1)^j (2j+1)}{j!\,(j+1)!}\, x^j + \sum_{j=0}^{\infty} \left\{ j(j+1)\, d_{j+1} + d_j \right\} x^j = 0\,, \tag{5.69}$$

이 식으로부터 x^0의 계수에 대해 고려하여 $d_0 = -1$을 얻고, 또 $j \in [1;\infty]$에 대해 다음을 얻으므로,

$$j(j+1)\, d_{j+1} = - d_j - \frac{(-1)^j (2j+1)}{j!\,(j+1)!}\,, \tag{5.70}$$

위 식을 이용하여 다음을 얻는다.

$$d_2 =-\frac{1}{2}d_1+\frac{3}{2}\frac{1}{2}=-\frac{1}{2}d_1+\frac{3}{4}, \tag{5.71}$$

$$d_3 =-\frac{1}{6}d_2-\frac{5}{6}\frac{1}{2\cdot 3!}=\frac{1}{12}d_1-\frac{7}{36}, \quad \cdots . \tag{5.72}$$

여기서 d_1은 임의의 값을 취할 수 있다.

위의 결과를 식 (5.67)에 대입하고 급수 부분만 보면 다음을 얻는데,

$$\sum_{j=0}^{\infty} d_j x^j = \left(-1+\frac{3}{4}x^2-\frac{7}{36}x^3+\cdots\right)+d_1\left(x-\frac{1}{2}x^2+\frac{1}{12}x^3+\cdots\right), \tag{5.73}$$

위 식 우변의 둘째 ( ) 안의 함수는 바로 위의 식 (5.65)에서 구한 $y_1(x)$이므로, y_2에 포함시킬 필요가 없으며, 따라서 위의 결과를 식 (5.67)에 대입하여 둘째 해를 다음과 같이 얻는다.

$$y_2(x) = y_1(x)\ln x + \left(-1+\frac{3}{4}x^2-\frac{7}{36}x^3+\cdots\right). \tag{5.74}$$

이상으로 균정 특이점을 가진 주어진 2계 선형 제차 미분 방정식의 일반해를 구하는 과정을 살펴보았다. 물론 식 (4.80)에서 p, q의 특이성이 균정 특이점보다 심할 경우에 대한 일반적인 해법은 아직 알려져 있지 않지만, 앞으로 다루게 될 대부분의 미분 방정식들의 일반해를 구하는 데는 지금까지 설명한 내용으로도 충분할 것으로 생각한다.

5.2 베셀 미분 방정식

이 절에서는 4.2절과 앞 절에서 고려한 바 있는 베셀 미분 방정식에 대해 논의하기로 한다. 아래에 다시 보인 n차 베셀 미분 방정식, 식 (4.12)는 10장에서 편미분 방정식과 관련하여 재차 논의하게 될 것이다.

$$x^2 y'' + xy' + (x^2 - n^2)y = 0,\ x \in (0, \infty). \tag{4.12}$$

여기서 n은 정수인 경우만 생각하기로 한다.

앞 절에서 다루었던 0차 베셀 방정식과 같이, 위 식의 양변을 x^2으로 나누고 식 (5.13)과 비교하면 $x = 0$는 이 식의 균정 특이점임을 알 수 있으며, 따라서 식 (5.15)와 같은 형태의 급수해를 가정할 수 있고, 이 급수해를 식 (4.12)에 대입하여 다음을 얻는다.

$$\sum_{j=0}^{\infty}(j+\lambda)(j+\lambda-1)c_j x^{j+\lambda} + \sum_{j=0}^{\infty}(j+\lambda)c_j x^{j+\lambda} + \sum_{j=0}^{\infty}c_j x^{j+2+\lambda} - n^2\sum_{j=0}^{\infty}c_j x^{j+\lambda} = 0. \tag{5.75}$$

좌변의 급수들을 하나로 모아 다시 쓰면 다음을 얻는데,

$$\sum_{j=0}^{\infty}\{(j+\lambda)(j+\lambda-1) + (j+\lambda) - n^2 + x^2\}c_j x^{j+\lambda} = 0, \tag{5.76}$$

여기서 x^λ의 계수를 생각하면 다음을 얻으며,

$$\lambda(\lambda-1) + \lambda - n^2 = \lambda^2 - n^2 = (\lambda-n)(\lambda+n) = 0, \tag{5.77}$$

결국 지수 방정식은 그 차이가 정수인 두 실근 $\lambda_1 = n,\ \lambda_2 = -n$을 가지며, 그 차이는 $l = 2n$이다.

$\lambda_1 = n$인 경우, 식 (5.76) 좌변의 급수에서 $x^{1+\lambda}$의 계수에 대해 생각하면 다음을 얻으며,

$$(1+2n)c_1 = 0, \ \therefore c_1 = 0, \tag{5.78}$$

$x^{j+\lambda}$, $j \in [2;\infty]$ 의 계수에 대해 생각하면 다음을 얻는다.

$$\{(j+n)^2 - n^2\}c_j = j(j+2n)c_j = -c_{j-2}, \ \therefore c_j = -\frac{c_{j-2}}{j(j+2n)}. \tag{5.79}$$

위 식의 마지막 식을 이용하여 다음을 얻는데,

$$c_2 = -\frac{c_0}{2^2(1+n)}, \ c_4 = -\frac{c_2}{2^2 \cdot 2(2+n)} = \frac{c_0}{2^4 \cdot 2(1+n)(2+n)}, \ \cdots,$$

$$c_{2j} = -\frac{c_{2j-2}}{2^2 j(j+n)} = (-1)^j \frac{n!\, c_0}{2^{2j} j!\,(j+n)!}, \tag{5.80}$$

이들을 대입하여 결국 다음과 같은 급수해를 얻는다.

$$y_1(x) = c_0\, 2^n n! \sum_{j=0}^{\infty} \frac{(-1)^j}{j!\,(j+n)!} \left(\frac{x}{2}\right)^{2j+n} \equiv c_0 2^n n!\, J_n(x). \tag{5.81}$$

여기서 $J_n(x)$는 그 일부를 [그림 4.1]에 보였던 **제1종 n차 베셀 함수**(Bessel function of the first kind of order n)이다.

한편, $\lambda_2 = -n$인 경우, 먼저 식 (5.76) 좌변의 급수에서 $x^{1+\lambda}$의 계수에 대해 생각하면 다음을 얻고,

$$(1-2n)c_1 = 0, \ \therefore c_1 = 0, \tag{5.82}$$

$x^{j+\lambda}$, $j \in [2;\infty]$ 의 계수에 대해 생각하면 다음을 얻는다.

$$\{(j-n)^2 - n^2\}c_j = j(j-2n)c_j = -c_{j-2}. \tag{5.83}$$

단 위 식에서 $j = 2n$일 때, 마지막 등호의 좌변이 영이므로, 우변인 $c_{2n-2} = 0$이 되어야 하며, c_{2n}은 임의의 값을 가질 수 있다. 따라서 $c_j = 0$, $j \le (2n-2)$를 얻고, $j \ge 2n$일 경우에 대해서만 $c_j \ne 0$임을 알 수 있다.

식 (5.81)에서 보인 바와 같이 $J_n(x)$는 다음과 같이 정의되는데,

$$J_n(x) \equiv \sum_{j=0}^{\infty} \frac{(-1)^j}{j!\,(j+n)!} \left(\frac{x}{2}\right)^{2j+n}, \tag{5.84}$$

위의 논의를 고려하면 $J_{-n}(x)$에 대해 다음을 얻으며,

$$J_{-n}(x) = \sum_{j=n}^{\infty} \frac{(-1)^j}{j!\,(j-n)!} \left(\frac{x}{2}\right)^{2j-n} = \sum_{k=0}^{\infty} \frac{(-1)^{k+n}}{k!\,(k+n)!} \left(\frac{x}{2}\right)^{2k+n} = (-1)^n J_n(x), \tag{5.85}$$

여기서 둘째 등호는 $j = k+n$의 치환에 의해 얻었다.

다시 말하면 $J_{-n}(x)$는 $J_n(x)$와 선형 독립이 아니며, 따라서 선형 독립인 둘째 해는 앞 절 2)의 논의를 따라 구하기로 하면, 식 (5.57)로부터 다음과 같은 형태로 둘째 해를 가정할 수 있다.

$$y_2(x) = J_n(x) \ln x + x^{-n} \sum_{j=0}^{\infty} d_j x^j. \tag{5.86}$$

위 식을 식 (4.12)에 대입하면 다음을 얻으므로,

$$2x J_n{}'(x) + \sum_{j=0}^{\infty} \{j(j-2n) + x^2\} d_j x^{j-n} = 0,$$

$$\therefore \sum_{j=0}^{\infty} (-1)^j \frac{2(2j+n)}{j!\,(j+n)!} \left(\frac{x}{2}\right)^{2j+n} + \sum_{j=0}^{\infty} \{j(j-2n) + x^2\} d_j x^{j-n} = 0, \tag{5.87}$$

위 식 좌변의 급수에서 x^{1-n}의 계수에 대해 생각하면 다음을 얻는다.

$$d_1 = 0. \tag{5.88}$$

따라서 하첨자가 홀수인 계수 d_{2j+1}은 모두 영임을 알 수 있고, 위 식 좌변 둘째 급수 S에 대해 $j = 2k$의 치환을 도입하여 다음을 얻는데,

$$S=\sum_{k=0}^{\infty}\{4k(k-n)+x^2\}d_{2k}x^{2k-n}, \tag{5.89}$$

첫째 급수와 비교하여 위의 급수를 다음과 같이 나누어 쓰기로 한다.

$$\begin{aligned}S&=\sum_{j=0}^{n-1}\{4j(j-n)+x^2\}d_{2j}x^{2j-n}+\sum_{j=n}^{\infty}\{4j(j-n)+x^2\}d_{2j}x^{2j-n}\\&=\sum_{j=0}^{n-1}\{4j(j-n)+x^2\}d_{2j}x^{2j-n}+\sum_{k=0}^{\infty}\{4k(k+n)+x^2\}d_{2k+2n}x^{2k+n}.\end{aligned} \tag{5.90}$$

여기서 둘째 등호는 둘째 급수에 대해 $j=k+n$ 의 치환을 사용하였다.

위 식 우변의 첫째 급수에서 얻는 $d_{2n-2}x^n$ 항을 제외하면, 첫째 급수는 x^n 보다 승수가 작은 항들로 구성되므로, 위 식 첫째 급수로부터 다음을 얻고,

$$d_{2j-2}=4j(n-j)d_{2j},\ j\in[1;n-1], \tag{5.91}$$

또 식 (5.87), 마지막 식의 좌변 첫째 급수에서 $j=0$ 인 항과 $d_{2n-2}x^n$ 으로부터 다음 결과를 얻는다.

$$d_{2n-2}=-\frac{1}{2^{n-1}(n-1)!},\ n\geq 1. \tag{5.92}$$

식 (5.87), 마지막 식의 좌변 첫째 급수와 식 (5.90) 우변의 둘째 급수를 고려하여 다음을 얻으며,

$$\sum_{j=0}^{\infty}(-1)^j\frac{2(2j+n)}{j!(j+n)!}\left(\frac{x}{2}\right)^{2j+n}+\sum_{j=0}^{\infty}\{4j(j+n)+x^2\}d_{2j+2n}x^{2j+n}=0, \tag{5.93}$$

이 식으로부터 결국 다음을 얻는다.

$$d_{2j+2n}=-\frac{(-1)^j}{j(j+n)}\frac{(2j+n)}{2^{2j+n+1}j!(j+n)!}-\frac{d_{2j+2n-2}}{4j(j+n)},\ j\in[1;\infty]. \tag{5.94}$$

이들 계수를 정리하여 결국 다음과 같은 형태로 $y_2(x)$ 를 얻는다.

$$y_2(x) = J_n(x)\ln x$$
$$-\frac{1}{2}\left\{\sum_{j=0}^{n-1}\frac{(n-j-1)!}{j!}\left(\frac{x}{2}\right)^{2j-n} + \sum_{j=0}^{\infty}\frac{(-1)^j(\phi_j+\phi_{j+n})}{j!(j+n)!}\left(\frac{x}{2}\right)^{2j+n}\right\},\quad \phi_j \equiv \sum_{k=1}^{j}\frac{1}{k}. \tag{5.95}$$

여기서 $\phi_0 = 0$ 이며 ϕ_j 는 식 (5.45)에서 정의한 바와 같다.

$Y_0(x)$ 에 대한 식 (5.47)과 관련하여 기술한 바와 같이 일반적으로 **제2종 n차 베셀 함수**(Bessel function of the second kind of order n), $Y_n(x)$ 는 다음과 같이 정의되며,

$$\begin{aligned} Y_n(x) &\equiv \frac{2}{\pi}\{y_2(x) + (\gamma - \ln 2)J_n(x)\} \\ &= \frac{2}{\pi}\left(\gamma + \ln\frac{x}{2}\right)J_n(x) \\ &\quad -\frac{1}{\pi}\left\{\sum_{j=0}^{n-1}\frac{(n-j-1)!}{j!}\left(\frac{x}{2}\right)^{2j-n} + \sum_{j=0}^{\infty}\frac{(-1)^j(\phi_j+\phi_{j+n})}{j!(j+n)!}\left(\frac{x}{2}\right)^{2j+n}\right\}, \end{aligned} \tag{5.96}$$

따라서 n차 베셀 미분 방정식, 식 (4.12)의 일반해는 통상 다음과 같은 형태로 주어진다.

$$y(x) = A J_n(x) + B Y_n(x). \tag{5.97}$$

물론 여기서 A, B는 미정의 상수이다.

4장 머리글에서 베셀 함수는 원기둥 조화 함수로 불리기도 한다는 점을 기술한 바 있으며, 또 파동 문제를 다룰 때는 푸리에 합성, 또는 여러 연산 등의 이유로 $\cos kx$ 또는 $\sin kx$ 를 다루는 것보다 e^{ikx} 또는 e^{-ikx} 를 다루는 것이 편리할 때가 많다. 한편, 4.2절에서 $J_0(x)$ 또는 $Y_0(x)$ 는 $x \to \infty$ 일 경우 그 진폭이 $1/\sqrt{x}$ 에 비례하는 코싸인 또는 싸인 함수로 볼 수 있음을 보였으며, 앞 절에서는 제2종 베셀 함수의 정의와 관련하여 이 절에서 보다 자세히 설명하기로 하였다. 4.2절에서 0차 베셀 미분 방정식에 대해 했던 것과 같이 $y = \dfrac{u}{\sqrt{x}}$ 의 치환을 식 (4.12), n차 베셀 미분 방정식에 대해서도 도입하면 다음을 얻고,

$$u'' + \left(1 + \frac{1-4n^2}{4x^2}\right)u = 0, \tag{5.98}$$

따라서 $x \to \infty$ 일 경우를 생각하면 위 식의 해는 $u \sim e^{\pm ix}$ 일 것이므로, m차 베셀 미분 방정식의 일반해 $y(x)$도 $x \to \infty$ 일 때, 아래에 다시 보인 식 (4.20)과 같이 쓸 수 있다.

$$y(x) \sim \frac{1}{\sqrt{x}}(A\cos x + B\sin x). \tag{4.20}$$

여기서 A, B는 경계 조건 등으로부터 결정되어야 할 상수이다.

통상 복소함수를 사용하는 방법에 의해 $x \to \infty$ 일 때의 $J_n(x)$와 $Y_n(x)$의 점근 근사를 구하면 다음을 얻는데,[12)]

$$J_n(x) \sim \sqrt{\frac{2}{\pi x}}\cos\left(x - \frac{n\pi}{2} - \frac{\pi}{4}\right),\ n \in [0; \infty], \tag{5.99}$$

$$Y_n(x) \sim \sqrt{\frac{2}{\pi x}}\sin\left(x - \frac{n\pi}{2} - \frac{\pi}{4}\right),\ n \in [0; \infty], \tag{5.100}$$

식 (5.100)과 같은 결과는 식 (5.96)에 보인 $Y_n(x)$의 정의에 의해 얻어질 수 있었음을 강조해 두고자 한다.

나아가 $H_n^{(1)}(x)$, $H_n^{(2)}(x)$는 **제1종 및 제2종 n차 한켈 함수**(Hankel function of the first or second kind of order n)로 불리며 다음과 같이 정의된다.

$$H_n^{(1)}(x) = J_n(x) + i\,Y_n(x), \tag{5.101}$$

$$H_n^{(2)}(x) = J_n(x) - i\,Y_n(x). \tag{5.102}$$

이들 한켈 함수를 이용하여 평면파에 대해 사용하는 $e^{ix}e^{\pm it} = e^{i(x \pm t)}$와 같은 표현을 최소한 $x \to \infty$ 일 때에 대한 점근적인 표현으로 원기둥파에 대해서도 쓸 수 있으며, 식

12) 이 부분에 대해서는 Carrier et al.(1983)<4>를 참조하기 바란다.

(5.99), (5.100)을 위의 한켈 함수의 정의에 대입하면 $x \to \infty$ 일 때의 한켈 함수의 점근 근사를 다음과 같이 얻는다.

$$H_n^{(1)}(x) \sim \sqrt{\frac{2}{\pi x}}\, e^{i\left(x-\frac{n\pi}{2}-\frac{\pi}{4}\right)},\ n \in [0;\infty],\tag{5.103}$$

$$H_n^{(2)}(x) \sim \sqrt{\frac{2}{\pi x}}\, e^{-i\left(x-\frac{n\pi}{2}-\frac{\pi}{4}\right)},\ n \in [0;\infty].\tag{5.104}$$

파동 문제를 다루는 경우, n차 베셀 미분 방정식, 식 (4.12)의 일반해는 다음과 같은 형태로도 주어질 수 있으며,

$$y(x) = Re\left\{A H_n^{(1)}(x) + B H_n^{(2)}(x)\right\},\tag{5.105}$$

물론 여기서 A, B는 미정의 복소 상수이다.

베셀 함수 자체에 대한 연구의 역사를 포함하여 베셀 함수에 대한 보다 자세한 사항에 대해서는 Watson(1980)〈5〉를 참조하기 바란다.

5.3 르장드르 미분 방정식

이 절에서는 4.2절에서 고려한 바 있는 르장드르 미분 방정식에 대해 논의하기로 한다. 아래에 다시 보인 **n차 르장드르 미분 방정식**(Legendre's differential equation of order n), 식 (4.21)은 10.3절 3)에서 편미분 방정식과 관련하여 재차 논의하게 될 것이다.

$$(1-x^2)y'' - 2xy' + n(n+1)y = 0,\ x \in (-1, 1).\tag{4.21}$$

여기서 n은 영 또는 자연수인 경우만 생각하기로 한다.

위 식의 양변을 $1-x^2$으로 나누고 식 (5.13)과 비교하면 $x = \pm 1$은 균정 특이점임을 알 수 있으며, 또한 $x = 0$은 이 식의 보통점임을 알 수 있다. 따라서 식 (5.2)와 같은 멱급수의 급수해를 가정할 수 있고,

$$y(x) = \sum_{j=0}^{\infty} c_j x^j, \tag{5.106}$$

이 급수해를 식 (4.21)에 대입하여 다음을 얻는다.

$$\sum_{j=2}^{\infty} j(j-1) c_j x^{j-2} - \sum_{j=2}^{\infty} j(j-1) c_j x^j - \sum_{j=1}^{\infty} 2j c_j x^j + n(n+1) \sum_{j=0}^{\infty} c_j x^j = 0. \tag{5.107}$$

좌변의 급수들을 하나로 모아 다시 쓰면 다음을 얻는데,

$$\sum_{j=0}^{\infty} \left[(j+1)(j+2) c_{j+2} - \{ j(j-1) + 2j - n(n+1) \} c_j \right] x^j = 0, \tag{5.108}$$

따라서 다음을 얻는다.

$$c_{j+2} = \frac{j(j+1) - \mu}{(j+1)(j+2)} c_j = - \frac{(n-j)(n+j+1)}{(j+1)(j+2)} c_j,\ j \in [0;\infty]. \tag{5.109}$$

위 식을 이용하여 다음을 얻는데,

$$c_2 = - \frac{n(n+1)}{1 \cdot 2} c_0,$$

$$c_4 = - \frac{(n-2)(n+3)}{3 \cdot 4} c_2 = \frac{n(n-2)(n+1)(n+3)}{4!} c_0, \cdots, \tag{5.110}$$

$$c_3 = - \frac{(n-1)(n+2)}{2 \cdot 3} c_1,$$

$$c_5 = - \frac{(n-3)(n+4)}{4 \cdot 5} c_3 = \frac{(n-1)(n-3)(n+2)(n+4)}{5!} c_1, \quad \cdots, \tag{5.111}$$

여기서 c_0와 c_1은 임의의 상수이므로, 다음과 같이 $y_1(x)$, $y_2(x)$를 정의하기로 하면,

$$y_1(x) \equiv 1-\frac{n(n+1)}{2}x^2+\frac{n(n-2)(n+1)(n+3)}{4!}x^4+\cdots, \quad (5.112)$$

$$y_2(x) \equiv x-\frac{(n-1)(n+2)}{3!}x^3+\frac{(n-1)(n-3)(n+2)(n+4)}{5!}x^5+\cdots, \quad (5.113)$$

위에서 얻은 결과들을 식 (5.106)에 대입하여 결국 다음과 같이 n차 르쟝드르 미분 방정식에 대한 일반해를 얻는다.

$$y(x)=c_0y_1(x)+c_1y_2(x). \quad (5.114)$$

식 (5.112), (5.113)에서 $n=0$이면, $y_1=1=P_0(x)$, $n=1$이면, $y_2=x=P_1(x)$를 각각 얻어 위의 해들은 다항식이 되며, 이들은 4.2절에서 얻었고 [그림 4.2]에 보였던 n차 **르쟝드르 다항식**(Legendre polynomial of order n)임을 확인할 수 있다. $n \geq 2$인 경우에 대한 $P_n(x)$는 4.2절에서 기술한 바와 같이 $x=1$에서의 값이 1이 되어야 한다는 조건을 부과하여 얻을 수 있다. 나아가 n이 홀수이면 $y_2(x)$가 다항식이 되고, n이 짝수이면 $y_1(x)$가 다항식이 되며, 항상 또 다른 하나의 해는 무한 급수의 형태로 주어지는데, 앞에서 지적한 바와 같이 $x=\pm1$은 균정 특이점이므로, 이 급수해는 이 점들에서 수렴하지 않을 것이다.

이제 다항식으로 주어지는 하나의 해, $P_n(x)$를 알고 있으므로, 이 해와 선형 독립인 해 $Q_n(x)$를 얻기 위해 4.4절에서 얻은 식 (4.87)을 사용하기로 한다. $\eta(x)=P_n(x)$라고 하면, $p(x)=-\frac{2x}{1-x^2}$이므로 $P(x)=\ln(1-x^2)$을 얻고, $\alpha=1$로 취하면 다음 결과를 얻는다.

$$Q_n(x)=P_n\int^x \frac{1}{(1-x^2)P_n^2}dx,\ n\in[0;\infty]. \quad (5.115)$$

예를 들어 $Q_0(x)$, $Q_1(x)$는 각각 다음과 같이 얻는데,

$$Q_0(x) = \int^x \frac{dx}{(1-x^2)} = \ln\sqrt{\frac{1+x}{1-x}}\,, \tag{5.116}$$

$$Q_1(x) = x\int^x \frac{dx}{(1-x^2)x^2} = x\int^x \left(\frac{1}{1-x^2}+\frac{1}{x^2}\right)dx = x\ln\sqrt{\frac{1+x}{1-x}} - 1, \tag{5.117}$$

이들은 명백히 $x = \pm 1$에서 대수 함수적 특이성을 가지는 것을 확인할 수 있다.

위에서 구한 $Q_n(x)$는 **제2종 n차 르장드르 함수**(Legendre function of the second kind of order n)로 불리며, n차 르장드르 미분 방정식, 식 (4.21)의 일반해는 따라서 통상 다음과 같은 형태로 주어진다.

$$y(x) = AP_n(x) + BQ_n(x)\,. \tag{5.118}$$

물론 여기서 A, B는 미정의 상수이다.

연습문제

1. 미지 함수 $y(x)$에 대한 다음과 같은 제차 미분 방정식이 주어졌다.

$$y'' + \frac{a(x)}{x} y' + \frac{b(x)}{x^2} y = 0. \tag{연5.1}$$

여기서 $a(x)$, $b(x)$는 주어진 함수로 $x=0$에서 정칙이며, 또 $a(0)=1$, $b(0)=1$이라고 할 때, 이 방정식의 일반해가 다음과 같이 주어짐을 보이시오.

$$y(x) = \cos(\ln x)\sum_{j=0}^{\infty} c_j x^j + \sin(\ln x)\sum_{j=0}^{\infty} d_j x^j. \tag{연5.2}$$

단 c_j, d_j, $j \in [0;\infty]$는 $a(x)$, $b(x)$에 따라 결정되는 상수들이다.

2. 미지 함수 $y(x)$에 대한 다음과 같은 미분 방정식의 일반해를 급수 형태로 구하시오.

1) $y'' + xy = 0$,

2) $y'' + x^2 y = 0$,

3) $xy'' - y = 0$,

4) $xy'' + 2y' + xy = 0$,

5) $xy'' + 2y' + x^2 y = 0$.

3. 미지 함수 $y(x)$에 대한 다음과 같은 미분 방정식의 일반해를 급수 형태로 구하시오.

   1) $x^2y'' - (x^2+4x)y' + 4y = 0$,

   2) $x^2y'' + x(1+x)y' + (3x-1)y = 0$,

   3) $x^2y'' + x(1+x)y' + y = 0$,

   4) $x^2y'' + xy' + (1-x)y = 0$,

   5) $xy'' + (1-2x)y' + (x-1)y = 0$.

4. 식 (5.38)로부터 $J_0(x)$를 다음과 같이 얻는데,

$$J_0(x) = \sum_{j=0}^{\infty} \frac{(-1)^j}{(j!)^2}\left(\frac{x}{2}\right)^{2j}, \qquad \text{(연5.3)}$$

이 식의 양변을 미분하여 다음 결과를 얻으시오.

$$\frac{dJ_0}{dx} = \sum_{j=0}^{\infty} \frac{(-1)^j}{j!(j-1)!}\left(\frac{x}{2}\right)^{2j-1} = J_{-1}(x). \qquad \text{(연5.4)}$$

이 식의 우변에 식 (5.85)를 적용하여 다음 결과를 얻으시오.

$$\frac{dJ_0}{dx} = -J_1(x). \qquad \text{(연5.5)}$$

5. 식 (4.12)로 주어진 n차 베셀 미분 방정식에서 좌변 셋째 항의 x^2을 $-x^2$으로 바꾸면 다음과 같은 식을 얻는데,

$$x^2y'' + xy' + (-x^2-n^2)y = 0,\ x \in (0, \infty), \qquad \text{(연5.6)}$$

이 식은 **수정 n차 베셀 미분 방정식**(modified Bessel's differential equation of order n)으로 알려져 있다. 이하에서는 $n=0$인 경우만을 다루기로 하고, 식 (연5.6)에

$x=-i\xi$의 변환을 도입한 뒤 $y(-i\xi)=\eta(\xi)$에 대한 식을 정리하면 다음을 얻는데,

$$\xi^2\frac{d^2\eta}{d\xi^2}+\xi\frac{d\eta}{d\xi}+\xi^2\eta=0,\ \xi\in(0,\infty), \qquad \text{(연5.7)}$$

이 식은 식 (4.13)으로 얻은 0차 베셀 미분 방정식과 동일하므로, 식 (연5.6)의 한 해인 식 (5.84)에 $n=0$을 대입하여 다음 결과를 얻는다.

$$\eta(\xi)=J_0(\xi)\equiv\sum_{j=0}^{\infty}\frac{(-1)^j}{(j!)^2}\left(\frac{\xi}{2}\right)^{2j}. \qquad \text{(연5.8)}$$

따라서 $y(-i\xi)=\eta(\xi)$, 즉 $y(x)=\eta(ix)$로부터 다음을 얻는다.

$$y(x)=\eta(ix)=J_0(ix)\equiv\sum_{j=0}^{\infty}\frac{1}{(j!)^2}\left(\frac{x}{2}\right)^{2j}\equiv I_0(x). \qquad \text{(연5.9)}$$

여기서 $I_0(x)$는 제1종 0차 수정 베셀 함수라고 불린다.

$I_n(x)\equiv i^{-n}J_n(ix)$로 정의된 제1종 n차 수정 베셀 함수 $I_n(x)$에 대해 위에서 보인 바와 같은 방법을 사용하여 다음 결과를 구하시오.

$$I_n(x)=\sum_{j=0}^{\infty}\frac{1}{j!(j+n)!}\left(\frac{x}{2}\right)^{2j+n}. \qquad \text{(연5.10)}$$

6. 식 (연5.6)을 만족하며 위 문제에서 정의된 $I_n(x)$에 선형 독립인 둘째 해는 $K_n(x)\equiv\frac{\pi}{2}i^{n+1}\left[J_n(ix)+iY_n(ix)\right]$로 정의되며, $K_n(x)$는 제2종 n차 수정 베셀 함수라고 부른다. 따라서 식 (연5.6)의 일반해는 다음과 같이 주어진다.

$$y(x)=AI_n(x)+BK_n(x). \qquad \text{(연5.11)}$$

물론 여기서 A, B는 미정의 상수이다.

제2종 0차 수정 베셀 함수 $K_0(x)$에 대해 다음 결과를 구하시오.

$$K_0(x) = -\left(\ln\frac{x}{2}+\gamma\right)I_0(x) + \sum_{j=0}^{\infty}\frac{\phi_j}{(j!)^2}\left(\frac{x}{2}\right)^{2j},\ \phi_0 = 0,\ \phi_j \equiv \sum_{k=1}^{j}\frac{1}{k}. \quad \text{(연5.12)}$$

7. 미지 함수 $y(x)$에 대해 a, b, c가 주어진 상수라고 할 때 다음과 같이 주어진 미분 방정식에 대해,

$$\frac{d}{dx}\left(x^a\frac{dy}{dx}\right) + cx^b y = 0, \quad \text{(연5.13)}$$

다음과 같은 변환을 사용하면,

$$\xi = \alpha\sqrt{c}\,x^{1/\alpha},\ \eta = x^{-\nu/\alpha}y = x^{(1-a)/2}y,\ \alpha = \frac{2}{b-a+2},\ \nu = \frac{1-a}{b-a+2},$$

함수 $\eta(\xi)$에 대해 다음과 같은 베셀 미분 방정식을 얻음을 보이시오.

$$\xi^2\frac{d^2\eta}{d\xi^2} + \xi\frac{d\eta}{d\xi} + (\xi^2-\nu^2)\eta = 0. \quad \text{(연5.14)}$$

따라서 $y(x)$는 다음과 같이 주어짐을 보이시오.

$$y(x) = x^{(a-1)/2}Z_\nu\left(\alpha\sqrt{|c|}\,x^{1/\alpha}\right). \quad \text{(연5.15)}$$

단 여기서 Z_ν는 $c>0$이면 J_ν 또는 Y_ν, $c<0$이면 I_ν 또는 K_ν를 뜻한다.

8. [연습문제 6]의 결과를 이용하여 다음 미분 방정식의 해를 구하시오.

1) $xy'' + y' + k^2xy = 0$, k는 주어진 상수이다.

2) $y'' + 3\sqrt{x}\,y = 0$,

3) $(xy')' - 5x^3y = 0$,

4) $xy'' + 3y' + y = 0$.

9. 르장드르 다항식에 대해서는 다음과 같은 관계가 성립함이 알려져 있다.

$$\frac{1}{\sqrt{1+r^2-2xr}}=\sum_{n=0}^{\infty}P_n(x)r^n,\ |x|\le 1,\ |r|<1. \tag{연5.16}$$

식 (연5.16)의 좌변을 $r=0$에 대해 테일러 급수 전개하여, P_n, $n\in[0;5]$에 대해 식 (4.27), [연습문제 4.4]에서 얻은 결과와 같은 결과를 얻음을 보이시오.

10. 식 (연5.16)을 이용하여 다음 관계를 얻으시오.

1) $P_n(-x)=(-1)^n P_n(x)$,

2) P_n은 n이 짝수일 때는 우함수, 홀수일 때는 기함수,

3) $nP_n(x)=(2n-1)xP_{n-1}(x)-(n-1)P_{n-2}(x)$, $n\in[2;\infty]$,

4) $P_n'(x)-2xP_{n-1}'(x)+P_{n-2}'(x)=P_{n-1}(x)$, $n\in[2;\infty]$.

6장

라플라스 변환

2계 선형 미분 방정식을 풀어서 그 해를 구함에 있어, 앞의 2장, 3장에서는 상수 계수를 가진 경우에 국한시켜 해의 형태를 지수 함수로 가정함으로써 주어진 미분 방정식을 대수 방정식으로 바꾸어 해를 구하였다. 또 4장에서는 코쉬-오일러 방정식과 같이 특수한 형태의 방정식에 국한하여 해의 형태를 멱함수로 가정함으로써 주어진 미분 방정식을 대수 방정식으로 바꾸었으며, 또한 이에 근거하여 5장에서는 주어진 미분 방정식의 보통점, 또는 균정 특이점 부근의 해의 형태를 멱급수로 가정함으로써 멱급수의 계수들 사이의 대수 관계로 바꾸어 미분 방정식의 해를 구하였다.

이 장에서는 또 하나의 유력한 방법으로 상수 계수의 미분 방정식에 적용할 수 있는 **적분 변환법**(integral transform method) 중 가장 잘 알려진 **라플라스 변환**(Laplace transform)에 대해 논의하기로 하는데, 이 방법은 적분 변환에 의해 독립 변수를 변환하고 주어진 미분 방정식을 대수 방정식으로 바꾸어 푸는 방법이다. 단 이 경우 대수 방정식을 풀어서 구한 해를 **역변환**(inverse transform)을 통해 원래 주어진 독립 변수의 함수로 바꾸어 주어야 하는 과정을 겪어야 한다. 약간 관점을 달리 하면 라플라스 변환을 이용하여 미분 방정식의 해를 구하는 방법은 미분 방정식의 해를 적분의 형태로 구하는 것이라 할 수도 있으며, 이 적분을 수행하는 과정이 역변환 과정이라고 볼 수도 있다.

상수 계수를 가진 2계 선형 제차 미분 방정식의 해를 구하는 방법으로는 해의 형태를 지수 함수로 가정하는 것이 가장 쉬운 방법이지만, 비제차 방정식을 고려해야 하는 경우에는 일반적으로 4.4절에서 고려한 매개변수 변분법을 사용해야 한다. 라플라스 변환의 가장 큰 장점은 초기치 문제의 비제차 방정식에 대한 해를 구하는데 매우 간단한 알고리듬을 제공한다는 점이며 이하에서는 이 점에 특히 유의하기 바란다. 진동공학에서는 비제차 방정식의 해를 구하는 것이 외력 또는 기진력이 작용할 경우에 대한 계의 응답을 구하는 일이 되므로, 라플라스 변환에 대한 이해는 특히 불연속인 기진력에 대한 응답을 구하는데 매우 중요한 수단이 된다.

한 가지 문제점이라고 할 수 있는 점은 라플라스 역변환이 수학적으로는 **복소적분**(complex integral)으로 주어진다는 점인데, 학사 과정에서 다루는 대부분의 문제들에 대해서는 알려진 함수들의 변환을 이용하여 이 문제를 해결하고 있으며, 이 책에서도 그와 같은 방법을 사용하기로 한다. 복소적분과 관련된 부분에 대해서는 이승준(2018)〈2〉를 참조하기 바란다.

1절에서는 라플라스 변환의 정의와 그 기본적인 성질에 대해 살펴보고,

2절에서는 3 개의 예제를 통해 라플라스 변환의 응용과 진동공학에서의 적용에 대해 논의하기로 한다.

6.1 라플라스 변환

동역학 및 진동공학에서는 초기 조건이 부과된 미분 방정식의 해를 구하는 문제를 풀어야 할 경우가 많다. 따라서 이 장에서는 독립 변수가 시간 t인 미지 함수 $x(t)$에 대한 라플라스 변환을 생각하기로 한다. $x(t)$의 라플라스 변환은 $X(s)$, $\mathcal{L}\{x\}$ 중의 편리한 것으로 사용하기로 하며, 다음과 같이 정의된다.

$$\mathcal{L}\{x\} \equiv \int_0^\infty x(t)e^{-st}\,dt \equiv X(s). \tag{6.1}$$

위 식에 포함된 적분은 일단 존재하는 것으로 가정한다. $x(t)$ 자신을 제곱한 함수가 적분 가능하지 않은 경우에도 위의 적분이 존재하는 함수는 대단히 많으므로, 위의 적분이 존재하는 $x(t)$의 범위는 비교적 크다고 할 수 있다([연습문제 1] 참조).

예를 들어 $x(t) = 1$인 경우, 그 라플라스 변환은 다음과 같다.

$$\mathcal{L}\{x\} = \int_0^\infty e^{-st}\,dt = \frac{1}{s}. \tag{6.2}$$

한편 미분 방정식에 라플라스 변환을 사용하기 위해서는 $\dot{x}(t) \equiv \dfrac{dx}{dt}$, $\ddot{x} \equiv \dfrac{d^2x}{dt^2}$의 변환을 알아야 하므로, 이들을 구하면 다음을 얻는다.

$$\mathcal{L}\{\dot{x}\} = \int_0^\infty \dot{x}e^{-st}\,dt = \left(xe^{-st}\right)_0^\infty + s\int_0^\infty xe^{-st}\,dt = -x_0 + sX(s), \quad (6.3)$$

$$\mathcal{L}\{\ddot{x}\} = \int_0^\infty \ddot{x}e^{-st}\,dt = \left(\dot{x}e^{-st}\right)_0^\infty + s\int_0^\infty \dot{x}e^{-st}\,dt = -\dot{x}_0 - sx_0 + s^2X(s). \quad (6.4)$$

여기서 $x_0 \equiv x(0)$, $\dot{x}_0 \equiv \dot{x}(0)$이며, $t \to \infty$일 때, $x(t)$, $\dot{x}(t)$은 지수 함수를 상쇄할 정도로 크지는 않다고 가정하였고, 식 (6.4)의 마지막 등호를 얻는 데는 식 (6.3)을 사용하였다. 위의 결과에서 $x(t)$에 대한 초기 조건, 즉 초기 변위와 초기 속도가 위의 변환에 포함되어 있는 점에 유의하기 바란다.

예를 들어 아래에 다시 보인 식 (2.1)에 초기 조건이 부과된 문제의 해를 구하는데 라플라스 변환을 사용해 보기로 하자.

$$\ddot{x} + 2\alpha\dot{x} + \beta x = 0,\ t \in (0, \infty), \quad (2.1)$$

$$x(0) = x_0,\ \dot{x}(0) = \dot{x}_0. \quad (6.5)$$

여기서 α, β는 주어진 실수이다.

위 식의 양변에 e^{-st}를 곱하고 0부터 ∞까지 시간 t에 대해 적분하면 다음을 얻는데,

$$\int_0^\infty \left(\ddot{x} + 2\alpha\dot{x} + \beta x\right)e^{-st}dt = -\dot{x}_0 - sx_0 + s^2X + 2\alpha\left(-x_0 + sX\right) + \beta X$$

$$= \left(s^2 + 2\alpha s + \beta\right)X - \dot{x}_0 - (s + 2\alpha)x_0 = 0,$$

$$\therefore X(s) = \frac{(s + 2\alpha)x_0 + \dot{x}_0}{s^2 + 2\alpha s + \beta}, \quad (6.6)$$

이 장의 머리말에서 밝힌 바와 같이 라플라스 변환의 도입에 의해 $x(t)$에 대한 미분 방정식, 식 (2.1)을 $X(s)$에 대한 대수 방정식, 식 (6.6)으로 바꾸었고, 식 (6.6)은 초기 조건을 포함하고 있는 점에 유의하며, 이제 $x(t)$를 구하기 위해서는 식 (6.6)의 역변환을 구하기만 하면 되는데, 이에 대해 아래에서 생각하기로 한다.

식 (6.6) 우변의 분모는 s에 대한 2차 다항식이므로, 대수학의 근본 정리에 따라 다음과 같이 쓸 수 있고,

$$s^2 + 2\alpha s + \beta = (s - \lambda_1)(s - \lambda_2), \ \lambda_{1,2} = -\alpha \pm \sqrt{\alpha^2 - \beta}, \qquad (6.7)$$

여기서 $\lambda_{1,2}$는 2.1절의 특성 방정식 (2.3)의 근과 같음에 유의한다. 따라서 특성 방정식이 중근을 가지지 않는다면 식 (6.6)의 우변은 부분 분수에 의해 다음과 같이 바꾸어 쓸 수 있으며([연습문제 2] 참조),

$$\therefore X(s) = \frac{a}{s - \lambda_1} - \frac{b}{s - \lambda_2}, \qquad (6.8)$$

$$a \equiv \frac{\lambda_1 x_0 + (2\alpha x_0 + \dot{x}_0)}{2\sqrt{\Delta}}, \ b \equiv \frac{\lambda_2 x_0 + (2\alpha x_0 + \dot{x}_0)}{2\sqrt{\Delta}}, \ \Delta \equiv \alpha^2 - \beta, \qquad (6.9)$$

여기서 λ_1, λ_2, a, b는 일반적으로 복소수이다.

나아가 $e^{\lambda t}$의 라플라스 변환을 생각하면 다음을 얻는데,

$$\mathcal{L}\{e^{\lambda t}\} = \int_0^\infty e^{(\lambda - s)t} dt = \frac{1}{s - \lambda}, \qquad (6.10)$$

여기서 둘째 등호를 얻는 데는 $Re(s) > Re(\lambda)$라는 가정을 사용하였으며, 이러한 정황으로부터 알 수 있는 바와 같이 라플라스 변환은 복소함수와 불가분의 관계를 가진다.

따라서 식 (6.10)의 관계로부터 식 (6.8)의 역변환은 다음과 같이 얻을 수 있다.

$$x(t) = ae^{\lambda_1 t} - be^{\lambda_2 t}. \qquad (6.11)$$

이 식으로 주어진 해는 식 (2.1)과 식 (6.5)의 초기 조건을 만족한다. 위 식에 $t=0$을 대입하고 식 (6.7)을 사용하면 다음을 얻으며,

$$x(0)=a-b=\frac{(\lambda_1-\lambda_2)}{2\sqrt{\Delta}}x_0=x_0, \tag{6.12}$$

또 $\dot{x}(t)$를 구하고 $t=0$를 대입한 뒤, $\lambda_1+\lambda_2=-2\alpha$임을 이용하면 다음을 얻으므로,

$$\dot{x}(0)=a\lambda_1-b\lambda_2=\frac{(\lambda_1-\lambda_2)}{2\sqrt{\Delta}}\left\{(\lambda_1+\lambda_2)x_0+\left(2\alpha x_0+\dot{x}_0\right)\right\}=\dot{x}_0, \tag{6.13}$$

식 (6.11)이 주어진 초기 조건, 식 (6.5)를 만족하는 것을 확인할 수 있다.

이상으로 라플라스 변환은 2.1절에서 사용하였던 방법과 비교하여 초기 조건을 만족하는 해를 직접 얻을 수 있다는 장점이 있음을 보았으며, 또한 오일러 공식을 사용하기로 하면, Δ의 부호에 상관없이 식 (6.11)을 해로 받아들일 수 있다는 장점도 있다. 예를 들어 $\Delta<0$인 경우, 아래에 다시 보인 2.1절의 식 (2.6)을 그대로 쓰기로 하면,

$$\lambda_{1,2}=-\alpha\pm i\sqrt{|\Delta|}=-\alpha\pm i\omega_0,\ \omega_0\equiv\sqrt{|\Delta|}=\sqrt{\beta-\alpha^2}, \tag{2.6}$$

식 (6.9)로부터 다음을 얻으며,

$$a=\frac{i\omega_0x_0+\left(\alpha x_0+\dot{x}_0\right)}{2i\omega_0}=\frac{x_0}{2}-i\frac{\alpha x_0+\dot{x}_0}{2\omega_0}, \tag{6.14}$$

$$b=\frac{-i\omega_0x_0+\left(\alpha x_0+\dot{x}_0\right)}{2i\omega_0}=-\frac{x_0}{2}-i\frac{\alpha x_0+\dot{x}_0}{2\omega_0}=-\bar{a}, \tag{6.15}$$

여기서 $\bar{a}$는 복소수 a의 복소켤레(complex conjugate), 즉 a와 그 실수부 $Re\{a\}$는 같고, 허수부 $Im\{a\}$는 부호가 반대인 복소수이며, 복소켤레를 이용하면 $\lambda_2=\bar{\lambda}_1$이고, $a+\bar{a}=2Re\{a\}$임에 유의한다.

이들을 이용하면 식 (6.11)은 다음과 같이 다시 쓸 수 있는데,

$$x(t)=e^{-\alpha t}\left(ae^{i\omega_0 t}-be^{-i\omega_0 t}\right)=e^{-\alpha t}\left(ae^{i\omega_0 t}+\bar{a}e^{-i\omega_0 t}\right)=e^{-\alpha t}2Re\left\{ae^{i\omega_0 t}\right\},$$

$$\therefore x(t)=e^{-\alpha t}\left(x_0\cos\omega_0 t+\frac{\alpha x_0+\dot{x}_0}{\omega_0}\sin\omega_0 t\right), \tag{6.16}$$

이 결과는 식 (2.9)와 같은 형태의 해임을 확인할 수 있다.

하지만 라플라스 변환이 정말 힘을 발휘할 수 있는 문제는 기진력이 작용하는 경우인 비제차 문제이다. 2.3절에서는 매개변수 변분법을 사용하여 주어진 기진력에 상응하는 특수해를 구하였는데, 라플라스 변환에서는 **컨볼루션**(convolution)이라고 하는 보다 강력한 개념을 사용할 수 있다.

$x(t)$의 라플라스 변환은 $X(s)$, $y(t)$의 라플라스 변환은 $Y(s)$일 경우, $X(s)$와 $Y(s)$의 곱, $XY\equiv Z(s)$의 역변환 $z(t)$는 어떤 함수인가 구해 보기로 하자. 라플라스 변환의 정의로부터 다음을 얻으며,

$$\begin{aligned}Z(s)=X(s)\,Y(s)&=\int_0^\infty x(\tau)e^{-s\tau}d\tau\int_0^\infty y(\nu)e^{-s\nu}d\nu\\&=\int_0^\infty\int_0^\infty x(\tau)y(\nu)e^{-s(\tau+\nu)}d\nu d\tau\\&=\int_0^\infty\left\{\int_\tau^\infty x(\tau)y(t-\tau)e^{-st}dt\right\}d\tau\\&=\int_0^\infty\left\{\int_0^t x(\tau)y(t-\tau)d\tau\right\}e^{-st}dt,\end{aligned} \tag{6.17}$$

여기서 넷째 등호는 $t=\nu+\tau$의 치환에 의해 얻었고, 마지막 등호는 적분 순서를 바꾸어 얻었다([그림 6.1] 참조).

식 (6.17)의 마지막 결과로부터 다음을 얻는데,

$$\mathcal{L}\{z\}=X(s)\,Y(s)=\mathcal{L}\{x*y\},\ z(t)=x*y\equiv\int_0^t x(\tau)y(t-\tau)d\tau, \tag{6.18}$$

여기서 $x*y$는 $x(t)$와 $y(t)$의 **컨볼루션**(convolution)이라고 불린다. 물론 식 (6.17)

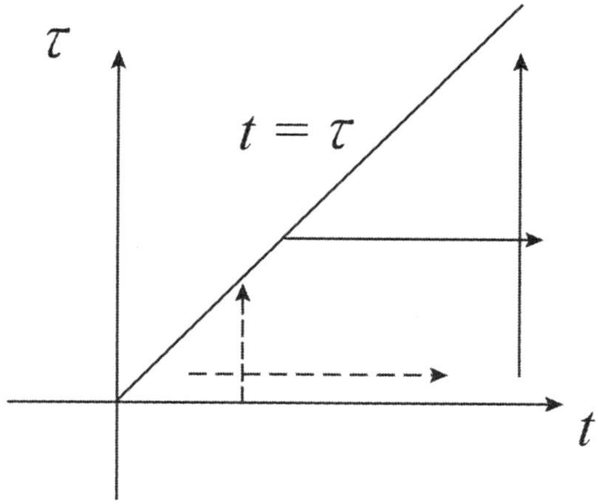

그림 6.1 적분 영역과 순서(실선; t-적분 먼저, 점선; τ-적분 먼저)

을 얻는 과정에서 x와 y를 바꾼다고 하더라고 같은 결과가 얻어져야만 하므로 $x*y=y*x$임에 유의한다.

예를 들어 아래에 다시 보인 식 (2.54)에 초기 조건이 부과된 문제의 해를 구하는데 라플라스 변환을 사용하기로 하자.

$$\ddot{x}+2\alpha\dot{x}+\beta x=f(t),\ t\in(0,\infty), \tag{2.54}$$

$$x(0)=x_0,\ \dot{x}(0)=\dot{x}_0. \tag{6.5}$$

여기서 α, β는 주어진 실수이고, $f(t)$는 주어진 함수이다. 위 식의 양변에 e^{-st}를 곱하고 0부터 ∞까지 시간 t에 대해 적분하면 다음을 얻는데,

$$\left(s^2+2\alpha s+\beta\right)X-\dot{x}_0-(s+2\alpha)x_0=F(s),$$

$$\therefore X(s)=X_0(s)+\frac{F(s)}{s^2+2\alpha s+\beta},\ X_0(s)\equiv\frac{(s+2\alpha)x_0+\dot{x}_0}{s^2+2\alpha s+\beta}, \tag{6.19}$$

여기서 초기 조건의 영향을 나타내는 부분인 $X_0(s)$와 기진력의 영향을 나타내는 둘째 항은 서로 독립적으로 결정됨에 유의한다.

$X_0(s)$의 역변환은 식 (6.16)에서 이미 얻었으므로, $F(s)$를 포함한 둘째 항에 대해서만 고려하면 된다. $F(s)$는 $f(t)$의 라플라스 변환이고, 또 식 (6.8), (6.9)로부터 다음을 얻으므로,

$$G(s) \equiv \mathcal{L}\{g\} = \frac{1}{s^2+2\alpha s+\beta} = \frac{1}{2\sqrt{\Delta}}\left(\frac{1}{s-\lambda_1} - \frac{1}{s-\lambda_2}\right) = \frac{1}{2\sqrt{\Delta}}\mathcal{L}\left\{e^{\lambda_1 t} - e^{\lambda_2 t}\right\},$$

$$\therefore g(t) = \frac{1}{2\sqrt{\Delta}}\left(e^{\lambda_1 t} - e^{\lambda_2 t}\right), \tag{6.20}$$

식 (6.18)로 주어진 컨볼루션을 적용하기로 하면, 비제차 문제의 특수해 $\xi(t)$에 대해 다음을 얻는다.

$$\xi(t) = f * g = \int_0^t f(\tau) g(t-\tau) d\tau. \tag{6.21}$$

다시 말하면 기진력에 대한 응답은 기진력과 식 (6.20)의 마지막 식으로 주어지는 $g(t)$의 컨볼루션으로 주어지며, $g(t)$에 대해서는 다음 절에서 보다 자세히 알아보기로 한다.

예를 들어 아래에 다시 보인, 2.3절에서 생각한 식 (2.68)이 주어졌다고 하자.

$$\ddot{x} - 3\dot{x} + 2x = \sin t. \tag{2.68}$$

$\Delta = \dfrac{1}{4} > 0$, $\lambda_1 = 2$, $\lambda_2 = 1$을 얻으므로 다음을 얻고,

$$g(t) = \left(e^{2t} - e^{t}\right), \tag{6.22}$$

식 (6.21)로부터 특수해 $\xi(t)$를 다음과 같이 얻는다.

$$\xi(t) = \int_0^t \left[e^{2(t-\tau)} - e^{(t-\tau)}\right] \sin\tau d\tau. \tag{6.23}$$

이 결과는 2.3절, 식 (2.69)와 같은 식임을 확인할 수 있다.

6.2 라플라스 변환의 응용

이 절에서는 식 (6.21)과 관련하여 초기 조건이 영인 세 개의 예제를 생각함으로써 $g(t)$의 성격과 그 응용에 대해 알아보기로 한다. 여기서 초기 조건이 영이라고 함은 다음을 뜻한다.

$$x_0 = \dot{x}_0 = 0. \tag{6.24}$$

1) 초기 조건이 영인 경우

앞 절에서 고려한 식 (2.54)에 대해 만약 초기 조건이 영이라고 하면 식 (6.19)로부터 $X_0(s) = 0$을 얻으므로 다음을 얻는데,

$$X(s) = F(s)\,G(s),\ \ G(s) \equiv \left(s^2 + 2\alpha s + \beta\right)^{-1}, \tag{6.25}$$

이 식에 따르면 라플라스 변환의 독립 변수인 s의 함수로 생각할 때, 고려 중인 계의 특성은 $G(s)$에 의해 주어지고, 계의 응답 $x(t)$의 라플라스 변환인 $X(s)$는 기진력의 라플라스 변환 $F(s)$와 계의 특성을 나타내는 $G(s)$의 곱으로 주어진다. 진동공학에서는 $G(s)$를 **전달 함수**(transfer function)라고 부른다.

물론 초기 조건이 모두 영인 경우, 식 (6.21)에서 보인 바와 같이 계의 응답은 기진력 $f(t)$와 전달 함수의 역변환 $g(t)$의 컨볼루션으로 주어진다.

예를 들어 2.3절에서 고려한 강제 진동과 관련하여 초기 조건이 영인 다음과 같은 문제가 주어졌다고 하자.

$$\ddot{x} + 2\zeta\omega_n\dot{x} + \omega_n^2 x = t,\ \ t \in (0, \infty). \tag{6.26}$$

여기서 ζ, ω_n은 주어진 양의 상수이며, 저감쇠, 즉 $\zeta < 1$을 가정한다.

$g(t)$를 식 (6.20)을 사용하여 먼저 구하면 $\alpha = \zeta\omega_n$, $\beta = \omega_n^2$이므로 다음을 얻고,

$$g(t) = \frac{1}{2i\omega_0}\left(e^{\lambda_1 t} - e^{\lambda_2 t}\right),\ \lambda_{1,2} = -\zeta\omega_n \pm i\omega_0,$$

$$\sqrt{\Delta} \equiv i\omega_0 = i\omega_n\sqrt{1-\zeta^2}, \tag{6.27}$$

이 결과를 식 (6.21)에 대입하여 다음을 얻는다.

$$x(t) = t * g = \int_0^t (t-\tau)g(\tau)d\tau = \frac{1}{2i\omega_0}\int_0^t (t-\tau)\left(e^{\lambda_1\tau} - e^{\lambda_2\tau}\right)d\tau$$

$$= \frac{1}{2i\omega_0}\left\{t\left(\frac{e^{\lambda_1 t}-1}{\lambda_1} - \frac{e^{\lambda_2 t}-1}{\lambda_2}\right) - t\left(\frac{e^{\lambda_1 t}}{\lambda_1} - \frac{e^{\lambda_2 t}}{\lambda_2}\right) + \int_0^t \left(\frac{e^{\lambda_1\tau}}{\lambda_1} - \frac{e^{\lambda_2\tau}}{\lambda_2}\right)d\tau\right\}$$

$$= \frac{t}{2i\omega_0}\left(\frac{1}{\lambda_2} - \frac{1}{\lambda_1}\right) + \frac{1}{2i\omega_0}\left(\frac{e^{\lambda_1 t}-1}{\lambda_1^2} - \frac{e^{\lambda_2 t}-1}{\lambda_2^2}\right)$$

$$= \frac{t}{2i\omega_0}\frac{2i\omega_0}{\omega_n^2} - \frac{\lambda_2^2 - \lambda_1^2}{2i\omega_0\omega_n^4} + \frac{e^{-\zeta\omega_n t}}{2i\omega_0\omega_n^4}\left(\lambda_2^2 e^{i\omega_0 t} - \lambda_1^2 e^{-i\omega_0 t}\right)$$

$$= \frac{t}{\omega_n^2} - \frac{2\zeta}{\omega_n^3} + \frac{e^{-\zeta\omega_n t}}{2i\omega_0\omega_n^4}\left(\lambda_2^2 e^{i\omega_0 t} - \lambda_1^2 e^{-i\omega_0 t}\right). \tag{6.28}$$

여기서 마지막 우변의 ( )에 대해 다음을 얻으므로,

$$\lambda_2^2 e^{i\omega_0 t} - \lambda_1^2 e^{-i\omega_0 t} = \left(\lambda_2^2 - \lambda_1^2\right)\cos\omega_0 t + i\left(\lambda_2^2 + \lambda_1^2\right)\sin\omega_0 t$$

$$= 4i\zeta\omega_n\omega_0\cos\omega_0 t - 2i\omega_n^2\left(1-2\zeta^2\right)\sin\omega_0 t, \tag{6.29}$$

이를 식 (6.28)에 대입하여 다음 결과를 얻는다.

$$x(t) = \frac{t}{\omega_n^2} - \frac{2\zeta}{\omega_n^3} + \frac{e^{-\zeta\omega_n t}}{\omega_n^2}\left(\frac{2\zeta}{\omega_n}\cos\omega_0 t - \frac{1-2\zeta^2}{\omega_0}\sin\omega_0 t\right). \tag{6.30}$$

위 식이 초기 조건을 만족하는 것을 확인하는 것은 [연습문제 3]으로 남기기로 한다.

위 결과에 따르면, 기진력이 시간에 비례하여 증가할 때, 응답은 시간에 따라 비례하여 증가하는 항, 상수 항, 그리고 시간이 지남에 따라 진폭이 지수 함수적으로 감소하는 동요 항으로 이루어지며, 따라서 $t \gg 1$일 때, 응답은 시간에 비례하여 증가할 것임을 알 수 있다.

2) 기진력이 단위 충격 함수인 경우

만약 제로 초기 조건인 경우, 아래에 다시 보인 식 (2.81)에서 기진력 $f(t)$가 다음과 같이 주어졌다고 하자.

$$\ddot{x} + 2\zeta\omega_n \dot{x} + \omega_n^2 x = f(t),\ \zeta = \frac{c}{2\sqrt{mk}},\ \omega_n = \sqrt{\frac{k}{m}}, \tag{2.81}$$

$$f(t) = \delta(t). \tag{6.31}$$

$\delta(t)$는 **델타 함수**(delta function)라고 부르는데, 이 함수는 다음과 같은 두 식으로 정의될 수 있다.13)

$$\int_{-\infty}^{\infty} \delta(t)\, dt = 1, \tag{6.32}$$

$$\int_{-\infty}^{\infty} a(t)\delta(t)\, dt = a(0). \tag{6.33}$$

여기서 $a(t)$는 임의의 연속인 함수이다. 다시 말하면 t축 위에 그려진 델타 함수에 상응하는 곡선 아래의 면적은 1이며, 임의의 함수와 델타 함수의 곱의 적분은 임의의 함수의 $t=0$에서의 값이 되어야 한다.

식 (6.31)로 주어지는 기진력을 식 (6.21)에 대입하여 $x(t)$를 구하면 다음을 얻는데,

13) 델타 함수에 대한 체계적인 논의는 이승준(2014)<6>을 참조하기 바란다.

$$x(t) = \int_0^t \delta(\tau) g(t-\tau) d\tau = g(t), \tag{6.34}$$

이 식에 따르면 델타 함수에 대한 계의 응답이 전달 함수의 역변환인 $g(t)$ 임을 알 수 있다.

진동공학에서는 기진력이 델타 함수일 경우, **단위 충격 함수**(unit impulse function)의 기진력이 가해진다고 하며, 따라서 전달 함수의 역변환인 $g(t)$ 는 단위 충격 함수에 대한 계의 응답, 즉 **단위 충격 응답**(unit impulse response)이라고 부른다. 위의 기술로부터 단위 충격 응답 $g(t)$ 의 라플라스 변환이 바로 전달 함수임을 알 수 있다.

예를 들어 2.3절에서 고려한 강제 진동과 관련하여 제로 초기 조건의 다음과 같은 문제가 주어졌다고 하자.

$$\ddot{x} + 2\zeta\omega_n \dot{x} + \omega_n^2 x = \delta(t), \ t \in (0, \infty). \tag{6.35}$$

여기서 ζ, ω_n 은 주어진 양의 상수이며, 저감쇠, 즉 $\zeta < 1$ 을 가정한다.

이때의 응답은 식 (6.34)에서 얻은 바와 같이 $g(t)$ 로 주어지는데, $\alpha = \zeta\omega_n$, $\beta = \omega_n^2$ 이므로 식 (6.27)로부터 다음을 얻고,

$$g(t) = \frac{2ie^{-\zeta\omega_n t}\sin\omega_0 t}{2i\omega_0} = \frac{e^{-\zeta\omega_n t}}{\omega_0}\sin\omega_0 t, \tag{6.36}$$

이 식을 식 (6.16)과 비교하면 $\alpha = \zeta\omega_n$ 이므로, 식 (6.16)에 $x_0 = 0$, $\dot{x}_0 = 1$ 을 대입할 때 얻는 식과 같은 결과임을 알 수 있다.

다시 말하면 초기 조건이 영이며, 기진력이 단위 충격 함수로 작용하는 경우는 기진력이 작용하지 않으며 초기 변위는 영, 초기 속도는 1 인 경우와 그 응답이 같아 두 경우는 물리적으로 **등가**(equivalent)라고 할 수 있다. 식 (6.29)를 시간 t 에 대해 $-\Delta t$ 부터 Δt 까지 적분하면 다음을 얻으며,

$$\{\dot{x}(\Delta t) - \dot{x}(-\Delta t)\} + 2\zeta\omega_n\{x(\Delta t) - x(-\Delta t)\} + 2\omega_n^2 x(0)\Delta t = 1, \tag{6.37}$$

여기서 $\Delta t \to 0$인 경우를 고려함에 있어 $t<0$일 때 $x=\dot{x}=0$, $x_0=0$임을 생각하면 다음 결과를 얻는다.

$$\dot{x}(0^+)+2\zeta\omega_n x(0^+)=1. \tag{6.38}$$

여기서 0^+는 0의 우극한이다. 위 식의 좌변 둘째 항에서 $x(0^+)\to 0$이므로 결국 $\dot{x}(0^+)=1$을 얻으며, 이는 위에서 얻은 결과와 일관됨을 알 수 있다.

3) 기진력이 조화 함수인 경우

2.3절에서 고려하였으며, 아래에 다시 보인 식 (2.83)에 대해 제로 초기 조건인 경우에 대해 생각하기로 하자.

$$\ddot{x}+2\zeta\omega_n\dot{x}+\omega_n^2 x=f_0\cos\omega t,\ f_0\equiv\frac{F_0}{m}. \tag{2.83}$$

여기서 ζ, ω_n, f_0는 주어진 양의 상수이며, 저감쇠, 즉 $\zeta<1$을 가정한다.

위의 기진력을 식 (6.21)에 대입하여 다음을 얻는다.

$$x(t)=f_0\int_0^t \cos\omega(t-\tau)\,g(\tau)\,d\tau. \tag{6.39}$$

여기서 $g(t)$는 실함수임을 알고 있으므로 다음이 성립하며,

$$x(t)=f_0 Re\left[\int_0^t e^{i\omega(t-\tau)}\,g(\tau)\,d\tau\right], \tag{6.40}$$

이 식 우변의 [ ]의 $g(t)$에 대해 식 (6.27)을 대입하면 다음을 얻는다.

$$\int_0^t e^{i\omega(t-\tau)}\, g(\tau)\, d\tau = \frac{e^{i\omega t}}{2i\omega_0}\int_0^t e^{-i\omega\tau}\left(e^{\lambda_1\tau} - e^{\lambda_2\tau}\right) d\tau$$

$$= \frac{e^{i\omega t}}{2i\omega_0}\left[\frac{e^{(\lambda_1 - i\omega)t} - 1}{\lambda_1 - i\omega} - \frac{e^{(\lambda_2 - i\omega)t} - 1}{\lambda_2 - i\omega}\right]$$

$$= \frac{1}{2i\omega_0}\left(\frac{e^{\lambda_1 t}}{\lambda_1 - i\omega} - \frac{e^{\lambda_2 t}}{\lambda_2 - i\omega}\right) + \frac{e^{i\omega t}}{2i\omega_0}\left(\frac{1}{\lambda_2 - i\omega} - \frac{1}{\lambda_1 - i\omega}\right)$$

$$= \frac{e^{-\zeta\omega_n t}}{2i\omega_0}\,\frac{(\lambda_2 - i\omega)e^{i\omega_0 t} - (\lambda_1 - i\omega)e^{-i\omega_0 t}}{\omega_n^2 - \omega^2 + 2i\zeta\omega_n\omega} + \frac{e^{i\omega t}}{\omega_n^2 - \omega^2 + 2i\zeta\omega_n\omega}$$

$$=-\frac{e^{-\zeta\omega_n t}}{\omega_0}\,\frac{(\zeta\omega_n \sin\omega_0 t + \omega_0\cos\omega_0 t) + i\omega\sin\omega_0 t}{\omega_n^2 - \omega^2 + 2i\zeta\omega_n\omega} + \frac{(\omega_n^2 - \omega^2)\cos\omega t + 2\zeta\omega_n\omega\sin\omega t}{D},$$

$$D \equiv \left(\omega_n^2 - \omega^2\right)^2 + \left(2\zeta\omega_n\omega\right)^2. \tag{6.41}$$

위의 계산에는 $\lambda_2 = \overline{\lambda}_1$, $\lambda_1\lambda_2 = \omega_n^2$, $\lambda_1 + \lambda_2 =-2\zeta\omega_n$ 을 이용하였다.

이를 식 (6.40)에 대입하여 $x(t)$를 다음과 같이 얻으며,

$$x(t) = \frac{f_0}{D}\left[-\frac{e^{-\zeta\omega_n t}}{\omega_0}\left\{\left(\omega_n^2 - \omega^2\right)(\zeta\omega_n\sin\omega_0 t + \omega_0\cos\omega_0 t) + 2\zeta\omega_n\omega^2\sin\omega_0 t\right\}\right.$$

$$\left. + \left\{\left(\omega_n^2 - \omega^2\right)\cos\omega t + 2\zeta\omega_n\omega\sin\omega t\right\}\right], \tag{6.42}$$

위 식이 초기 조건을 만족하는 것을 쉽게 보일 수 있다([연습문제 4] 참조).

이 식과 아래에 다시 보인 2.3절에서 구한 특수해인 식 (2.88)을 비교하면,

$$\xi(t)= \frac{f_0}{D}\left\{\left(\omega_n^2 - \omega^2\right)\cos\omega t + 2\zeta\omega_n\omega\sin\omega t\right\}, \tag{2.88}$$

초기 조건이 영인 계에 대해 기진력에 기인하는 응답과 비제차 방정식의 특수해가 일치하지 않음을 알 수 있다. 초기 조건을 만족하기 위해 식 (6.42) 우변 [ ] 안의 첫째 항인 제차해가 추가되는 것을 알 수 있으며, 물론 둘째 항은 식 (2.88)로 주어지는 **정상해**(steady solution)와 동일함을 확인할 수 있다.

라플라스 변환은 상미분 방정식을 푸는 데만 사용되는 것이 아니라 편미분 방정식을 푸는 데도 널리 사용되고 있으며, 이와 관련하여서는 Mei(1995)〈7〉을 참조하기 바란다.

6.3 불연속 기진력에 대한 응답

이 절에서는 불연속인 기진력을 다루는 방법에 대해 설명하기로 한다. 먼저 **단위 계단 함수**(unit step function) $h(t)$는 다음과 같이 정의된다.

$$h(t) = \begin{cases} 0, t < 0, \\ 1, t > 0. \end{cases} \tag{6.43}$$

다시 말하면 $t = 0$에서 단위 크기만큼 점프하는 함수이며, $t = 0$에서 불연속이다.

위의 단위 계단 함수를 사용하면 **직사각형 펄스**(rectangular pulse) $p_a(t)$를 다음과 같이 정의할 수 있는데,

$$p_a(t) = h(t) - h(t-a) = \begin{cases} 0, & t < 0, \\ 1, & 0 < t < a, \\ 0, & t > a, \end{cases} \tag{6.44}$$

여기서 a는 영보다 큰 주어진 실수이다.

단위 계단 함수 $h(t-a)$의 라플라스 변환은 정의에 의해 다음과 같고,

$$\mathcal{L}\{h(t-a)\} = \int_0^\infty h(t-a) e^{-st} dt = \int_a^\infty e^{-st} dt = \frac{e^{-as}}{s}, \tag{6.45}$$

따라서 직사각형 펄스의 라플라스 변환은 다음과 같다.

$$\mathcal{L}\{p_a(t)\} = \int_0^\infty [h(t) - h(t-a)]\, e^{-st}\, dt = \frac{1-e^{-as}}{s}. \tag{6.46}$$

위 결과를 얻는 데는 식 (6.45)를 사용하였다.

또한 단위 계단 함수를 사용하면 주어진 함수 $f(t)$를 a만큼 지연시키는 $f(t)$의 **지연 함수**(delay function) $f_a(t)$를 다음과 같이 나타낼 수 있으며,

$$f_a(t) = h(t-a) f(t-a) = \begin{cases} 0, & t < a, \\ f(t-a), & t > a, \end{cases} \tag{6.47}$$

여기서 물론 $f(0) \neq 0$이면 $f_a(t)$는 $t = a$에서 $f(0)$만큼 점프하게 된다.

지연 함수 $f_a(t)$의 라플라스 변환은 다음과 같이 얻는다.

$$\begin{aligned} \mathcal{L}\{f_a(t)\} &= \int_0^\infty h(t-a) f(t-a) e^{-st}\, dt = \int_a^\infty f(t-a) e^{-st}\, dt \\ &= \int_0^\infty f(\tau) e^{-s(\tau+a)}\, d\tau = e^{-as} F(s). \end{aligned} \tag{6.48}$$

예를 들어 2.3절에서 고려한 강제 진동과 관련하여 제로 초기 조건을 만족하며 단위 계단 함수 $h(t-a)$가 기진력으로 작용하는 다음과 같은 문제가 주어졌다고 하자.

$$\ddot{x} + 2\zeta\omega_n \dot{x} + \omega_n^2 x = h(t-a),\ t \in (0, \infty). \tag{6.49}$$

여기서 ζ, ω_n은 주어진 양의 상수이며, 저감쇠, 즉 $\zeta < 1$을 가정한다.

$g(t)$는 식 (6.27)로 이미 얻었으므로, 이를 식 (6.21)에 대입하여 $x(t)$를 다음과 같이 얻는데,

$$x(t) = h * g = \int_0^t h(\tau - a) g(t-\tau)\, d\tau = \int_a^t g(t-\tau)\, d\tau,\ t > a, \tag{6.50}$$

여기서 $t < a$에 대해서는 $x(t) = 0$을 얻는다. 따라서 위 식은 다음과 같이 쓸 수 있으며,

$$x(t) = \frac{h(t-a)}{2i\omega_0}\int_a^t \left[e^{\lambda_1(t-\tau)} - e^{\lambda_2(t-\tau)}\right] d\tau$$

$$= \frac{h(t-a)}{2i\omega_0}\left[\frac{e^{\lambda_1(t-a)}-1}{\lambda_1} - \frac{e^{\lambda_2(t-a)}-1}{\lambda_2}\right]$$

$$= \frac{h(t-a)}{2i\omega_0\omega_n^2}\left[\lambda_2 e^{\lambda_1(t-a)} - \lambda_1 e^{\lambda_2(t-a)} + 2i\omega_0\right]$$

$$= \frac{h(t-a)}{\omega_n^2}\left[1 - \frac{e^{-\zeta\omega_n t_a}}{\omega_0}(\omega_0\cos\omega_0 t_a + \zeta\omega_n \sin\omega_0 t_a)\right],\ t_a \equiv t-a, \tag{6.51}$$

위 식은 당연히 제로 초기 조건을 만족하고, 이 결과에 따르면 마지막 우변 [ ] 안의 둘째 항은 $t\to\infty$ 일 때 영에 수렴하므로, 결국 작용하는 힘 $f=1$, 즉 $F=m$ [식 (2.82) 참조]에 상응하는 정적 변위 $\omega_n^{-2} = \frac{m}{k}$ 이 발생함을 알 수 있다.

다음으로 역시 제로 초기 조건을 만족하며 직사각형 펄스 $p_a(t)$ 가 기진력으로 작용하는 다음과 같은 문제가 주어졌다고 하자.

$$\ddot{x} + 2\zeta\omega_n\dot{x} + \omega_n^2 x = p_a(t),\ t\in(0,\infty). \tag{6.52}$$

여기서 ζ, ω_n 은 주어진 양의 상수이며, 저감쇠, 즉 $\zeta<1$ 을 가정한다.

식 (6.51)에서 얻은 $x(t)$ 를 $x_a(t)$ 라고 하면, 직사각형 펄스의 정의, 식 (6.44)에 의해 다음을 얻는다.

$$x(t) = x_0(t) - x_a(t)$$

$$= \frac{1}{\omega_n^2}\left[1 - \frac{e^{-\zeta\omega_n t}}{\omega_0}(\omega_0\cos\omega_0 t + \zeta\omega_n\sin\omega_0 t)\right]$$

$$- \frac{h(t-a)}{\omega_n^2}\left[1 - \frac{e^{-\zeta\omega_n t_a}}{\omega_0}(\omega_0\cos\omega_0 t_a + \zeta\omega_n\sin\omega_0 t_a)\right],\ t_a \equiv t-a. \tag{6.53}$$

따라서 $t \in (0, a)$일 때는 위 식 우변의 첫째 항으로 응답이 주어지고, $t > a$일 때는 다음 식으로 응답이 주어진다.

$$x(t) = \frac{e^{-\zeta\omega_n t}}{\omega_0 \omega_n^2}\left[-(\omega_0 \cos\omega_0 t + \zeta\omega_n \sin\omega_0 t) + e^{\zeta\omega_n a}(\omega_0 \cos\omega_0 t_a + \zeta\omega_n \sin\omega_0 t_a)\right]. \tag{6.54}$$

이 결과에 따르면 우변은 $t \to \infty$일 때 영에 수렴함을 알 수 있으며, 단 우변 [ ] 안의 둘째 항에 곱해진 $e^{\zeta\omega_n a}$ 때문에, a가 크면 클수록 이 항의 영향이 오래 미칠 것임을 알 수 있다.

마지막으로 제로 초기 조건을 만족하며 지연 함수 $f_a(t)$가 기진력으로 작용하는 다음과 같은 문제가 주어졌다고 하자.

$$\ddot{x} + 2\zeta\omega_n \dot{x} + \omega_n^2 x = f_a(t), \quad t \in (0, \infty). \tag{6.55}$$

여기서 ζ, ω_n은 주어진 양의 상수이며, 저감쇠, 즉 $\zeta < 1$을 가정한다.

$g(t)$는 식 (6.27)로 이미 얻었으므로, 이를 식 (6.21)에 대입하여 $x(t)$를 다음과 같이 얻는데,

$$x(t) = f_a * g = \int_0^t h(\tau - a) f(\tau - a) g(t - \tau) d\tau$$

$$= \int_a^t f(\tau - a) g(t - \tau) d\tau, \ t < a, \tag{6.56}$$

여기서 $t < a$에 대해서는 $x(t) = 0$을 얻는다. 따라서 위 식은 다음과 같이 쓸 수 있다.

$$x(t) = h(t - a)\int_a^t f(\tau - a) g(t - \tau) d\tau,$$

$$\therefore x(t) = h(t - a)\int_0^{t_a} f(\mu) g(t_a - \mu) d\mu, \ t_a \equiv t - a. \tag{6.57}$$

예를 들어 $f(t)=f_0\cos\omega t$ 라고 하면, 다음을 얻으며,

$$x(t)=f_0 h(t-a)\int_0^{t_a}\cos\omega\mu\, g(t_a-\mu)\,d\mu, \tag{6.58}$$

여기서 $g(t)$ 는 실함수임을 알고 있으므로 다음이 성립하며,

$$x(t)=f_0\, h(t-a)\,Re\left[\int_0^{t_a} e^{i\omega\mu}\, g(t_a-\mu)\,d\mu\right], \tag{6.59}$$

이 식 우변의 [ ]의 $g(t)$ 에 대해 식 (6.27)을 대입하면 다음을 얻는다.

$$\begin{aligned}\int_0^{t_a} e^{i\omega\mu}\, g(t_a-\mu)\,d\mu &= \frac{1}{2i\omega_0}\int_0^{t_a} e^{i\omega\mu}\left[e^{\lambda_1(t_a-\mu)}-e^{\lambda_2(t_a-\mu)}\right]d\mu \\ &= \frac{1}{2i\omega_0}\left[e^{\lambda_1 t_a}\frac{e^{(-\lambda_1+i\omega)t_a}-1}{-\lambda_1+i\omega}-e^{\lambda_2 t_a}\frac{e^{(-\lambda_2+i\omega)t_a}-1}{-\lambda_2+i\omega}\right] \\ &= \frac{1}{2i\omega_0}\left(\frac{e^{\lambda_1 t_a}}{\lambda_1-i\omega}-\frac{e^{\lambda_2 t_a}}{\lambda_2-i\omega}\right)+\frac{e^{i\omega t_a}}{2i\omega_0}\left(\frac{1}{\lambda_2-i\omega}-\frac{1}{\lambda_1-i\omega}\right).\end{aligned} \tag{6.60}$$

이 식 마지막 우변은 식 (6.41)의 셋째 등호 우변에 t 대신 t_a를 대입한 것만 다르므로, 식 (6.42)로부터 $x(t)$를 다음과 같이 얻는다.

$$\begin{aligned}x(t)=\frac{f_0\, h(t-a)}{D}&\left[-\frac{e^{-\zeta\omega_n t_a}}{\omega_0}\left\{(\omega_n^2-\omega^2)(\zeta\omega_n\sin\omega_0 t_a+\omega_0\cos\omega_0 t_a)+2\zeta\omega_n\omega^2\sin\omega_0 t_a\right\}\right. \\ &\left.+\left\{(\omega_n^2-\omega^2)\cos\omega t_a+2\zeta\omega_n\omega\sin\omega t_a\right\}\right],\ D\equiv(\omega_n^2-\omega^2)^2+(2\zeta\omega_n\omega)^2.\end{aligned} \tag{6.61}$$

다시 말하면 식 (6.42)의 해에서 $t=0$를 $t=a$로 대체한 것과 같은 결과를 얻었음을 확인할 수 있다.

연습문제

1. 다음 함수들 $x(t)$에 대해, 그 제곱의 적분 $\int_0^\infty x^2(t)\,dt$는 존재하지 않지만, 라플라스 변환은 존재함을 보이시오.

   1) $x(t)=t$, 2) $x(t)=t^2$, 3) $x(t)=t^n$, n은 양의 정수.

2. 식 (6.6)의 우변에 부분 분수를 적용하여 식 (6.8)을 얻으시오.

3. 식 (6.30)이 식 (6.24)로 주어진 초기 조건을 만족함을 보이시오.

4. 식 (6.42)가 제로 초기 조건을 만족하는 것을 보이시오.

5. $f(t)=e^{i\omega t}$의 라플라스 변환이 다음과 같이 주어짐을 보이고,

$$\mathcal{L}\{e^{i\omega t}\}=\int_0^\infty e^{(i\omega-s)t}\,dt=\frac{1}{s-i\omega}=\frac{s+i\omega}{s^2+\omega^2}, \qquad (연6.1)$$

   이 식의 실수부와 허수부로부터 다음 결과를 얻으시오.

$$\mathcal{L}\{\cos\omega t\}=\frac{s}{s^2+\omega^2},\ \mathcal{L}\{\sin\omega t\}=\frac{\omega}{s^2+\omega^2}. \qquad (연6.2)$$

6. $x(t)$의 라플라스 변환이 $X(s)$라고 할 때, 다음이 성립함을 보이시오.

$$\mathcal{L}\{t\,x(t)\}=-\frac{dX}{ds}, \qquad (연6.3)$$

$$\mathcal{L}\left\{\frac{x(t)}{t}\right\}=\int_s^\infty X(\sigma)\,d\sigma. \qquad (연6.4)$$

7. [연습문제 6]의 결과를 이용하여 다음과 같이 주어진 라플라스 변환 $X(s)$에 대한 역변환 $x(t)$를 구하시오.

1) $X(s)=\dfrac{1}{(s-a)^2}$, 2) $X(s)=\ln\dfrac{s}{s-1}$,

3) $X(s)=\cot^{-1}(s+1)$.

8. 다음과 같은 초기치 문제의 해를 라플라스 변환을 사용하여 구하시오.

1) $\ddot{x}-4\dot{x}+3x=0,\ x(0)=1,\ \dot{x}(0)=-1$,

2) $\ddot{x}+\dot{x}-2x=\cos 3t,\ x(0)=0,\ \dot{x}(0)=0$,

3) $\ddot{x}+x=2\cos t,\ x(0)=0,\ \dot{x}(0)=0$,

4) $\ddot{x}-3\dot{x}+2x=4t+e^{3t},\ x(0)=1,\ \dot{x}(0)=-1$,

5) $\ddot{x}-2\dot{x}+x=0,\ x(0)=1,\ \dot{x}(0)=3$.

7장

그린 함수

앞 장에서는 초기치 문제인 상수 계수의 비제차 선형 방정식을 푸는데 적절한 방법으로 볼 수 있는 라플라스 변환에 대해 생각하였는데, 이 장에서는 경계치 문제인 비제차 선형 방정식을 푸는데 사용되는 **그린 함수**(Green's function)에 대해 논의하기로 한다. 두 방법 모두 미분 방정식에 대한 해를 적분의 형태로 구한다는 면에서는 같다고 볼 수 있지만, 라플라스 변환에 의해서는 미분 방정식을 대수 방정식으로 바꿀 수 있었던 반면, 그린 함수를 사용하는 경우에는 주어진 비제차 미분 방정식 대신에 보다 쉽다고 볼 수 있는 제차 미분 방정식을 풀어서 해를 구한다고 할 수 있다.

1절에서는 그린 함수를 정의하고 관련된 개념에 대해 생각하며,

2절에서는 그린 함수의 특성과 응용에 대해 논의하고 전형적인 예제들의 풀이를 보이기로 한다.

7.1 그린 함수

비제차인 n계 선형 미분 방정식에 대해 이론을 전개하는 것도 가능하겠지만 가장 많이 다루는 2계 미분 방정식에 대해 논의하기로 하며, 기본적인 개념과 예제를 통한 해법의 예시에 중점을 두기로 한다.

다음과 같은 경계 조건을 만족해야 하는 미지 함수 $y(x)$에 대한 비제차인 2계 선형 미분 방정식이 주어졌다고 하자.

$$Ly = \frac{d}{dx}\left(p(x)\frac{dy}{dx}\right) + q(x)y = r(x),\ x \in (a, b), \tag{7.1}$$

$$\alpha_1 y(a) + \beta_1 y'(a) = \gamma_1, \quad \alpha_2 y(b) + \beta_2 y'(b) = \gamma_2. \tag{7.2}$$

여기서 L은 선형 미분 연산자, $y' = \dfrac{dy}{dx}$ 이며, 또 a, b는 주어진 실수로 $b > a$이다. $p(x) > 0$, $q(x)$, $r(x)$는 주어진 실함수이고, α_j, β_j, γ_j, $j \in [1;2]$는 주어진 실수이다. 위 문제는 Sturm-Liouville 문제(Sturm-Liouville problem)로 알려져 있으며, 공학적 응용에서 만나는 많은 2계 선형 미분 방정식들이 이에 속한다. 이 문제에 대해서는 11.2절에서 변수 분리법과 관련하여 다시 논의하기로 한다.

이 문제의 해를 구하는데, 다음과 같은 문제의 해 $G(\xi, x)$를 안다고 가정하자.

$$L_\xi G = \frac{d}{d\xi}\left(p(\xi)\frac{dG}{d\xi}\right) + q(\xi)G = \delta(\xi - x),\ \xi \in (a, b),\ x \in (a, b), \tag{7.3}$$

$$\alpha_1 G(a) + \beta_1 G'(a) = 0,\ \alpha_2 G(b) + \beta_2 G'(b) = 0. \tag{7.4}$$

위에서 $G' = \dfrac{dG}{d\xi}$를 뜻하며, $G(\xi, x)$에 대한 문제에서 독립 변수는 ξ이고, x는 매개변수, 또는 주어진 상수로 간주할 수 있다.

두 함수 $f(\xi)$, $g(\xi)$의 스칼라곱을 다음과 같이 정의하기로 하자.

$$(f, g) \equiv \int_a^b f(\xi) g(\xi)\, d\xi. \tag{7.5}$$

$y = y(\xi)$에 대해 $\left(L_\xi y, G\right)$와 $\left(y, L_\xi G\right)$의 차이를 구하면 다음을 얻는데,

$$\left(L_\xi y, G\right) - \left(y, L_\xi G\right) = (r, G) - (y, \delta(\xi - x)) = (r, G) - y(x), \tag{7.6}$$

위 식의 좌변은 부분 적분을 적용하여 다음과 같이 쓸 수도 있다.

$$(L_\xi y,\, G) - (y,\, L_\xi G) = \int_a^b \left[G\frac{d}{d\xi}\left(p\frac{dy}{d\xi}\right) - y\frac{d}{d\xi}\left(p\frac{dG}{d\xi}\right)\right] d\xi$$

$$= [p(Gy' - yG')]_a^b - \int_a^b \left[\frac{dG}{d\xi}\left(p\frac{dy}{d\xi}\right) - \frac{dy}{d\xi}\left(p\frac{dG}{d\xi}\right)\right] d\xi = [p(Gy' - yG')]_a^b. \quad (7.7)$$

식 (7.2)에 $G(a) \equiv G(a, x)$, $G(b) \equiv G(b, x)$를 각각 곱하고, 식 (7.4)에 $y(a)$, $y(b)$를 곱하여 그 차이를 구하면 다음을 얻으며,

$$G(a)y'(a) - y(a)\,G'(a) = \frac{\gamma_1}{\beta_1}\,G(a),\;\; G(b)y'(b) - y(b)\,G'(b) = \frac{\gamma_2}{\beta_2}\,G(b), \quad (7.8)$$

따라서 식 (7.7)의 우변에 대해 다음을 얻는다.

$$-C \equiv [p(Gy' - yG')]_a^b = \frac{\gamma_2}{\beta_2}p(b)G(b) - \frac{\gamma_1}{\beta_1}p(a)G(a). \quad (7.9)$$

만약 $\beta_1 = \beta_2 = 0$인 경우에는 $G(a) = G(b) = 0$이므로 식 (7.7)로부터 C에 대해 다음을 얻으며,

$$C = [pyG']_a^b = p(b)y(b)G'(b, x) - p(a)y(a)G'(a, x), \quad (7.10)$$

또한 $\gamma_1 = \gamma_2 = 0$인 **제차형**(homogeneous type) 경계 조건이 주어졌을 경우나, 또는 $p(a) = p(b) = 0$이 성립하는 경우에는 $C = 0$이 됨에 유의한다.

따라서 식 (7.6)과 식 (7.9)로부터 다음 결과를 얻는다.

$$y(x) = C + (r,\, G) = C + \int_a^b r(\xi)\,G(\xi, x)\,d\xi. \quad (7.11)$$

이 식에 따르면 식 (7.1), (7.2)로 주어지는 비제차 경계치 문제, 즉 Sturm-Liouville 문제의 해는 식 (7.3), (7.4)의 해, 즉 **그린 함수**(Green's function) $G(\xi, x)$와 비제차 항인 $r(\xi)$의 스칼라곱과 경계 조건으로부터 얻는 상수 항의 합으로 주어진다.

예를 들어 다음과 같은 비제차인 2계 선형 미분 방정식이 주어졌다고 하자.

$$\frac{d^2y}{dx^2} - y = r(x),\ x \in (-\infty, \infty), \tag{7.12}$$

$$y(\pm\infty) = 0. \tag{7.13}$$

여기서 $r(x)$는 주어진 함수이다.

주어진 문제를 식 (7.1), (7.2)와 비교하면 그린 함수를 사용하여 문제를 풀 수 있는 경우임을 확인할 수 있으므로, 먼저 그린 함수 $G(\xi, x)$를 구하기로 하는데, 식 (7.3), (7.4)로부터 $G(\xi, x)$는 다음 문제를 만족해야 한다.

$$\frac{d^2G}{d\xi^2} - G = \delta(\xi - x),\ \xi \in (-\infty, \infty),\ x \in (-\infty, \infty), \tag{7.14}$$

$$G(\pm\infty, x) = 0. \tag{7.15}$$

식 (7.14)의 해를 구하기 위해서는 먼저 $\xi \in (-\infty, x)$인 구간과 $\xi \in (x, \infty)$인 구간을 나누어 생각하기로 한다. 각각의 구간에서 그린 함수는 제차 방정식을 만족하므로, 제차 방정식의 일반해가 A, B를 상수라고 할 때 $Ae^{-\xi} + Be^{\xi}$로 주어지는 것과 경계 조건으로부터 다음을 얻을 수 있는데,

$$G(\xi, x) = \begin{cases} C_1(x)e^{\xi}, & \xi \in (-\infty, x), \\ C_2(x)e^{-\xi}, & \xi \in (x, \infty), \end{cases} \tag{7.16}$$

여기서 C_1, C_2는 아직 정해지지 않은 x의 함수이다.

이들을 결정하기 위해 그린 함수 $G(\xi, x)$가 만족하는 식 (7.14)를 고려하여 다음 조건을 부과하기로 한다.

1) $G(\xi, x)$는 $\xi = x$에서 연속이며,

2) $\dfrac{dG}{d\xi}$는 $\xi = x$에서 단위 크기의 점프를 가진다.

여기서 둘째 조건은 식 (7.14)의 양변을 ξ에 대해 $x - \epsilon$부터 $x + \epsilon$까지 적분한 후

$\epsilon \to 0$의 극한을 생각하여 얻는다([연습문제 1] 참조).

1)로부터 다음을 얻으며,

$$C_1(x)e^x - C_2(x)e^{-x} = 0, \tag{7.17}$$

2)로부터는 다음을 얻는데,

$$-C_1(x)e^x - C_2(x)e^{-x} = 1, \tag{7.18}$$

이들은 C_1, C_2에 대한 연립 방정식이므로 Cramer 규칙에 의해 다음을 얻는다.

$$C_1 = \frac{e^{-x}}{W},\ C_2 = \frac{e^x}{W},\ W \equiv \begin{vmatrix} e^x & -e^{-x} \\ -e^x & -e^{-x} \end{vmatrix} = -2. \tag{7.19}$$

이를 식 (7.16)에 대입하여 그린 함수 $G(\xi, x)$를 다음과 같이 얻는데,

$$G(\xi, x) = \begin{cases} -\dfrac{1}{2}e^{\xi - x},\ \xi \in (-\infty, x), \\ -\dfrac{1}{2}e^{x-\xi},\ \ \xi \in (x, \infty), \end{cases} \tag{7.20}$$

위 식은 다음과 같이 다시 쓸 수 있다.

$$G(\xi, x) = -\frac{1}{2}e^{-|x-\xi|},\ \xi \in (-\infty, \infty),\ x \in (-\infty, \infty). \tag{7.21}$$

주어진 경계 조건은 제차형이므로 $C=0$을 얻으며, 따라서 식 (7.11)로부터 주어진 문제의 해 $y(x)$를 다음과 같이 얻는다.

$$y(x) = -\frac{1}{2}\int_{-\infty}^{\infty} r(\xi)e^{-|x-\xi|}d\xi. \tag{7.22}$$

위의 예제에서 알 수 있는 바와 같이 식 (7.3), (7.4)를 만족하는 그린 함수를 구할 때, 미분 방정식은 $\xi \in (a, x)$인 구간과 $\xi \in (x, b)$인 구간으로 나누어 제차 방정식의

해를 구하는데, $\xi \in (a, x)$에 대한 그린 함수는 $\xi = a$에서의 경계 조건을, 또 $\xi \in (x, b)$에 대한 그린 함수는 $\xi = b$에서의 경계 조건을 각각 만족하도록 구함에 유의한다.

이렇게 결정된 그린 함수 $G(\xi, x)$는 두 개의 미지 함수를 포함하고 있으며, 이를 정하기 위해 $G(\xi, x)$는 $\xi = x$에서 연속이고, 그 도함수는 $\dfrac{1}{p(x)}$의 점프를 가지도록 조건을 부과한다. 이들 조건을 적용하여 일단 그린 함수 $G(\xi, x)$가 결정되면 식 (7.11)로부터 주어진 문제의 해 $y(x)$를 구할 수 있는데, 이때 상수 C의 값을 주어진 경계 조건과 $p(x)$로부터 정하여야 한다.

예를 들어 다음과 같은 비제차인 2계 선형 미분 방정식이 주어졌다고 하자.

$$\frac{d^2 y}{dx^2} = r(x), \ x \in (0, 1), \tag{7.23}$$

$$y(0) = y(1) = 0. \tag{7.24}$$

여기서 $r(x)$는 주어진 함수이다.

주어진 문제를 식 (7.1), (7.2)와 비교하면 그린 함수를 사용하여 문제를 풀 수 있는 경우임을 확인할 수 있으므로, 먼저 그린 함수 $G(\xi, x)$를 구하기로 하는데, 식 (7.3), (7.4)로부터 $G(\xi, x)$는 다음 문제를 만족해야 한다.

$$\frac{d^2 G}{d\xi^2} = \delta(\xi - x), \ \xi \in (0, 1), \ x \in (0, 1), \tag{7.25}$$

$$G(0, x) = G(1, x) = 0. \tag{7.26}$$

식 (7.25)의 해를 구하기 위해서는 먼저 $\xi \in (0, x)$인 구간과 $\xi \in (x, 1)$인 구간을 나누어 생각하기로 한다. 각각의 구간에서 그린 함수는 제차 방정식을 만족하므로, A, B를 상수라고 할 때 제차 방정식의 일반해가 $A\xi + B$로 주어지는 것과 경계 조건으로부터 다음을 얻을 수 있는데,

$$G(\xi,x)=\begin{cases} C_1(x)\xi, & \xi\in(0,x), \\ C_2(x)(1-\xi), & \xi\in(x,1), \end{cases} \tag{7.27}$$

여기서 C_1, C_2는 아직 정해지지 않은 x의 함수이다.

이들을 결정하기 위해 그린 함수 $G(\xi,x)$가 $\xi=x$에서 연속이어야 한다는 조건으로부터 다음을 얻으며,

$$C_1(x)x-C_2(x)(1-x)=0, \tag{7.28}$$

또 $\dfrac{dG}{d\xi}$는 $\xi=x$에서 단위 크기의 점프를 가진다는 조건으로부터 다음을 얻는다.

$$-C_1(x)-C_2(x)=1. \tag{7.29}$$

따라서 Cramer 규칙으로부터 다음을 얻으며,

$$C_1=\frac{1-x}{W},\ C_2=\frac{x}{W},\ W\equiv\begin{vmatrix} x & x-1 \\ -1 & -1 \end{vmatrix}=-1, \tag{7.30}$$

이를 식 (7.27)에 대입하여 그린 함수 $G(\xi,x)$를 다음과 같이 얻는다.

$$G(\xi,x)=\begin{cases} -(1-x)\xi, & \xi\in(0,x), \\ -x(1-\xi), & \xi\in(x,1). \end{cases} \tag{7.31}$$

주어진 경계 조건은 제차형이므로 $C=0$을 얻으며, 따라서 식 (7.11)로부터 주어진 문제의 해 $y(x)$를 다음과 같이 얻는다.

$$y(x)=-(1-x)\int_0^x r(\xi)\xi\,d\xi-x\int_x^1 r(\xi)(1-\xi)\,d\xi. \tag{7.32}$$

7.2 그린 함수의 특성과 응용

이 절에서는 먼저 식 (7.1)에 보인 Sturm-Liouville 문제가 2계 미분 방정식 중에서 특수한 형태가 아니라는 점을 보이기로 한다. 4.4절에서 매개변수 변분법과 관련하여 고려한 2계 선형 미분 방정식, 식 (4.38)을 아래에 다시 보인다.

$$y'' + a(x)y' + b(x)y = c(x). \tag{7.33}$$

단 혼동을 피하기 위해 계수들과 우변을 다르게 나타내었다. 이 식에 적분 인자 $f(x)$를 곱해 식 (7.1)과 같은 형태가 되었다고 가정하면 다음을 얻으며,

$$f(x) = p(x),\ f(x)a(x) = p'(x),\ \therefore f' = af, \tag{7.34}$$

이 식은 분리형이므로 다음을 얻는다.

$$f(x) = e^A,\ A(x) \equiv \int^x a\,dx. \tag{7.35}$$

따라서 식 (7.33)의 양변에 위 식으로 주어진 $f(x)$를 곱하면 다음을 얻는데,

$$fy'' + fa(x)y' + fb(x)y = fc(x), \tag{7.36}$$

이 식은 다음과 같이 다시 쓸 수 있으므로,

$$\frac{d}{dx}\left(f(x)\frac{dy}{dx}\right) + f(x)b(x)y = f(x)c(x), \tag{7.37}$$

결국 $p = f,\ q = fb,\ r = fc$임을 얻어, 식 (7.33)으로 주어진 미분 방정식은 모두 Sturm-Liouville 문제로 바꾸어 생각할 수 있음을 알 수 있다.

다음으로 4.4절에서 매개변수 변분법을 사용하여 비제차 문제, 식 (7.33)에 대한 특수해 $Y(x)$를 다음에 다시 보인 식 (4.98)로 구한 바 있다.

$$Y(x) = -\eta\int^x \zeta c e^A dx + \zeta\int^x \eta c e^A dx. \tag{7.38}$$

단 $\alpha = 1$로 택하였으며, 혼동을 피하기 위해 식 (7.33)의 표기를 사용하였고, 여기서

$\eta(x)$와 $\zeta(x)$는 서로 선형 독립인 제차해이다.

앞 절에서 구한 그린 함수는 $\xi\in(a,x)$인 구간과 $\xi\in(x,b)$인 구간에 대해 이들 두 제차해의 선형 결합으로 주어질 수 있으므로 다음과 같이 쓸 수 있으며,

$$G(\xi,x)=\begin{cases}C_1(x)\eta(\xi)+D_1(x)\zeta(\xi), & \xi\in(a,x),\\ C_2(x)\eta(\xi)+D_2(x)\zeta(\xi), & \xi\in(x,b),\end{cases} \tag{7.39}$$

$G(\xi,x)$가 $\xi=x$에서 연속이어야 한다는 조건으로부터 다음을 얻고,

$$\{C_1(x)-C_2(x)\}\eta(x)+\{D_1(x)-D_2(x)\}\zeta(x)=0, \tag{7.40}$$

또 $\dfrac{dG}{d\xi}$는 $\xi=x$에서 $\dfrac{1}{f}$의 점프를 가진다는 조건으로부터 다음을 얻는다.

$$\{C_1(x)-C_2(x)\}\eta'(x)+\{D_1(x)-D_2(x)\}\zeta'(x)=-\frac{1}{f}=-e^{-A}. \tag{7.41}$$

여기서 마지막 등호는 식 (7.35)로부터 얻었다.

따라서 Cramer 규칙으로부터 다음을 얻는데,

$$C_1-C_2=\frac{\zeta e^{-A}}{W},\quad D_1-D_2=-\frac{\eta e^{-A}}{W},$$

$$W\equiv\begin{vmatrix}\eta & \zeta\\ \eta' & \zeta'\end{vmatrix}=\eta\zeta'-\zeta\eta'=e^{-A}, \tag{7.42}$$

여기서 W는 식 (4.96)에서 구한 W와 같은 Wronskian임에 유의한다. 위의 결과를 식 (7.39)에 대입하는데, $C_2=D_2=0$으로 취하여도 일반성을 잃지 않으며, 따라서 그린 함수 $G(\xi,x)$를 다음과 같이 얻는다.

$$G(\xi,x)=\begin{cases}\zeta(x)\eta(\xi)-\eta(x)\zeta(\xi), & \xi\in(a,x),\\ 0, & \xi\in(x,b).\end{cases} \tag{7.43}$$

주어진 경계 조건이 제차형이라고 가정하면 $C=0$을 얻으며, 따라서 식 (7.11)로부터 주어진 문제의 해 $y(x)$를 다음과 같이 얻는다.

$$y(x) = -\eta \int_a^x ce^A \zeta d\xi + \zeta \int_a^x ce^A \eta d\xi. \tag{7.44}$$

여기서 우변의 피적분 함수에 대해서는 $r = fc = ce^A$ 임을 이용하였다. 이 결과는 위에 보인 식 (7.38), 매개변수 변분법에 의해 얻은 결과와 정확하게 일치함을 확인할 수 있다.

이상으로 그린 함수를 사용하여 구한 비제차해가 매개변수 변분법을 사용하여 구한 비제차해와 같음을 보였다. 단, 물리적으로는 그린 함수의 사용이 선호되는 편인데, 그 이유는 그린 함수가 단위 세기의 특이점, 즉 델타 함수에 상응하는 해이므로 물리적으로 보다 이해하기 쉽기 때문인 것으로 보인다.

마지막으로 세 개의 예제를 생각하여 그린 함수의 특성과 그 응용을 보이기로 한다.

1) 경계 조건의 변화

앞 절에서 다룬 예제, 식 (7.23), (7.24)로 주어진 문제와 관련하여 미분 방정식은 같지만 경계 조건이 다음과 같이 달라진 경우에 대해 생각하기로 한다.

$$\frac{d^2y}{dx^2} = r(x), \; x \in (0, 1), \tag{7.23}$$

$$y(0) = 0, \; y'(1) = 0. \tag{7.45}$$

여기서 $r(x)$는 주어진 함수이다.

그린 함수 $G(\xi, x)$가 만족해야 하는 경계 조건도 다음과 같이 바뀌므로,

$$G(0, x) = 0, \; G'(1, x) = 0, \tag{7.46}$$

A, B를 상수라고 할 때 제차 방정식의 일반해가 $A\xi + B$로 주어지는 것과 경계 조건으로부터 다음을 얻는데,

$$G(\xi, x) = \begin{cases} C_1(x)\xi, & \xi \in (0, x), \\ C_2(x), & \xi \in (x, 1), \end{cases} \tag{7.47}$$

여기서 C_1, C_2는 아직 정해지지 않은 x의 함수이다.

이들을 결정하기 위해 그린 함수 $G(\xi, x)$가 $\xi = x$에서 연속이어야 한다는 조건으로부터 다음을 얻으며,

$$C_1(x)x - C_2(x) = 0, \tag{7.48}$$

또 $\frac{dG}{d\xi}$는 $\xi = x$에서 단위 크기의 점프를 가진다는 조건으로부터 다음을 얻는다.

$$C_1(x) = -1. \tag{7.49}$$

따라서 식 (7.48)로부터 $C_2(x) = -x$를 얻으며, 이를 식 (7.47)에 대입하여 그린 함수 $G(\xi, x)$를 다음과 같이 얻는다.

$$G(\xi, x) = \begin{cases} -\xi, & \xi \in (0, x), \\ -x, & \xi \in (x, 1). \end{cases} \tag{7.50}$$

주어진 경계 조건은 제차형이므로 $C = 0$을 얻으며, 따라서 식 (7.11)로부터 주어진 문제의 해 $y(x)$를 다음과 같이 얻는다.

$$y(x) = -\int_0^x r(\xi)\xi\, d\xi - x\int_x^1 r(\xi)\, d\xi. \tag{7.51}$$

2) 제차해가 조화 함수로 주어지는 경우

다음과 같은 비제차인 2계 선형 미분 방정식이 주어졌다고 하자.

$$\frac{d^2y}{dx^2} + y = r(x), \ x \in (0, 1), \tag{7.52}$$

$$y(0) = 0, \ y'(1) = 0. \tag{7.45}$$

여기서 $r(x)$는 주어진 함수이다.

그린 함수 $G(\xi, x)$는 다음 문제를 만족해야 한다.

$$\frac{d^2 G}{d\xi^2} + G = \delta(\xi - x), \ \xi \in (0, 1), \ x \in (0, 1), \tag{7.53}$$

$$G(0, x) = 0, \ G'(1, x) = 0. \tag{7.46}$$

A, B를 상수라고 할 때 제차 방정식의 일반해가 $A\cos\xi + B\sin\xi$ 또는 $A\cos(1-\xi) + B\sin(1-\xi)$로 주어질 수 있는 것과 경계 조건으로부터 다음을 얻으며,

$$G(\xi, x) = \begin{cases} C_1(x)\sin\xi, & \xi \in (0, x), \\ C_2(x)\cos(1-\xi), & \xi \in (x, 1), \end{cases} \tag{7.54}$$

여기서 C_1, C_2는 아직 정해지지 않은 x의 함수이다.

이들을 결정하기 위해 그린 함수 $G(\xi, x)$가 $\xi = x$에서 연속이어야 한다는 조건으로부터 다음을 얻으며,

$$C_1(x)\sin x - C_2(x)\cos(1-x) = 0, \tag{7.55}$$

또 $\dfrac{dG}{d\xi}$는 $\xi = x$에서 단위 크기의 점프를 가진다는 조건으로부터 다음을 얻는다.

$$C_1(x)\cos x - C_2(x)\sin(1-x) = -1. \tag{7.56}$$

따라서 Cramer 규칙으로부터 다음을 얻으며,

$$C_1 = -\frac{\cos(1-x)}{W}, \quad C_2 = -\frac{\sin x}{W},$$

$$W \equiv \begin{vmatrix} \sin x & -\cos(1-x) \\ \cos x & -\sin(1-x) \end{vmatrix} = \cos 1 \equiv \frac{1}{c}, \tag{7.57}$$

이 결과를 식 (7.54)에 대입하여 그린 함수 $G(\xi, x)$를 다음과 같이 얻는다.

$$G(\xi, x) = \begin{cases} -c\cos(1-x)\sin\xi, & \xi \in (0, x), \\ -c\sin x\cos(1-\xi), & \xi \in (x, 1). \end{cases} \tag{7.58}$$

주어진 경계 조건은 제차형이므로 $C=0$을 얻으며, 따라서 식 (7.11)로부터 주어진 문제의 해 $y(x)$를 다음과 같이 얻는다.

$$y(x) = -c\cos(1-x)\int_0^x r(\xi)\sin\xi\, d\xi - c\sin x\int_x^1 r(\xi)\cos(1-\xi)\, d\xi. \tag{7.59}$$

3) 초기치 문제

지금까지는 2계 미분 방정식에 경계 조건이 주어진 문제에 대해서만 그린 함수를 사용하는 방법을 보였는데, 아래에서는 1계 미분 방정식에 초기 조건이 주어진 문제에 대해 그린 함수를 사용하는 예를 보이기로 한다.

다음과 같은 미지 함수 $x(t)$에 대한 비제차인 1계 선형 미분 방정식에 대한 초기치 문제가 주어졌다고 하자.

$$\frac{dx}{dt} = r(t),\ t \in (0, \infty), \tag{7.60}$$

$$x(0) = x_0. \tag{7.61}$$

여기서 $r(t)$는 주어진 함수이다.

먼저 선형 미분 연산자 $L \equiv \dfrac{d}{dt}$로 간주하고, 또 문제를 생각하는 영역의 경계를 고려하여 $b=\infty$로 취하면, 식 (7.5)의 스칼라곱에 대한 정의를 그대로 사용할 수 있으며, 따라서 $L_\tau G(\tau, t) = \delta(\tau - t)$를 가정하고, $x = x(\tau)$에 대해 $(L_\tau x, G)$와 $(x, L_\tau G)$의 합을 생각하여 다음을 얻는다.

$$(L_\tau x, G) + (x, L_\tau G) = (r, G) + (x, \delta(\tau - t)) = (r, G) + x(t). \tag{7.62}$$

위 식의 좌변은 다음과 같이 쓸 수도 있는데,

$$(L_\tau x,\, G)+(x,\, L_\tau G)=\int_0^\infty\left(G\frac{dx}{d\tau}+x\frac{dG}{d\tau}\right)d\tau=[\,Gx\,]_0^\infty=-x_0\,G(0,t)\,, \quad (7.63)$$

여기서 마지막 등호는 $G(\infty, t)=0$을 가정하여 얻었으며, 이는 $x(\infty)$를 해를 구하기 전에는 알 수 없기 때문이다. 따라서 식 (7.62)와 식 (7.63)으로부터 다음 결과를 얻는다.

$$x(t)=-x_0 G(0,t)-\int_0^\infty r(\tau)\,G(\tau,t)\,d\tau. \quad (7.64)$$

위의 논의로부터 그린 함수 $G(\tau,t)$는 다음을 만족해야 한다.

$$L_\tau G(\tau,t)=\delta(\tau-t),\ \tau\in(0,\infty),\ t\in(0,\infty), \quad (7.65)$$

$$G(\infty,t)=0. \quad (7.66)$$

A를 상수라고 할 때 제차 방정식의 일반해는 A로 주어지는 것과 $\tau\rightarrow\infty$일 때의 조건으로부터 다음을 얻으며,

$$G(\tau,t)=\begin{cases}C_1(t), & \tau\in(0,t),\\ 0, & \tau\in(t,\infty),\end{cases} \quad (7.67)$$

여기서 C_1은 아직 정해지지 않았다.

C_1을 결정하기 위해, 그린 함수 $G(\tau,t)$가 $\tau=t$에서 단위 크기의 점프를 가진다는 식 (7.65)로부터 얻는 조건을 적용시키면 다음을 얻는다.

$$C_1(t)=-1\,. \quad (7.68)$$

이를 식 (7.67)에 대입하여 그린 함수 $G(\tau,t)$를 다음과 같이 얻으며,

$$G(\tau,t)=\begin{cases}-1, & \tau\in(0,t),\\ 0, & \tau\in(t,\infty),\end{cases} \quad (7.69)$$

식 (7.64)로부터 주어진 문제의 해 $x(t)$를 다음과 같이 얻는다.

$$x(t) = x_0 + \int_0^t r(\tau)\, d\tau. \tag{7.70}$$

물론 이 결과는 식 (7.60)의 양변을 적분하고, 식 (7.61)의 초기 조건을 사용하여 얻는 결과와 동일하며, 위에서 보인 그린 함수에 대한 논의가 타당한 결과를 주고 있음을 확인할 수 있다.

식 (7.62)에서 왜 $\left(L_\tau x, G\right)$와 $\left(x, L_\tau G\right)$의 차가 아닌 합을 생각했는지, 또 그린 함수를 확정하기 위한 조건 등을 설명하기 위해서는 보다 정밀한 해석을 요하며, 이 부분에 대해서는 Mei(1995)〈7〉을 참조하기 바란다.

연습문제

1. 식 (7.14)의 양변을 ξ에 대해 $x-\epsilon$부터 $x+\epsilon$까지 적분한 후 $\epsilon \to 0$의 극한을 생각하여 $\dfrac{dG}{d\xi}$는 $\xi = x$에서 단위 크기의 점프를 가짐을 보이시오.

2. 선형 미분 연산자와 경계 조건이 다음과 같다고 하자.

$$Ly = \frac{d}{dx}\left(x\frac{dy}{dx}\right), \; x \in (0, 1), \tag{연7.1}$$

$$|y(0)| < \infty, \quad y(1) = 0. \tag{연7.2}$$

위 문제에 대한 그린 함수 $G(\xi, x)$가 다음과 같음을 보이시오.

$$G(\xi, x) = \begin{cases} \ln x, & \xi \in (0, x), \\ \ln \xi, & \xi \in (x, 1). \end{cases} \tag{연7.3}$$

3. 식 (연7.1), (연7.2)가 성립하며, 다음과 같이 주어지는 미분 방정식의 일반해를 식 (연7.3)으로 구한 그린 함수를 이용하여 얻으시오.

$$Ly = -1. \tag{연7.4}$$

식 (연7.4)를 만족하는 특수해 $y_p(x) = -x$와 위에서 구한 해가 같지 않음을 보이고 그 이유에 대해 설명하시오.

4. 선형 미분 연산자와 경계 조건이 다음과 같다고 하자.

$$Ly = \frac{d}{dx}\left(x\frac{dy}{dx}\right) - \frac{1}{x}y(x),\ x \in (0,1), \tag{연7.5}$$

$$|y(0)| < \infty, \quad y(1) = 0. \tag{연7.2}$$

위 문제에 대한 그린 함수 $G(\xi, x)$가 다음과 같음을 보이시오.

$$G(\xi, x) = \begin{cases} \dfrac{1}{2}\left(\xi x - \dfrac{\xi}{x}\right),\ \xi \in (0, x), \\ \dfrac{1}{2}\left(\xi x - \dfrac{x}{\xi}\right),\ \xi \in (x, 1). \end{cases} \tag{연7.6}$$

2

편미분 방정식

제1부에서는 상미분 방정식에 대해 논의하였다. 이하에서는 미지 함수의 편도함수가 포함되어 있는 방정식인 편미분 방정식에 대해 생각하기로 한다. 공과대학의 많은 학과에서 2학년과 3학년에 걸쳐 배우는 많은 역학 과목에서 다루는 방정식의 대부분은 편미분 방정식이므로, 공학수학에서 편미분 방정식을 다루는 것은 당연한 일이지만, 이와 관련하여 문제는 편미분 방정식을 그 기본적인 점부터 정리, 원리 등에 대해 다루기 위해서는 대학원 수준의 수학 과정이 아니면 어렵다는 점이다. 따라서 이하에서는 예제 중심으로 다루어 학사 과정에서 다루어야만 하는 문제들에 대한 기초적인 해법을 소개하는데 중점을 두기로 한다.

8장에서는 상수 계수를 가지는 1계 편미분 방정식과 관련하여 예제를 통해 특성곡선과 그 해법에 대해 설명하기로 하며, 특히 1계 선형 파동 방정식에 대해 살펴보기로 한다.

9장에서는 차후의 사용을 위해 푸리에 급수, 적분 및 변환에 대해 생각하는데 엄밀한 증명보다는 주어진 문제의 해를 구하는데 어떻게 사용할 것인지에 대해 중점을 두기로 한다. 편미분 방정식을 푸는 데는 다양한 방법들이 사용된다고 할 수 있지만 가장 기본적인 개념은 편미분 방정식을 상미분 방정식으로 바꾸어 푼다는 것이며, 나아가 상미분 방정식을 푸는데 있어 가정 기본적인 개념은 주어진 상미분 방정식을 대수 방정식으로 바꾸어 푼다는 것이다. 푸리에 급수, 적분 및 변환이 이와 같은 과정에 어떻게 사용되는지에 중점을 두고 이 장의 내용을 읽어주기 바란다.

10장에서는 공과대학에서 배우는 각종 역학에서 많이 만나게 되는 2계 선형 편미분 방정식에 대해 생각하기로 한다. 먼저 그 분류에 대해 논의하고, 이들 문제에 적용할 수 있는 가장 기본적인 해법이라고 할 수 있는 변수 분리법을 2차원 및 3차원 라플라스 방정식에 대해 어떻게 적용하는지를 보이기로 한다.

11장에서는 유체역학, 전자기학, 열전달 등에서 많이 다루어야 하는 라플라스 방정식과 관련하여 변수 분리법과 Sturm-Liouville 정리에 대해 논의하기로 한다.

12장에서는 열전달, 유체역학 등과 관련하여 기본적인 이해가 요구되는 확산 방정식의 기본해, 전형적인 해의 특성 등에 대해 설명하기로 한다.

13장에서는 전자기학, 유체역학, 진동공학 등에서 많이 다루는 파동 방정식의 일반해에 대해 생각하고, 원기둥파 및 구면파의 기본적인 성질에 대해 알아보며, 마지막으로 분산성 파동의 특성에 대해 간략하게 소개하기로 한다.

8장
상수 계수의 1계 선형 편미분 방정식

공간과 시간에 대한 독립 변수를 각각 x, t라고 할 때, 이들의 함수로 주어지는 미지 함수 $\phi(x,t)$가 상수 계수를 가지는 1계 선형 편미분 방정식을 만족한다고 하면, 다음과 같은 식을 생각할 수 있다.

$$\phi_t + c\phi_x + h\phi = f(x,t). \tag{8.1}$$

여기서 c, h는 주어진 상수, $f(x,t)$는 주어진 함수이며, 하첨자 x, t는 각각 그 변수에 대한 편도함수를 나타낸다. 이 장에서는 위와 같은 형태로 주어지는 편미분 방정식을 생각하기로 하는데, 주어진 편미분 방정식을 풀기 보다는 대부분의 경우 먼저 어떤 함수를 생각하고 그 함수가 만족하는 편미분 방정식을 생각하는 방식을 취하기로 한다.

1절에서는 간단한 예제를 통해 특성곡선에 대해 소개하고,

2절에서는 1계 선형 파동 방정식에 대해 알아보기로 한다.

8.1 특성곡선

미지 함수가 독립 변수 x만의 함수라고 하면 $\phi = \phi(x)$로 쓸 수 있으며, 이 함수의 시간에 대한 변화율은 명백히 영이므로 다음 식을 만족해야 한다.

$$\phi_t = 0. \tag{8.2}$$

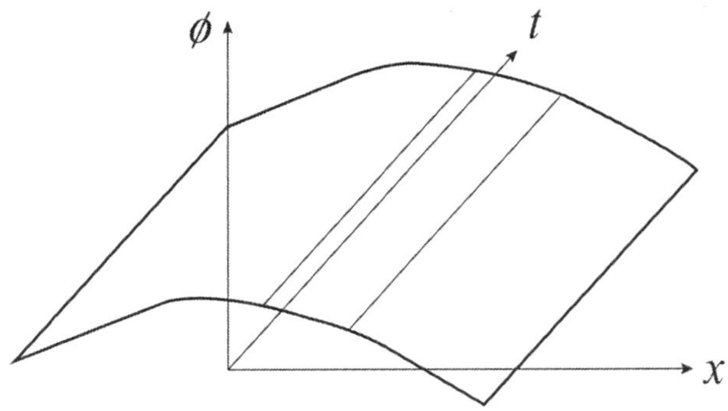

그림 8.1 $\phi(x,t) = \phi(x)$로 주어지는 해

따라서 위와 같이 주어진 편미분 방정식은 $\phi = \phi(x)$로 주어지는 해를 가질 것이며 이 함수의 값은 시간 t에 무관하게 주어진다. 이와 같은 해를 (x,t) 평면 상에 나타내면 [그림 8.1]에 보인 바와 같이 $x = const.$ 인 직선을 따라 함수 ϕ의 값이 일정하여 변화하지 않는 것으로 생각할 수 있다.

만약 $x = const.$ 인 모든 직선과 오직 한 곳에서만 만나는 곡선 C 상에 '초기 조건' $\phi = \phi_0(x)$가 주어진다면, (x,t) 평면 상의 모든 점에서 식 (8.2)의 해는 $\phi(x,t) = \phi_0(x)$로 주어진다([그림 8.2] 참조).

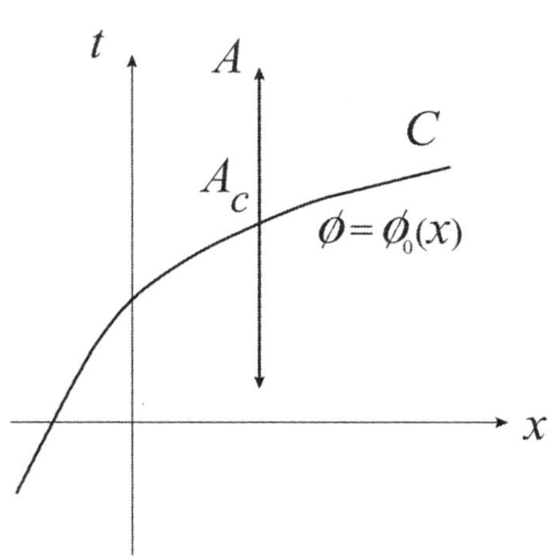

그림 8.2 곡선 C 상에 초기 조건이 주어진 경우 식 (8.2)의 해

위 문제와 관련하여 $x = const.$ 인 직선은 다음과 같은 관점에서 몇 가지 특별한 의미를 가진다.

1) [그림 8.2]에서 점 A_C를 지나는 $x = const.$ 인 직선 A 상의 모든 점에서 $\phi(x,t)$ 의 값은 점 A_C에서의 값과 같다.

2) 만약 곡선 C 상에 주어진 초기 조건 $\phi = \phi_0(x)$ 가 조금 달라진다고 할 때, 이와 같은 변화가 식 (8.2)의 해에 미치는 영향은 제한적이다. 다시 말하면 [그림 8.3]에 보인 바와 같이 예를 들어 곡선 C의 일부분인 C_1 상에서의 초기 조건의 변화는 그 양 끝점을 지나는 $x = const.$ 인 두 직선 사이의 해에 대해서만 영향을 끼친다.

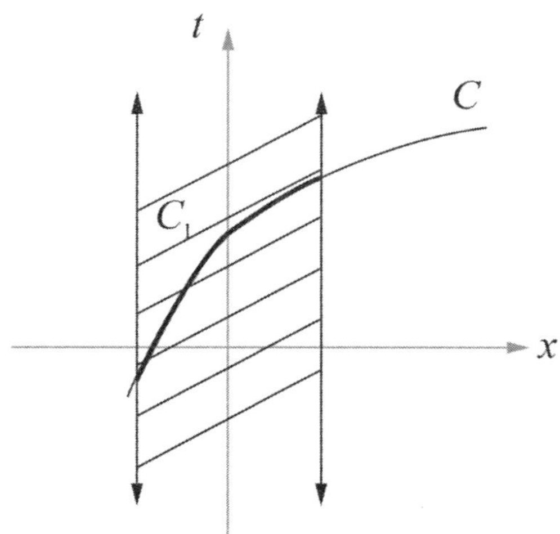

그림 8.3 곡선 C의 일부분인 C_1 상의 초기 조건의 변화가 식 (8.2)의 해에 영향을 미치는 영역

3) 편미분 방정식인 식 (8.2)를 $x = const.$ 인 직선 상에 국한하여 생각하기로 하고, 위의 직선은 $\dfrac{dx}{dt} = 0$ 를 만족함에 유의한다. 한편, $x = x(t)$ 인 곡선 상에서는 $\phi = \phi(x(t), t)$ 로 쓸 수 있으므로, 여기에 **연쇄율**(chain rule)을 적용하여 $\dfrac{d\phi}{dt}$ 를 구하면 다음을 얻는데,

$$\frac{d\phi}{dt} = \frac{\partial \phi}{\partial x}\frac{dx}{dt} + \frac{\partial \phi}{\partial t}, \tag{8.3}$$

여기에 $\dfrac{dx}{dt} = 0$을 대입하고, 또 식 (8.2)를 대입하면 위 식은 다음과 같은 상미분 방정식으로 다시 쓸 수 있다.

$$\frac{d\phi}{dt} = 0. \tag{8.4}$$

다시 말하면 식 (8.2)의 편미분 방정식을 $\dfrac{dx}{dt} = 0$을 만족하는 곡선 상에 국한시켜 생각하면, 미지 함수 ϕ는 식 (8.4)로 주어지는 상미분 방정식의 해로 주어짐을 알 수 있다.

편미분 방정식을 푸는 가장 기본적인 방법은 주어진 편미분 방정식을 상미분 방정식으로 바꾸어 푸는 것이라고 하였는데, 위에서 생각한 $x = const.$ 인 직선은 그 직선상에서는 주어진 편미분 방정식, 식 (8.2)를 상미분 방정식, 식 (8.4)로 바꾸어 쓸 수 있으며, 일반적인 형태의 편미분 방정식에 대해서도 위에서와 같이 어떤 곡선 군에 국한시켜 주어진 편미분 방정식을 상미분 방정식으로 바꾸어 생각할 수 있을 경우, 그와 같은 곡선은 **특성곡선**(characteristics)이라고 부른다.

다음 절에서는 특성곡선의 개념을 사용하여 1계 선형 파동 방정식의 해를 구하기로 한다.

8.2 1계 선형 파동 방정식

c가 주어진 상수라고 할 때, 미지 함수가 독립 변수 x, t의 조합인 $\xi = x - ct$만의 함수라고 하면 $\phi = \phi(\xi)$로 쓸 수 있다. 이 함수의 시간에 대한 변화율 ϕ_t는 다음과 같이 얻을 수 있고,

$$\phi_t = \frac{d\phi}{d\xi}\xi_t = -c\frac{d\phi}{d\xi}, \tag{8.5}$$

또 공간에 대한 변화율 ϕ_x는 다음과 같이 얻을 수 있으므로,

$$\phi_x = \frac{d\phi}{d\xi}\xi_x = \frac{d\phi}{d\xi}, \tag{8.6}$$

이들로부터 ϕ_t와 ϕ_x 사이의 관계식을 다음과 같이 얻는다.

$$\phi_t = -c\phi_x. \tag{8.7}$$

다시 말하면 $\phi = \phi(\xi) = \phi(x-ct)$는 다음과 같은 편미분 방정식을 만족해야 한다.

$$\phi_t + c\phi_x = 0. \tag{8.8}$$

이 식은 식 (8.1)에서 $h = f(x,t) = 0$인 경우에 상응한다.

$\phi(x-ct)$는 고정된 $x = x_0$에 대해 시간 $t = 0,\ 1,\ 2,\ \cdots$ 일 때, $\phi(x_0)$, $\phi(x_0 - c)$, $\phi(x_0 - 2c)$, $\cdots$ 의 값을 가지므로, 시간이 지남에 따라 x축의 양의 방향으로 속력 c로 움직이는 파동을 나타낸다고 볼 수 있으며, 따라서 $\phi(x-ct)$가 만족하는 편미분 방정식, 식 (8.8)은 보통 1계 선형 파동 방정식으로 불린다.

만약 미지 함수가 독립 변수 x, t의 조합인 $\eta = x + ct$만의 함수라고 하면 $\phi = \phi(\eta)$로 쓸 수 있고, 함수의 시간 및 공간에 대한 변화율 ϕ_t와 ϕ_x는 각각 다음과 같이 얻을 수 있고,

$$\phi_t = \frac{d\phi}{d\xi}\xi_t = c\frac{d\phi}{d\xi},\ \ \phi_x = \frac{d\phi}{d\xi}\xi_x = \frac{d\phi}{d\xi}, \tag{8.9}$$

이들로부터 ϕ_t와 ϕ_x 사이의 관계식, 다시 말하면 미지 함수 ϕ는 다음과 같은 편미분 방정식을 만족해야 한다.

$$\phi_t - c\phi_x = 0. \tag{8.10}$$

$\phi(x+ct)$는 고정된 $x = x_0$에 대해 시간 $t = 0,\ 1,\ 2,\ \cdots$ 일 때, $\phi(x_0)$, $\phi(x_0 + c)$, $\phi(x_0 + 2c)$, $\cdots$ 의 값을 가지므로, 시간이 지남에 따라 x축의 음의 방향으로 속력 c로 움직이는 파동을 나타낸다고 볼 수 있으며, 식 (8.10)은 식 (8.8)에서 c 대신 $-c$를 대입한 형태이므로 식 (8.8)과 같이 1계 선형 파동 방정식으로 불린다.

미지 함수 $\phi(x,t)$에 대한 미분 $\dfrac{d\phi}{dt}$가 특성곡선 $x(t)$ 상에서는 식 (8.3)과 같이 주어지는 것을 고려하고, 만약 특성곡선 상에서 $\dfrac{dx}{dt}=c$가 만족된다면 이를 식 (8.3)에 대입하여 식 (8.8)을 얻으므로, 식 (8.8)의 편미분 방정식은 특성곡선 상에서는 다음과 같이 두 개의 상미분 방정식으로 바꾸어 쓸 수 있다.

$$\frac{d\phi}{dt}=0,\ \frac{dx}{dt}=c\text{에서.} \tag{8.11}$$

이 식으로부터 특성곡선과 특성곡선 상에서의 $\phi(x,t)$를 다음과 같이 얻으며,

$$\phi(x,t)=const.=C_1,\ x=ct+C_2\text{에서,} \tag{8.12}$$

여기서 C_1, C_2는 각각 적분 상수이다. 만약 $t=0$에서의 초기 조건이 다음과 같이 주어졌다고 하자.

$$\phi(x,0)=\phi_0(x),\ x\in(-\infty,\infty). \tag{8.13}$$

C_2를 $t=0$에서의 $x=\xi$라고 하면, 이를 식 (8.12)의 특성곡선에 대한 식에 대입하여 $\xi=x-ct$를 얻으며, 또한 식 (8.12)로부터 미지 함수 $\phi(x,t)$에 대해서는 다음을 얻는다.

$$\phi(x,t)=\phi_0(\xi)=\phi_0(x-ct). \tag{8.14}$$

따라서 식 (8.8)을 유도할 때 고려하였던 함수와 같은 형태의 해를 얻음을 확인할 수 있다. 물론 식 (8.14)에 따르면 초기 조건으로 주어진 함수 형태가 그 모양을 변화하지 않은 채 x축의 양의 방향으로 속력 c로 움직이는 것을 알 수 있다.

식 (8.12)에서 특성곡선으로 $x=ct+C_2$를 얻었는데, 8.1절에서 기술한 바와 같이 특성곡선을 따라서는 해의 값이 동일하며, 그림 8.4로부터 알 수 있는 바와 같이 초기 조건의 값이 $\xi\in[\alpha,\beta]$에 대해 변화하면 해의 값은 $\xi=\alpha$와 $\xi=\beta$인 두 직선 사이의 구간에 대해서만 영향을 미침을 확인할 수 있다.

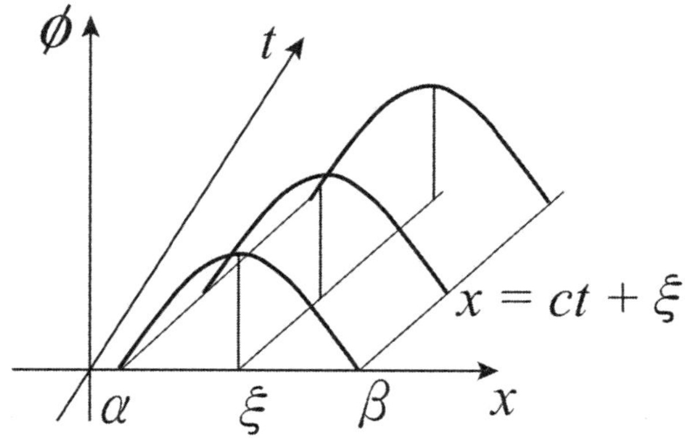

그림 8.4 선형 파동 방정식의 해

이하에서는 식 (8.8)에 대해 특성곡선을 사용하여 해를 구하는 방법을 두 예제를 통해 보이기로 하자.

1) 식 (8.1)에서 $h \neq 0$, $f = 0$인 다음과 같은 문제에 먼저 대해 생각하기로 한다.

$$\phi_t + c\phi_x = -h\phi,\ x \in (-\infty, \infty),\ t \in (-\infty, \infty), \tag{8.15}$$

$$\phi(x, 0) = \phi_0(x),\ x \in (-\infty, \infty). \tag{8.16}$$

$\dfrac{dx}{dt} = c$로 주어지는 특성곡선을 사용하기로 하면 위 식은 다음과 같이 다시 쓸 수 있으며,

$$\frac{d\phi}{dt} = -h\phi,\ \frac{dx}{dt} = c\text{에서}, \tag{8.17}$$

따라서 $x = ct + C_2$로 주어지는 특성곡선 상에서 ϕ는 다음과 같이 주어진다.

$$\phi = C_1 e^{-ht}. \tag{8.18}$$

여기서 C_1, C_2는 적분 상수이다. C_2를 $t = 0$에서의 $x = \xi$라고 하면 $x = ct + \xi$를 얻고, 초기 조건으로부터 다음을 얻으므로,

$$C_1 = \phi_0(\xi) = \phi_0(x - ct), \tag{8.19}$$

결국 식 (8.15), (8.16)으로 주어지는 문제의 해를 다음과 같이 얻는다.

$$\phi(x,t) = \phi_0(x - ct)e^{-ht}. \tag{8.20}$$

물론 이 해는 특성곡선 상에서 일정한 값을 가지지 않고 지수 함수적으로 시간에 따라 변화하지만, 초기 조건의 값이 $\xi \in [\alpha, \beta]$ 에 대해 바뀌면 해의 값은 $\xi = \alpha$ 와 $\xi = \beta$ 인 두 직선 사이의 구간에 대해서만 영향을 받는 점에 대해서는 변화가 없다.

2) 식 (8.1)에서 $h = 0$, $f = x$ 인 다음과 같은 문제에 대해 생각하기로 한다.

$$\phi_t + c\phi_x = x,\ x \in (-\infty, \infty),\ t \in (-\infty, \infty), \tag{8.21}$$

$$\phi(x, 0) = 1 + x^2,\ x \in (0, 1). \tag{8.22}$$

$\dfrac{dx}{dt} = c$ 로 주어지는 특성곡선을 사용하기로 하면 위 식은 다음과 같이 다시 쓸 수 있으며,

$$\frac{d\phi}{dt} = x,\ \frac{dx}{dt} = c \text{에서,} \tag{8.23}$$

따라서 $x = ct + C_2$ 로 주어지는 특성곡선 상에서 ϕ 는 다음 식을 만족해야 하고,

$$\frac{d\phi}{dt} = ct + C_2, \tag{8.24}$$

따라서 ϕ 를 다음과 같이 얻는다.

$$\phi(x,t) = \frac{c}{2}t^2 + C_2 t + C_1. \tag{8.25}$$

여기서 C_1, C_2 는 적분 상수이다.

앞에서와 같이 C_2를 $t=0$에서의 $x=\xi$라고 하면 $x=ct+\xi$로 쓸 수 있으며, 초기 조건으로부터 다음을 얻으므로,

$$C_1 = 1+\xi^2, \tag{8.26}$$

결국 식 (8.21), (8.22)로 주어지는 문제의 해는 $\xi = x-ct$임을 이용하여 다음과 같이 얻는다.

$$\phi(x,t) = \frac{c}{2}t^2 + (x-ct)t + 1 + (x-ct)^2,\ \xi \in (0,1). \tag{8.27}$$

물론 이 해도 특성곡선 상에서 일정한 값을 가지지 않고 2차 함수적으로 시간에 따라 증가하지만, $0<\alpha<\beta<1$라고 할 때, 초기 조건의 값이 $\xi \in [\alpha, \beta]$에 대해 바뀌면 해의 값은 $\xi=\alpha$와 $\xi=\beta$인 두 직선 사이의 구간에 대해서만 영향을 받는다는 점은 여전히 성립함에 유의한다.

연습문제

1. 다음과 같이 계수가 상수가 아닌 편미분 방정식이 주어졌다고 할 때,

$$\phi_t + 2t\,\phi_x = x,\ x \in (-\infty, \infty),\ t \in (-\infty, \infty), \tag{연8.1}$$

$$\phi(x, 0) = 1 + x^2,\ x \in (1, 2), \tag{연8.2}$$

특성곡선은 다음 식을 만족하고,

$$\frac{dx}{dt} = 2t,\ \ \therefore x = t^2 + C_1, \tag{연8.3}$$

또 특성곡선 상에서 그 해는 다음 식을 만족해야 한다.

$$\frac{d\phi}{dt} = x,\ \ \therefore \phi = \frac{t^3}{3} + C_1 t + C_2. \tag{연8.4}$$

여기서 C_1, C_2는 적분 상수이다.

C_1을 $t = 0$일 때의 $x = \xi$로 취하면, 식 (연8.1), (연8.2)의 해는 다음과 같이 주어짐을 보이시오.

$$\phi(x,t) = \frac{t^3}{3} + (x - t^2)t + \left[1 + (x - t^2)^2\right],$$

$$\therefore \phi(x,t) = t^4 - \frac{2t^3}{3} - 2t^2 x + tx + x^2 + 1. \tag{연8.5}$$

2. 식 (8.1)에서는 c가 상수인 경우만 고려하였으나, 특성곡선법은 다음과 같은 경우에 대해서도 그대로 적용될 수 있다.

$$a(x,t)\,\phi_t + b(x,t)\,\phi_x = f(x,t). \tag{연8.6}$$

위와 같은 문제에 대해서는 특성곡선을 (x,t) 평면 상에서 다음과 같이 매개변수 τ에 의해 주어지는 곡선으로 간주하기로 하면,

$$\frac{dt}{d\tau} = a(x,t), \tag{연8.7}$$

$$\frac{dx}{d\tau} = b(x,t), \tag{연8.8}$$

식 (연8.6)은 다음과 같이 바꾸어 쓸 수 있으므로,

$$\frac{d\phi}{d\tau} = f(x,t), \tag{연8.9}$$

식 (연8.6)으로 주어진 편미분 방정식은 특성곡선 상에서 성립하는 식 (연8.7), (연8.8), (연8.9)의 세 개의 상미분 방정식으로 바뀌었다.

다음과 같은 편미분 방정식이 주어졌다고 할 때,

$$t\phi_t + x\phi_x = 1 + x^2,\ x \in (-\infty, \infty),\ t \in (-\infty, \infty), \tag{연8.10}$$

$$\phi(1,t) = 1 + t,\ t \in (1,2), \tag{연8.11}$$

위에서 설명한 방법을 사용하여 특성곡선은 다음 식으로 주어지고,

$$t = C_1 e^{\tau},\ x = C_2 e^{\tau}, \tag{연8.12}$$

이 특성곡선 상에서 그 해는 다음과 같이 주어짐을 보이시오.

$$\phi(\tau) = \tau + \frac{1}{2} C_2^2 e^{2\tau} + C_3. \tag{연8.13}$$

여기서 C_1, C_2, C_3는 적분 상수이다.

초기 조건이 주어진 선분 $x=1,\ t \in (1,2)$가 $\tau = 0$에 상응하는 것으로 간주하고, 초기 조건 식 (연8.11)을 적용하여 적분 상수에 대해 다음을 얻으며,

$$C_1 = t_0,\ C_2 = 1,\ C_3 = \frac{1}{2} + t_0, \tag{연8.14}$$

이들로부터 주어진 문제에 대한 해가 다음과 같음을 보이시오.

$$\phi(x,t) = \ln x + \frac{1}{2}x^2 + \frac{1}{2} + \frac{t}{x}, \ x \in (1,\infty), \ t \in (1,\infty), \ t_0 \in (1,2). \quad \text{(연8.15)}$$

3. 다음과 같은 편미분 방정식이 주어졌다고 할 때,

$$t\phi_t + (t+x)\phi_x = 1, \ x \in (-\infty,\infty), \ t \in (-\infty,\infty), \quad \text{(연8.16)}$$

$$\phi(x,1) = 1, \ x \in (0,1), \quad \text{(연8.17)}$$

위에서 설명한 방법을 사용하여 특성곡선을 구하고, 초기 조건을 만족하는 해가 다음과 같이 주어짐을 보이시오.

$$\phi(x,t) = \ln t + 1. \quad \text{(연8.18)}$$

나아가 위에서 $(x,t) = (0,1)$을 지나는 특성곡선과, $(x,t) = (1,1)$을 지나는 특성곡선을 각각 구하고, 이들을 (x,t) 평면 상에 도시한 뒤, 식 (연8.18)의 해가 유효한 영역을 구하시오.

9장

푸리에 급수, 적분 및 변환

푸리에 급수,[14] 적분 및 변환은 통틀어서 푸리에 방법으로 부를 수 있다. 푸리에 급수는 생각하는 함수의 독립 변수의 구간이 유한할 때, 푸리에 적분은 그 구간이 무한할 때 각각 사용하며, 푸리에 변환은 푸리에 적분에 근거하여 정의된다. 물리 문제에 푸리에 방법을 적용할 때 독립 변수가 시간일 경우가 많으며, 이때 푸리에 방법을 사용하면 독립 변수가 시간으로부터 **진동수**(또는 **주파수**, frequency)로 바뀐다. 따라서 독립 변수를 시간으로 하여 시간의 함수로 미지 함수를 구하는 방법을 보통 **시간 영역 해석**(time-domain analysis)이라고 하고, 푸리에 방법을 사용하여 독립 변수가 진동수인 미지 함수를 구하는 방법을 **진동수 영역 해석**(frequency-domain analysis)이라고 부른다.

1절에서는 고려 중인 함수의 독립 변수의 구간이 유한한 경우에 대한 푸리에 급수에 대해 생각하고,

2절에서는 그 구간이 무한한 경우에 대해 푸리에 적분을 고려하며,

3절에서는 푸리에 적분에 근거하여 푸리에 변환을 정의하고 그 적용에 대해 살펴본다.

14) Fourier, Joseph (1822). Théorie analytique de la chaleur. Paris: Firmin Didot Père et Fils.

9.1 푸리에 급수

이승준(2010)〈1〉 3.1절에서는 선형벡터공간의 일종으로 함수공간을 고려한 바 있으며, 이 책의 4.2절에서는 C_0, 즉 $x \in (-1, 1)$에서 연속인 모든 함수의 집합에 속한 어떠한 함수도 르장드르 다항식을 사용하여 근사할 수 있음에 대해 논의한 바 있다. 한편, 주어진 함수에 대해 한 점에서 그 함수의 모든 계수의 도함수 값이 알려져 있으면 테일러 급수를 사용하여 주어진 함수를 근사할 수 있음도 배운 바 있다.

함수를 차원이 무한대인 함수공간에 속한 하나의 벡터로 간주하면 이 벡터를 표현하는 데는 무수히 많은 좌표계를 사용할 수 있는데, 위에서 예를 든 르장드르 다항식, 또는 테일러 급수에서 사용되는 멱함수 등은 각각 이와 같은 무수히 많은 좌표계 중의 하나에 상응하는 것으로 볼 수 있다. 같은 관점에서 주어진 함수를 나타내는데 $\sin$과 $\cos$ 함수를 사용할 수도 있는데, 이와 같은 시도는 Fourier(1768-1830, 1822)에 의해 **확산 방정식**(diffusion equation; 또는 열 방정식, heat equation)의 해와 관련하여 최초로 체계적으로 이루어졌다고 할 수 있다. 이하에서는 선형대수의 개념을 활용하여 보다 현대적인 관점에서 그의 관점과 해석을 소개하기로 한다.

C_0을 $x \in (0, l)$에서 연속인 모든 함수로 이루어지는 함수공간이라고 하자. C_0이 선형벡터공간임은 선형대수로부터 이미 잘 알고 있으며, 이 공간에 속한 임의의 벡터는 $x \in (0, l)$에서 연속인 함수이다. C_0에 속하는 두 함수, $f(x)$와 $g(x)$의 스칼라곱 (f, g)를 다음과 같이 정의한다.

$$(f, g) = \frac{1}{l}\int_0^l f(x)\,g(x)\,dx. \tag{9.1}$$

$\xi = \dfrac{2\pi}{l}x$이고, 또 $\sin$과 $\cos$ 함수는 다음과 같이 표기하기로 할 때,

$$\phi_n \equiv \cos n\xi,\ n \in [0; \infty), \tag{9.2}$$

$$\psi_n \equiv \sin n\xi,\ n \in [1; \infty), \tag{9.3}$$

만약 $\{\Phi\} \equiv \{\phi_0, \phi_1, \phi_2, \cdots, \psi_1, \psi_2, \cdots\}$가 C_0의 **직교기저**(orthogonal basis)라고 하면 다음을 만족하며,

$$(\phi_i, \psi_j) = 0, \ \forall i, j, \ (\phi_i, \phi_j) = (\psi_i, \psi_j) = 0, \ i \neq j, \tag{9.4}$$

직교기저를 구성하는 각 벡터의 크기는 다음과 같이 정의된다.

$$|\phi_i| \equiv \sqrt{(\phi_i, \phi_i)} \neq 0, \ i \in [0; \infty), \tag{9.5}$$

$$|\psi_i| \equiv \sqrt{(\psi_i, \psi_i)} \neq 0, \ i \in [1; \infty). \tag{9.6}$$

식 (9.4)로 주어지는 기저를 이루는 벡터 또는 함수들의 직교성을 실제로 증명하는 것은 [연습문제 1]로 남기기로 한다. 또한 만약 구간의 길이 $l = 2\pi$인 경우에는 $\xi = x$임에 유의한다.

따라서 C_0에 속한 어떠한 함수 $f(x)$도 다음과 같이 나타낼 수 있다.

$$f(x) = \sum_{n=0}^{\infty} \alpha_n \phi_n + \sum_{n=1}^{\infty} \beta_n \psi_n \equiv f_F(x). \tag{9.7}$$

여기서 α_n, β_n은 위 식의 양변에 ϕ_m 또는 ψ_m을 스칼라곱하고, 식 (9.4)의 직교성을 이용하여 다음 식으로부터 얻을 수 있다.

$$\alpha_m = \frac{(f, \phi_m)}{|\phi_m|^2}, \ m \in [0; \infty), \tag{9.8}$$

$$\beta_m = \frac{(f, \psi_m)}{|\psi_m|^2}, \ m \in [1; \infty). \tag{9.9}$$

식 (9.7)의 우변은 함수 $f(x)$의 **푸리에 급수**(Fourier series)라고 불리며, 우변의 첫째 급수는 푸리에 급수의 **우함수부**(even part), 둘째 급수는 **기함수부**(odd part)라고 각각 불린다. 물론 $f(x)$가 우함수이면 모든 m에 대해 $\beta_m = 0$, 또 기함수이면 $\alpha_m = 0$을 얻는다. 식 (9.4)의 위에서 가정한 바와 같이 $\{\Phi\}$가 C_0의 직교기저인 점은 7.1절에서 고려한 Sturm-Liouville 문제와 관련하여 보일 수 있으며, 이들에 대해서는 11장에서 다시 다루기로 한다.

식 (9.7)에 보인 것과 같은 관계식은 C_0에 속한 함수뿐만 아니라, 사실은 보다 광범위한 함수들에 대해 성립하는 것을 보일 수 있으며, 그와 같은 사실을 설명하기 위해 함수의 **유연성**(smoothness)에 대한 몇 가지 정의를 도입하기로 한다.

주어진 기본 구간인 $x \in (0, l)$을 유한한 수의 소구간으로 나누었을 때, 주어진 함수가 이들 소구간에서 연속이고, 좌우 끝점에서 유한한 극한값을 가지면 그 함수는 **부분 연속**(piecewise continuous)이라고 한다.

또한 주어진 함수가 부분 연속이고, 모든 닫힌 소구간에서 미분 가능이면, 그 함수는 **부분 유연**(piecewise smooth)하다고 한다. 단 위에서 닫친 소구간에서 미분 가능하다는 것은 소구간의 좌우 끝점에서는 각각 우측 및 좌측 도함수가 존재함을 뜻한다.

보다 엄밀한 방법으로 증명할 수 있는 **푸리에 급수 정리**(Fourier series theorem)에 따르면, 주어진 구간에서 부분 유연인 모든 함수는 식 (9.7)로 나타낼 수 있는데, 단 이때 식 (9.7)의 우변, 즉 주어진 함수의 푸리에 급수 $f_F(x)$는 $f(x)$가 연속인 모든 점에서는 $f(x)$로 수렴하고, 불연속인 점에서는 좌우 극한의 평균값인 $\dfrac{f(x-0)+f(x+0)}{2}$로 수렴한다.

위 정리의 응용을 보이기 위해 아래에서는 두 개의 예제에 대해 생각한다.

1) 그림 9.1에 보인 바와 같은 연속인 함수, **톱니 파동**(sawtooth wave)에 대해 그 푸리에 급수 $f_F(x)$를 구해 보자.

$$f(x) = \begin{cases} x, & x \in [0, l/2], \\ l-x, & x \in [l/2, l]. \end{cases} \tag{9.10}$$

주어진 $f(x)$는 $x \in [0, l]$에 대해 주어졌는데, 이를 [그림 9.2]에 보인 바와 같이 주기 l인 주기 함수로 확장할 수 있으며, 이와 같이 확장된 함수는 $x=0$와 $x=l$에서의 값이 같으므로 구간 $x \in (-\infty, \infty)$에서 연속이고, 또한 우함수이므로 모든 m에 대해 $\beta_m = 0$이며, α_m은 식 (9.8)에 식 (9.10)을 대입하여 다음과 같이 얻는다.

먼저 $|\phi_0|^2 = l$이므로 α_0는 다음과 같이 얻고,

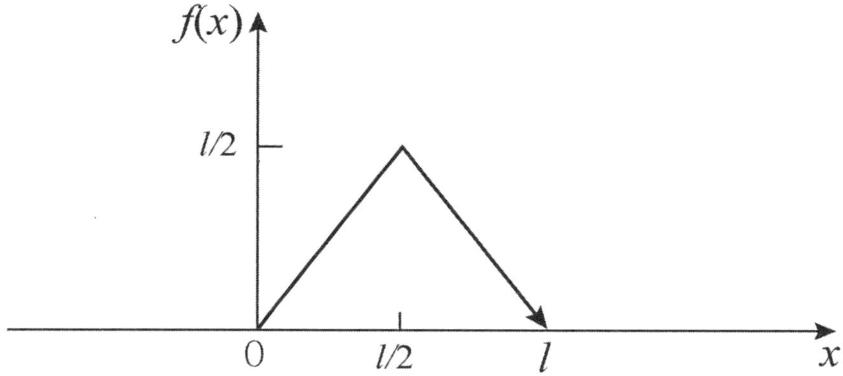

그림 9.1 $x \in [0, l]$ 에서 연속인 함수, 톱니 파동

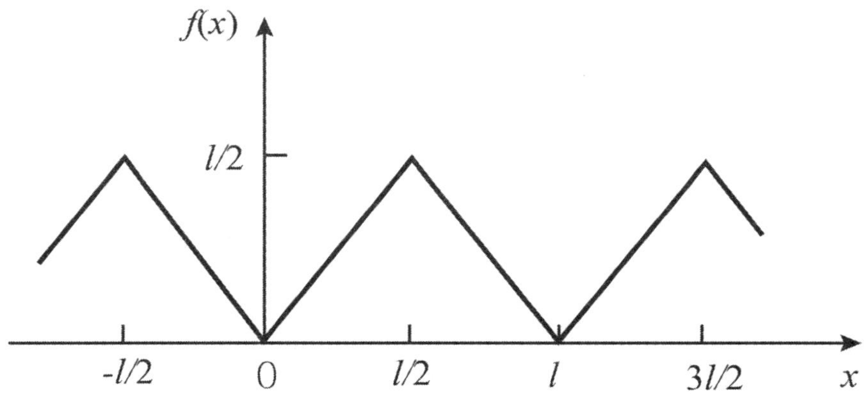

그림 9.2 주기 l 이며 우함수인 주기 함수로 확장된 톱니 파동

$$l\alpha_0 = \int_0^{l/2} x\,dx + \int_{l/2}^{l} (l-x)\,dx = \frac{l^2}{8} + \frac{l^2}{8} = \frac{l^2}{4}, \ \therefore \alpha_0 = \frac{l}{4}, \tag{9.11}$$

또 $|\phi_m|^2$, $m \in [1; \infty)$에 대해서는 다음을 얻으므로,

$$|\phi_m|^2 = |\cos m\xi|^2 = \int_0^l \cos^2 m\xi\,dx = \frac{l}{2}, \tag{9.12}$$

α_m, $m \in [1;\infty)$을 다음과 같이 얻는다.

$$|\cos m\xi|^2 \alpha_m = \int_0^{l/2} x\cos m\xi\,dx + \int_{l/2}^{l} (l-x)\cos m\xi\,dx$$

$$= \frac{lx}{2\pi m}\sin m\xi\Big|_0^{l/2} - \frac{l}{2\pi m}\int_0^{l/2}\sin m\xi\,dx$$

$$+ \frac{l^2}{2\pi m}\sin m\xi\Big|_{l/2}^{l} - \frac{lx}{2\pi m}\sin m\xi\Big|_{l/2}^{l} + \frac{l}{2\pi m}\int_{l/2}^{l}\sin m\xi\,dx$$

$$= \left(\frac{l}{2\pi m}\right)^2\left(\cos m\xi|_0^{l/2} - \cos m\xi|_{l/2}^{l}\right)$$

$$= 2\left(\frac{l}{2\pi m}\right)^2(\cos m\pi - 1) = \frac{l^2}{2\pi^2}\frac{(-1)^m - 1}{m^2}$$

$$= \begin{cases} 0, & m = \text{짝수}, \\ -\dfrac{l^2}{\pi^2}\dfrac{1}{m^2}, & m = \text{홀수}, \end{cases}$$

$$\therefore \alpha_m = -\frac{2l}{\pi^2}\frac{1}{m^2},\ m = \text{홀수}. \tag{9.13}$$

$m = 2n-1$로 놓아 $f_F(x)$를 다음과 같이 얻는다.

$$f_F(x) = \frac{l}{4} - \frac{2l}{\pi^2}\sum_{n=1}^{\infty}\frac{\cos(2n-1)\xi}{(2n-1)^2},\ \xi = \frac{2\pi}{l}x. \tag{9.14}$$

$\phi_0 = 1$이므로 이에 상응하는 위 식 우변의 첫째 항은 주어진 함수의 평균값이다. 즉 그림 9.1에 주어진 톱니 파동에 상응하는 삼각형의 면적은 밑변이 l, 높이가 $\frac{l}{2}$이므로 $\frac{l^2}{4}$이며, 따라서 길이 l인 구간에서의 그 평균값은 $\frac{l}{4}$이다.

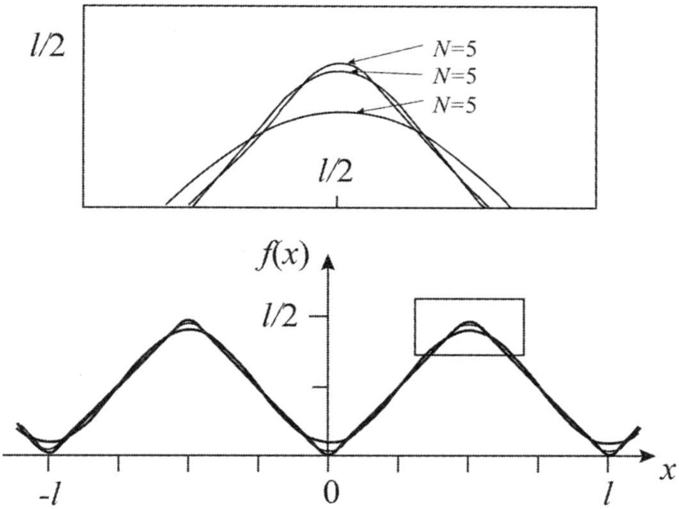

그림 9.3 톱니 파동에 대한 푸리에 급수 $f_F(x)$의 부분합

그림 9.3에는 식 (9.14) 우변의 **부분합**(partial sum), 즉 급수의 상한 N이 유한한 $1, 3, 5$의 세 가지 경우에 대해 보였는데, N이 증가함에 따라 모든 점에서 주어진 연속인 함수 $f(x)$에 수렴하는 것을 확인할 수 있다.

2) 그림 9.4에 보인 바와 같이 불연속인 함수, **직사각형 파동**(rectangular wave) $f(x)$의 푸리에 급수 $f_F(x)$를 구해 보자.

$$f(x) = \begin{cases} 1, & x \in (0, l/2], \\ -1, & x \in (l/2, l]. \end{cases} \tag{9.15}$$

위에서와 같이 $x \in [0, l]$에 대해 주어진 $f(x)$를 [그림 9.5]에 보인 바와 같이 주기 l인 주기 함수로 확장할 수 있으며, 이와 같이 확장된 함수는 $x = 0^+$와 $x = l^-$에서의 값이 같지 않으므로 구간 $x \in (-\infty, \infty)$에서 부분 연속이고, 또한 기함수이므로 모든 m에 대해 $\alpha_m = 0$이며, β_m은 식 (9.9)에 식 (9.15)를 대입하여 다음과 같이 얻는다.

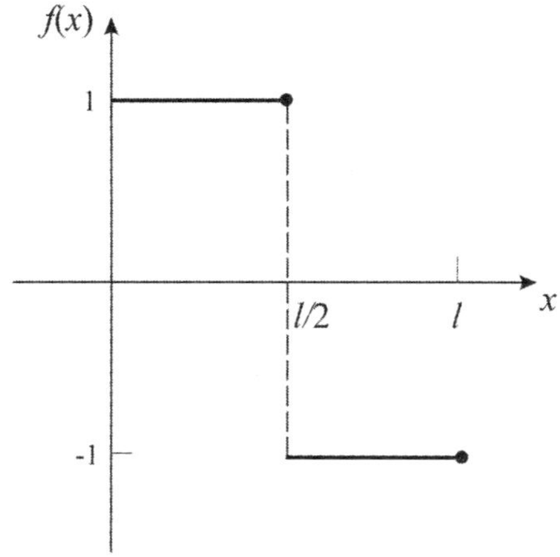

그림 9.4 $x \in [0, l]$ 에서 불연속인 함수, 직사각형 파동

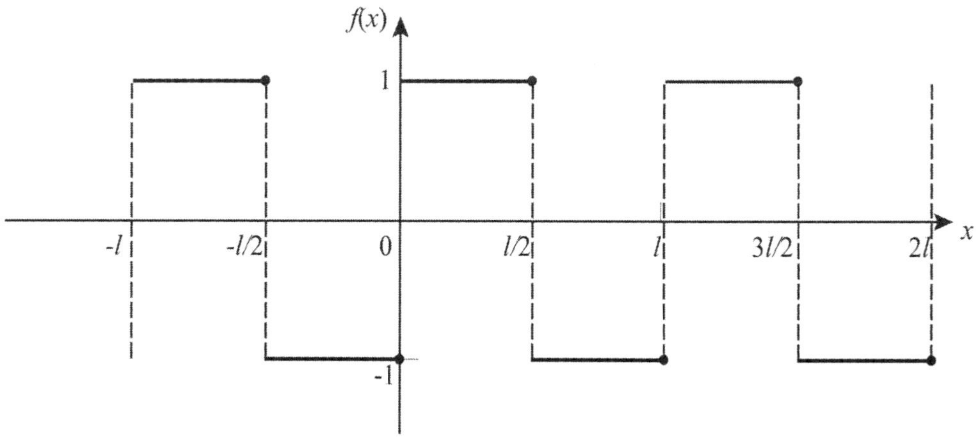

그림 9.5 주기 l 인 주기 함수로 확장된 직사각형 파동

$|\psi_m|^2$, $m \in [1; \infty)$에 대해서는 다음을 얻으므로,

$$|\psi_m|^2 = |\sin m\xi|^2 = \int_0^l \sin^2 m\xi \, dx = \frac{l}{2}, \tag{9.16}$$

β_m, $m \in [1; \infty)$을 다음과 같이 얻으며,

$$|\sin m\xi|^2\beta_m = \int_0^{l/2}\sin m\xi\, dx - \int_{l/2}^{l}\sin m\xi\, dx$$

$$=-\frac{l}{2\pi m}cos m\xi\Big|_0^{l/2} + \frac{l}{2\pi m}cos m\xi\Big|_{l/2}^{l}$$

$$=-\frac{l}{m\pi}(\cos m\pi - 1) =-\frac{l}{m\pi}\{(-1)^m - 1\}$$

$$=\begin{cases} 0, & m = \text{짝수}, \\ \dfrac{2l}{m\pi}, & m = \text{홀수}, \end{cases}$$

$$\therefore \beta_m = \frac{4}{m\pi},\ m = \text{홀수},\ \because |\sin m\xi|^2 = \frac{l}{2}, \tag{9.17}$$

따라서 $m = 2n-1$로 놓아 $f_F(x)$를 다음과 같이 얻는다.

$$f_F(x) = \frac{4}{\pi}\sum_{n=1}^{\infty}\frac{\sin(2n-1)\xi}{(2n-1)},\ \xi = \frac{2\pi}{l}x. \tag{9.18}$$

[그림 9.6]에 위 식으로 주어지는 $f_F(x)$의 부분합들을 보였다. N이 증가할수록 주어진 함수에 근접해 가는 것을 볼 수 있고, 함수가 연속인 부분에서는 N이 매우 커지면 푸리에 급수가 주어진 함수의 값과 같아지며, 함수가 불연속인 점 예를 들어 $x=0$에서는 푸리에 급수가 주어진 함수의 좌우 극한의 평균값인 0이 됨을 확인할 수 있다.

톱니 파동과 직사각형 파동에 대한 푸리에 급수, 식 (9.14)와 (9.16)의 우변을 비교하면 급수의 계수가 $n\to\infty$일 때, 톱니 파동은 n^{-2}, 직사각형 파동은 n^{-1}에 각각 비례함을 알 수 있는데, 이로부터 주어진 함수가 유연할수록 그 푸리에 급수의 수렴이 빠를 것임을 추측할 수 있다.

일반적으로 기본 구간에서 주어진 함수의 I계 도함수가 연속이면 그 함수의 푸리에 계수는 $n\to\infty$일 때, $O(n^{-I-2})$인 것으로 알려져 있으며, 위의 예에서 톱니 파동은 $I=0$, 직사각형 파동은 $I=-1$인 경우임을 확인할 수 있다.

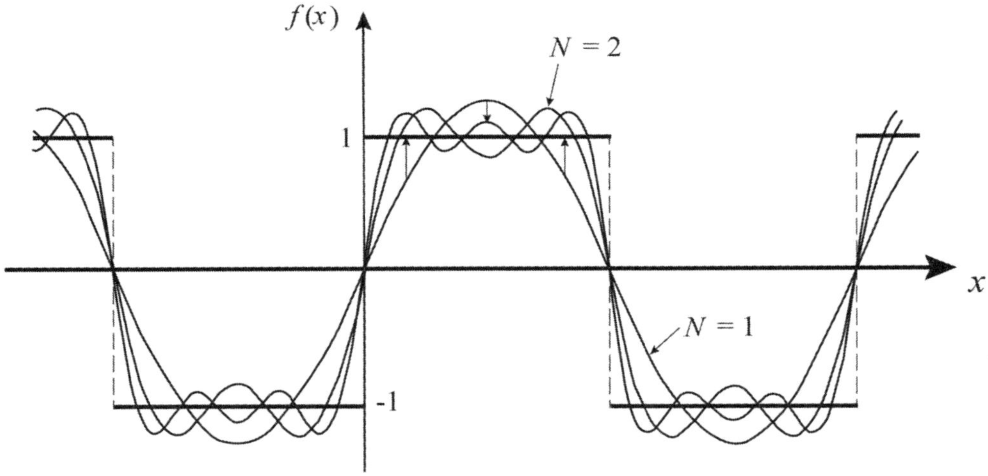

그림 9.6 직사각형 파동에 대한 푸리에 급수 $f_F(x)$의 부분합

한편 기본 구간에서 톱니 파동을 나타내는 식 (9.10)을 한 번 미분하면, 직사각형 파동을 나타내는 식 (9.15)를 얻음을 알 수 있다. 이때 톱니 파동에 대한 푸리에 급수인 식 (9.14)를 **항별 미분**(termwise differentiation)하면 직사각형 파동의 푸리에 급수인 식 (9.18)을 얻을 수 있는가 하는 질문을 할 수 있는데, 식 (9.14)의 우변의 급수의 각 항을 미분하면 식 (9.18) 우변 급수의 각 항을 얻는 것을 확인할 수 있다. 이와 같은 관계가 성립하기 위해서는 주어진 함수의 도함수가 부분 연속이어야 하며, 위에서 톱니 파동은 그와 같은 조건을 만족하지만, 직사각형 파동은 만족하지 못함에 유의한다.

그러나 **항별 적분**(termwise integration)에 대해서는 그와 같은 제한 조건이 적용되지 않으며, 위에서 얻은 식들로부터 쉽게 알 수 있는 바와 같이 직사각형 파동에 대한 푸리에 급수인 식 (9.18) 우변의 급수를 항별 적분하여 톱니 파동에 대한 푸리에 급수인 식 (9.14) 우변의 급수를 얻을 수 있다. 보다 자세한 사항은 [연습문제 2]와 이승준(2014)〈6〉을 참조하기 바란다.

9.2 푸리에 적분 및 변환

앞 절에서는 기본 구간의 길이가 l로 유한한 경우를 생각하였는데, 생각해야 하는 문제의 구간이 무한한 경우에는 앞 절에서와 같이 주기 함수의 급수를 사용하여 주어진 함수를 나타낼 수 없으며, 이와 같은 경우에는 **푸리에 적분**(Fourier integral)을 고려해야 한다.

아래에서는 엄밀하지는 않지만 푸리에 급수로부터 푸리에 적분으로 확장하는데 종종 쓰이는 방법을 사용하여 푸리에 적분에 대한 결과를 얻기로 한다. 먼저 주어진 함수를 확장하여 주기 함수를 얻었다고 하면 스칼라곱에 대한 정의, 식 (9.1) 우변의 적분 구간을 $x\in(-l/2, l/2)$로 바꾸어도 좋으므로, 적분 변수로 x 대신 η를 쓰기로 하고, 스칼라곱을 다음과 같이 정의할 수 있다.

$$(f,\ g)=\frac{1}{l}\int_{-l/2}^{l/2} f(\eta)\,g(\eta)\,d\eta. \tag{9.19}$$

식 (9.7)에 식 (9.8), (9.9)로 주어지는 계수를 대입하고, $\zeta=\frac{2\pi}{l}\eta$라고 하면, 다음을 얻는다.

$$\begin{aligned}
f_F(x) &= \alpha_0+\sum_{n=1}^{\infty}(\alpha_n\phi_n+\beta_n\psi_n)\\
&=\frac{1}{l}\int_{-l/2}^{l/2} f(\eta)\,d\eta+\frac{2}{l}\sum_{n=1}^{\infty}\{(f,\phi_n)\phi_n+(f,\psi_n)\psi_n\}\\
&=\frac{1}{l}\int_{-l/2}^{l/2} f(\eta)\,d\eta\\
&\quad+\frac{2}{l}\sum_{n=1}^{\infty}\left[\int_{-l/2}^{l/2} f(\eta)\cos n\zeta\,d\eta\,\cos n\xi+\int_{-l/2}^{l/2} f(\eta)\sin n\zeta\,d\eta\,\sin n\xi\right]\\
&=\frac{1}{l}\int_{-l/2}^{l/2} f(\eta)\,d\eta+\frac{2}{l}\sum_{n=1}^{\infty}\left[\int_{-l/2}^{l/2} f(\eta)\{\cos n\zeta\cos n\xi+\sin n\zeta\sin n\xi\}\,d\eta\right]\\
&=\frac{1}{l}\int_{-l/2}^{l/2} f(\eta)\,d\eta+\frac{2}{l}\sum_{n=1}^{\infty}\left[\int_{-l/2}^{l/2} f(\eta)\cos n(\zeta-\xi)\,d\eta\right].
\end{aligned} \tag{9.20}$$

여기서 둘째 등호를 얻기 위해서는 $|\phi_0|^2 = l$과 식 (9.12), (9.16)을 이용하였고, 넷째 등호를 얻기 위해서는 적분과 무한 급수의 순서를 바꾸었으며, 위 식에서 $\xi = \dfrac{2\pi}{l}x$임에 유의한다.

어떤 유한한 실수 M에 대해 다음을 가정할 수 있으면,

$$\int_{-\infty}^{\infty} |f(\eta)|\, d\eta < M, \tag{9.21}$$

식 (9.20) 마지막 우변의 첫째 항은 $l \to \infty$일 때 영이 되므로, $l \to \infty$인 경우에 대해 $\Delta k = \dfrac{2\pi}{l}$이라고 하면 다음을 얻는다.

$$f_F(x) = \lim_{\Delta k \to 0} \frac{\Delta k}{\pi} \sum_{n=1}^{\infty} \left[\int_{-\infty}^{\infty} f(\eta) \cos n\Delta k(\eta - x)\, d\eta \right]. \tag{9.22}$$

무한 급수와 적분의 순서를 바꾸면 다음을 얻는데,

$$f_F(x) = \frac{1}{\pi} \int_{-\infty}^{\infty} f(\eta) \left\{ \lim_{\Delta k \to 0} \Delta k \sum_{n=1}^{\infty} \cos n\Delta k(\eta - x) \right\} d\eta, \tag{9.23}$$

여기서 우변 { } 안의 양은 **리만 적분**(Riemann integral)의 정의에 의해 $\int_0^{\infty} \cos k(\eta - x)\, dk$라고 할 수 있으므로 다음을 얻으며,

$$f_F(x) = \frac{1}{\pi} \int_{-\infty}^{\infty} f(\eta) \left\{ \int_0^{\infty} \cos k(\eta - x) dk \right\} d\eta, \tag{9.24}$$

우변 두 적분의 순서를 바꾸어 결국 다음을 얻는다.

$$f_F(x) = \frac{1}{\pi} \int_0^{\infty} \left\{ \int_{-\infty}^{\infty} f(\eta) \cos k(\eta - x) d\eta \right\} dk. \tag{9.25}$$

이제 피적분 함수에 포함된 cos 함수를 전개하면 다음을 얻으며,

$$f_F(x) = \frac{1}{\pi}\int_0^\infty \int_{-\infty}^\infty f(\eta)\{\cos k\eta \cos kx + \sin k\eta \sin kx\} d\eta\, dk$$

$$= \frac{1}{\pi}\int_0^\infty \left[\left\{\int_{-\infty}^\infty f(\eta)\cos k\eta\, d\eta\right\}\cos kx + \left\{\int_{-\infty}^\infty f(\eta)\sin k\eta\, d\eta\right\}\sin kx\right] dk,$$

$$\therefore f_F(x) = \int_0^\infty \{\alpha(k)\cos kx + \beta(k)\sin kx\}\, dk, \tag{9.26}$$

$$\alpha(k) = \frac{1}{\pi}\int_{-\infty}^\infty f(\eta)\cos k\eta\, d\eta,\ \beta(k) = \frac{1}{\pi}\int_{-\infty}^\infty f(\eta)\sin k\eta\, d\eta, \tag{9.27}$$

여기서 식 (9.26)의 $f_F(x)$는 주어진 비주기 함수 $f(x)$의 푸리에 적분이라고 한다.

위의 식 (9.27)로부터 만약 주어진 함수 $f(x)$가 우함수이면 $\beta(k)=0$, 기함수이면 $\alpha(k)=0$를 각각 얻을 것을 알 수 있으며, 예를 들어 $f(x)$가 우함수이면 식 (9.26), (9.27)은 다음과 같이 다시 쓸 수 있다.

$$f_F(x) = \int_0^\infty \alpha(k)\cos kx\, dk,\ \alpha(k) = \frac{2}{\pi}\int_0^\infty f(\eta)\cos k\eta\, d\eta. \tag{9.28}$$

여기서 $f_F(x)$는 주어진 비주기 함수 $f(x)$의 푸리에 코싸인 적분이라고 부르고, $\alpha(k)$는 함수 $f(x)$의 **푸리에 코싸인 변환**(Fourier cosine transform)이라고 부르며 다음과 같이 나타내기도 한다.

$$\alpha(k) = F_c\{f\}. \tag{9.29}$$

한편 $f(x)$가 기함수이면 식 (9.26)은 다음과 같이 다시 쓸 수 있다.

$$f_F(x) = \int_0^\infty \beta(k)\sin kx\, dk,\ \beta(k) = \frac{2}{\pi}\int_0^\infty f(\eta)\sin k\eta\, d\eta. \tag{9.30}$$

여기서 $f_F(x)$는 주어진 비주기 함수 $f(x)$의 푸리에 싸인 적분이라고 부르고, $\beta(k)$는 함수 $f(x)$의 **푸리에 싸인 변환**(Fourier sine transform)이라고 부르며 다음과 같이 나타내기도 한다.

$$\beta(k) = F_s\{f\}. \tag{9.31}$$

보다 엄밀한 방법으로 증명할 수 있는 **푸리에 적분 정리**(Fourier integral theorem)에 따르면, 모든 l에 대해 구간 $(-l/2, l/2)$에서 부분 유연이고, 식 (9.21)이 성립하는 모든 함수는 식 (9.25) 또는 (9.26)으로 나타낼 수 있는데, 이때 그 우변, 즉 푸리에 적분 $f_F(x)$는 주어진 함수 $f(x)$가 연속인 모든 점에서는 $f(x)$로 수렴하고, 불연속인 점에서는 좌우 극한의 평균값인 $\dfrac{f(x-0)+f(x+0)}{2}$로 수렴한다.

이하에서는 식 (9.25)를 이용하여 푸리에 변환을 정의하기로 하자. 식 (9.25)는 오일러 공식을 사용하여 다음과 같이 다시 쓸 수 있고,

$$\begin{aligned} f_F(x) &= \frac{1}{2\pi}\int_0^\infty \left[\int_{-\infty}^\infty f(\eta)\{e^{ik(\eta-x)}+e^{-ik(\eta-x)}\}d\eta\right]dk \\ &= \frac{1}{2\pi}\int_{-\infty}^\infty \int_{-\infty}^\infty f(\eta)e^{-ik(\eta-x)}\,d\eta\, dk \\ &= \frac{1}{2\pi}\int_{-\infty}^\infty \left\{\int_{-\infty}^\infty f(\eta)e^{-ik\eta}\,d\eta\right\}e^{ikx}\,dk, \end{aligned} \tag{9.32}$$

이 식을 이용하여 주어진 함수 $f(x)$의 **푸리에 변환**(Fourier transform) $F\{f\}\equiv \hat{f}(k)$와 **푸리에 역변환**(Fourier inverse transform) $F^{-1}\{\hat{f}\}$를 다음과 같이 정의할 수 있다.

$$F\{f\} = \int_{-\infty}^\infty f(\eta)e^{-ik\eta}\,d\eta \equiv \hat{f}(k), \tag{9.33}$$

$$F^{-1}\{\hat{f}\} = \frac{1}{2\pi}\int_{-\infty}^\infty \hat{f}\,e^{ikx}\,dk = f(x). \tag{9.34}$$

여기서 마지막 식의 마지막 등호는 푸리에 적분 정리로부터 얻을 수 있으며, 식 (9.33), (9.34)는 **푸리에 변환쌍**(Fourier transform pair)이라고 부른다.

실수 값을 가지는 함수에 대한 푸리에 변환 $\hat{f}(k)$는 복소수 값을 가질 수 있으나, $\hat{f}(k)$에 대한 푸리에 역변환은 실수 값의 함수로 주어짐에 유의한다. 푸리에 변환은 편미분 방정식을 상미분 방정식으로 바꾸는데 유용하게 사용될 수 있으며, 이와 같은 응용을 위해 푸리에 변환이 가지는 몇 가지 성질에 대해 생각하기로 한다. 먼저 주어진 함수

$f(x)$의 n계 도함수를 $f^{(n)}(x)$라고 할 때, 이 도함수의 푸리에 변환은 다음과 같다.

$$F\{f^{(n)}\} = (ik)^n \hat{f}(k). \tag{9.35}$$

단 이를 적용하기 위해서는 $f(x)$의 n보다 작은 모든 계수의 도함수들이 $|x| \to \infty$ 일 때 영으로 수렴한다는 가정을 만족해야 한다. 식 (9.35)의 증명은 [연습문제 4]를 참조하기 바란다.

6.1절의 라플라스 변환에서와 같이 푸리에 변환의 경우에도 **컨볼루션**(convolution)을 생각할 수 있으며, 푸리에 변환이 존재하는 임의의 두 함수 $f(x)$, $g(x)$에 대해 그 컨볼루션 $f * g$는 다음과 같이 정의된다.

$$f * g \equiv \int_{-\infty}^{\infty} f(x-\xi)g(\xi)d\xi. \tag{9.36}$$

$f * g$의 푸리에 변환은 다음과 같이 다시 쓸 수 있으므로,

$$\begin{aligned}
F\{f * g\} &= \int_{-\infty}^{\infty}\left[\int_{-\infty}^{\infty} f(\eta-\xi)g(\xi)d\xi\right]e^{-ik\eta}d\eta \\
&= \int_{-\infty}^{\infty}\left[\int_{-\infty}^{\infty} f(\eta-\xi)e^{ik\xi}g(\xi)e^{-ik\xi}d\xi\right]e^{-ik\eta}d\eta \\
&= \int_{-\infty}^{\infty}\left[\int_{-\infty}^{\infty} f(\eta-\xi)e^{-ik(\eta-\xi)}d\eta\right]g(\xi)e^{-ik\xi}d\xi \\
&= \int_{-\infty}^{\infty} \hat{f}(k)g(\xi)e^{-ik\xi}d\xi = \hat{f}(k)\hat{g}(k),
\end{aligned} \tag{9.37}$$

결국 다음 결과를 얻으며,

$$F\{f * g\} = \hat{f}(k)\hat{g}(k), \tag{9.38}$$

이 식의 양변에 푸리에 역변환을 취하여 다음을 얻는다.

$$F^{-1}\{\hat{f}\hat{g}\} = f * g. \tag{9.39}$$

위 결과에 따르면 $\hat{f}(k)$와 $\hat{g}(k)$의 푸리에 역변환이 알려져 있는 경우, $\hat{f}(k)$와 $\hat{g}(k)$의 곱에 대한 역변환은 $f * g$, 즉 $f(x)$와 $g(x)$의 컨볼루션으로 주어지며, 이 결과는 라플라스 변환에서와 마찬가지로 자주 실제 문제의 해를 구하는데 사용된다.

연습문제

1. 식 (9.4)로 주어진 $\sin$, $\cos$ 함수들의 직교성을 실제 적분에 의해 보이시오.

2. 직사각형 파동에 대한 푸리에 급수인 식 (9.18) 우변의 급수를 항별 적분하여 톱니 파동에 대한 푸리에 급수인 식 (9.14) 우변의 급수를 얻을 수 있음을 보이시오.

3. 다음과 같이 주어진 함수 $f(x)$에 대해

1) $f(x) = \begin{cases} 0, & x \in [-\pi, 0], \\ x, & x \in [0, \pi], \end{cases}$

2) $f(x) = x$, $x \in (-\pi, \pi)$,

3) $f(x) = e^x$, $x \in (-\pi, \pi)$,

4) $f(x) = \begin{cases} 1, & x \in [-\pi, 0], \\ 2, & x \in [0, \pi], \end{cases}$

그 푸리에 급수 $f_F(x)$가 다음과 같음을 보이시오.

1a) $$f_F(x) = \frac{\pi}{4} + \sum_{n=1}^{\infty} \left[\frac{(-1)^n - 1}{\pi n^2} \cos nx - \frac{(-1)^n}{n} \sin nx \right],$$

2a) $$f_F(x) = 2 \sum_{n=1}^{\infty} \frac{(-1)^{n+1}}{n} \sin nx,$$

3a) $$f_F(x) = \frac{2 \sinh \pi}{\pi} \left[\frac{1}{2} + \sum_{n=1}^{\infty} \frac{(-1)^n}{1+n^2} (\cos nx - n \sin nx) \right],$$

4a) $$f_F(x) = \frac{3}{2} + \frac{2}{\pi} \sum_{n=1}^{\infty} \frac{\sin(2n-1)x}{2n-1}.$$

4. $f(x)$의 n보다 작은 모든 계수의 도함수들이 $|x| \to \infty$일 때 영으로 수렴한다고 가정하고, 식 (9.35)를 증명하시오.

5. a가 주어진 상수라고 할 때, $f(x) = e^{-ax}$에 대해 푸리에 코싸인 변환 $F_c\{f\}$와 싸인 변환 $F_s\{f\}$가 각각 다음과 같이 주어짐을 보이시오.

$$F_c\{f\} = \frac{2}{\pi}\frac{a}{k^2+a^2}, \quad F_s\{f\} = \frac{2}{\pi}\frac{k}{k^2+a^2}.$$

단 위의 결과를 얻는데, 다음 적분을 이용하시오.

$$\int_0^\infty e^{-ax}\cos bx\, dx = \frac{a}{a^2+b^2}, \quad \int_0^\infty e^{-ax}\sin bx\, dx = \frac{b}{a^2+b^2}. \qquad \text{(연9.1)}$$

6. $f(x) = e^{-x}\cos x$에 대해 푸리에 코싸인 변환 $F_c\{f\}$와 싸인 변환 $F_s\{f\}$가 각각 다음과 같이 주어짐을 보이시오.

$$F_c\{f\} = \frac{2}{\pi}\frac{k^2+2}{k^4+4}, \ F_s\{f\} = \frac{2}{\pi}\frac{k^3}{k^4+4}.$$

7. 다음과 같이 주어진 함수 $f(x)$에 대해

1) $f(x) = \begin{cases} 1, & |x| < a, \\ 0, & |x| > a, \end{cases}$ a는 주어진 상수,

2) $f(x) = \begin{cases} 1 - \left|\dfrac{x}{2}\right|, & |x| \leqq 2, \\ 0, & |x| > 2, \end{cases}$

그 푸리에 변환 $F\{f\}$가 다음과 같음을 보이시오.

1a) $F\{f\} = \dfrac{2\sin ka}{k}$,

2a) $F\{f\} = 2\left(\dfrac{\sin k}{k}\right)^2$.

8. 식 (9.33), (9.34)로부터 다음 관계를 얻는데,

$$f(x) = \frac{1}{2\pi}\int_{-\infty}^{\infty}\left[\int_{-\infty}^{\infty} f(\eta)e^{-ik\eta}d\eta\right]e^{ikx}\,dk$$

$$\therefore f(x) = \int_{-\infty}^{\infty} f(\eta)\left[\frac{1}{2\pi}\int_{-\infty}^{\infty} e^{ik(x-\eta)}dk\right]d\eta, \qquad (\text{연}9.2)$$

이 식 우변 피적분 함수의 [ ] 안의 양은 델타 함수, $\delta(x-\eta)$와 같은 역할을 하고 있으므로, 결국 다음을 얻는다.

$$\delta(x-\eta) = \frac{1}{2\pi}\int_{-\infty}^{\infty} e^{ik(x-\eta)}dk. \qquad (\text{연}9.3)$$

위 관계와 푸리에 역변환의 정의를 이용하여 다음을 증명하시오.

$$\int_{-\infty}^{\infty} f(\eta)\overline{g(\eta)}\,d\eta = \frac{1}{2\pi}\int_{-\infty}^{\infty}\hat{f}(k)\overline{\hat{g}(k)}dk. \qquad (\text{연}9.4)$$

여기서 $\overline{g(\eta)}$, $\overline{\hat{g}(k)}$는 각각 $g(\eta)$, $\hat{g}(k)$의 복소켤레이다. 식 (연9.4)는 **파세발의 관계**(Parseval's relation)라고 부른다.

9. [연습문제 7]의 결과와 [연습문제 8]의 파세발의 관계를 이용하여 다음 적분 결과를 증명하시오.

$$1)\ \int_{-\infty}^{\infty} \frac{\sin^2 k}{k^2}\, dk = \pi, \qquad \text{(연9.5)}$$

$$2)\ \int_{-\infty}^{\infty} \frac{\sin^4 k}{k^4}\, dk = \frac{2\pi}{3}. \qquad \text{(연9.6)}$$

10장

2계 선형 편미분 방정식

이 장에서는 공과대학에서 배우는 각종 역학에서 가장 많이 만나게 되는 2계 선형 편미분 방정식에 대해 생각하기로 한다. 2계 선형 편미분 방정식은 쌍곡선형, 포물선형, 타원형 등의 세 가지 형태로 구분할 수 있는데, 그 형태에 따라 문제의 구성, 해의 성질이 달라진다. 편미분 방정식을 푸는 가장 기초적인 방법은 **변수 분리법**(method of separation of variables)이라고 할 수 있는데, 변수 분리법에 의해 주어진 하나의 편미분 방정식은 여러 개의 상미분 방정식으로 바뀌며, 이 상미분 방정식들의 해는 이 책의 제1부에서 설명한 방법들을 사용하여 얻을 수 있다.

1절에서는 2계 선형 편미분 방정식의 분류에 대해 기술하고,

2절에서는 2차원 라플라스 방정식에 대해 직각 좌표계 (x,y)와 극 좌표계 (r,θ)를 사용했을 때에 대한 변수 분리의 적용을,

3절에서는 3차원 라플라스 방정식에 대해 직각 좌표계 (x,y,z), 원기둥 좌표계 (r,θ,z), 구 좌표계 (r,φ,θ)를 사용했을 때에 대한 변수 분리의 적용을 보이고, 이때 얻어지는 상미분 방정식과 그들의 해에 대해 논의하기로 한다.

10.1 2계 선형 편미분 방정식의 분류

독립 변수 x, y의 미지 함수 $\phi(x,y)$에 대해 선형인 2계 편미분 방정식의 일반적인 형태는 다음과 같이 주어질 수 있다.

$$A\phi_{xx}+2B\phi_{xy}+C\phi_{yy}=F. \tag{10.1}$$

여기서 A, B, C는 각각 x, y의 함수이고, F는 x, y 및 ϕ, ϕ_x, ϕ_y의 함수이며, 동시에 ϕ, ϕ_x, ϕ_y에 대해서는 선형인 함수라고 가정한다.

위와 같이 주어진 식에 대해 판별식(discriminant) Δ를 다음과 같이 정의하면,

$$\Delta = B^2 - AC, \tag{10.2}$$

Δ의 부호에 따라 주어진 식 (10.1)은 각각 다음과 같이 불린다.

1) $\Delta > 0$, **쌍곡선형**(hyperbolic type),

2) $\Delta = 0$, **포물선형**(parabolic type),

3) $\Delta < 0$, **타원형**(elliptic type).

위와 같은 분류는 특성곡선에 대한 해석을 통해 이루어 질 수 있는데, 여기서는 위의 정의를 소개하는데 그치기로 하고, 보다 자세한 사항은 이승준(2018)〈2〉으로 미루기로 한다.

아래에서는 공과대학의 학사 과정에서 가장 자주 나타나는 세 개의 편미분 방정식, 즉 파동 방정식, 확산 방정식, 그리고 라플라스 방정식이 각각 위의 세 가지 다른 형에 속하는 것을 보이기로 한다.

1a) 파동 방정식(wave equation),

파동 방정식은 다음과 같이 쓸 수 있는데,

$$\phi_{tt} - c^2 \phi_{xx} = 0, \tag{10.3}$$

여기서 c는 주어진 양의 실수이고, 변수 y가 시간 변수 t로 바뀌었음에 유의한다. 이 식을 식 (10.1)과 비교하면 다음을 얻고,

$$A = -c^2,\ B = 0,\ C = 1, \tag{10.4}$$

이를 식 (10.2)에 대입하여 $\Delta = c^2 > 0$을 얻으므로, 식 (10.3)의 파동 방정식은 쌍곡선형임을 알 수 있다.

아래에 다시 보인 8.2절의 식 (8.8)은 1계 선형 파동 방정식인데 반해

$$\phi_t + c\phi_x = 0, \tag{8.8}$$

식 (10.3)은 2계 선형 파동 방정식으로 보통 파동 방정식이라고 불리며, 현의 진동, 음파가 진행할 때의 압력 변화 등과 관련하여 고려되는 식이고, 13장에서 보일 바와 같이 x축의 양과 음의 방향으로 각각 c의 속력으로 진행하는 파동을 해로 가진다.

2a) 확산 방정식(diffusion equation) 또는 열전도 방정식(heat conduction equation),

확산 방정식은 다음과 같이 쓸 수 있는데,

$$\phi_t - k\phi_{xx} = 0, \tag{10.5}$$

여기서 k는 주어진 양의 실수이고, 변수 y가 시간 변수 t로 바뀌었음에 유의한다. 이 식을 식 (10.1)과 비교하면 다음을 얻고,

$$A = -k,\ B = 0,\ C = 0, \tag{10.6}$$

이를 식 (10.2)에 대입하여 $\Delta = 0$을 얻으므로, 식 (10.5)의 확산 방정식은 포물선형임을 알 수 있다.

식 (10.5)로 주어지는 확산 방정식은 12장에서 보다 자세히 다루겠지만, 어떤 물리량의 분포가 주어졌을 때 시간에 따라 그 물리량의 값이 큰 곳으로부터 작은 곳으로 퍼져가는 확산 과정을 수학적으로 나타낸다. 예를 들어 공간 또는 어떤 물체 내부의 온도 분포가 주어졌을 때 시간이 지남에 따라 온도 분포가 어떻게 변화할 것인지는 확산 방정식의 해로 얻어질 수 있다. 열전도에 의한 열전달은 대표적인 확산 과정으로 알려져 있으며, 따라서 위의 방정식은 확산 방정식 또는 열전도 방정식(또는 아예 줄여서 열방정식, heat equation)으로 불린다.

3a) 라플라스 방정식(Laplace equation),

라플라스 방정식은 다음과 같이 쓸 수 있는데,

$$\phi_{xx} + \phi_{yy} = 0, \tag{10.7}$$

이 식을 식 (10.1)과 비교하면 다음을 얻고,

$$A = 1, \; B = 0, \; C = 1, \tag{10.8}$$

이를 식 (10.2)에 대입하여 $\Delta = -1 < 0$ 임을 얻으므로, 식 (10.7)의 라플라스 방정식은 타원형임을 알 수 있다.

식 (10.7)로 주어지는 라플라스 방정식에 대해서는 11장에서 보다 자세히 논의하겠지만, 비압축성 유체의 **속도 포텐셜**(velocity potential)이 만족하는 연속 방정식, 전자기학에서 전하가 위치하지 않는 공간에서의 **전기 포텐셜**(electric potential)이 만족하는 방정식, 또는 확산 과정에 충분한 시간이 주어진 경우 얻어지는 **정상 상태**(steady state)의 해가 만족해야 하는 방정식 등으로 물리학 전반에 걸쳐 나타나는 방정식이다.

편미분 방정식의 형태에 따라 주어진 편미분 방정식을 만족하는 해를 구할 수 있는 부속적인 조건, 즉 경계 조건 또는 초기 조건 등의 종류가 달라지지만, 이를 위한 자세한 논의는 특성곡선의 개념을 사용하여 진행해야 하므로 여기서는 다루지 않기로 하는 대신, 물리적인 논의를 통해 이들 방정식의 해가 가지는 속성에 대해 간단히 설명하기로 한다.

쌍곡선형인 파동 방정식의 경우에는 예를 들어 현의 진동에 대해 생각하면, 현의 초기 위치와 초기 속도가 주어져야만 $t > 0$ 에 대한 해를 구할 수 있을 것이며, 또한 현의 길이가 유한한 경우에는 경계에서의 변위, 또는 기울기 등에 대한 경계 조건이 주어져야만 유일한 해를 구할 수 있을 것이다.

포물선형인 확산 방정식의 경우에는 예를 들어 단면의 크기에 비해 그 길이가 매우 큰 철사와 같은 물체 내부의 온도 분포에 대해 고려하면, 초기의 온도 분포가 주어져야만 $t > 0$ 에 대한 해를 구할 수 있을 것이며, 또한 철사의 길이가 유한한 경우에는 경계에서의 온도, 또는 열전도 등에 대한 경계 조건이 주어져야만 유일한 해를 구할 수 있을 것이다. 열전달은 자연적인 상태에서 항상 온도가 높은 곳으로부터 낮은 곳으로 이루어지며, 이는 $k > 0$ 인 것과 밀접한 관련이 있는데, 만약 $k < 0$ 이라면 이는 식

(10.5)에서 시간이 거꾸로 흐르는 것과 같은 경우로 생각할 수 있으므로, $k>0$ 이라는 것은 확산 과정이 시간에 대해 단방향성 과정임을 나타낸다는 점에 유의한다.

타원형인 라플라스 방정식의 경우에는 그 해를 **포텐셜**(potential)이라고 부르는데, 예를 들어 시간에 따라 변화하지 않는, 공간 상의 전기 포텐셜에 대해 생각하면, 공간의 모든 경계에서의 포텐셜이 주어져야만 해를 구할 수 있을 것이며, 만약 경계 조건의 일부가 바뀌면 영역 내부의 모든 점이 그에 의한 영향을 받을 것이고, 이는 파동 방정식이나 확산 방정식의 해가 초기 조건의 일부가 바뀔 때 제한적인 영역에서의 해만 영향을 받는 것과는 매우 대조적이다.

10.2 2차원 라플라스 방정식에 대한 변수 분리

위에서는 논의의 편이성을 위해 파동 방정식과 확산 방정식을 공간상으로 1차원 문제에 국한하여 생각하였으나, 식 (10.3)과 (10.5)의 ϕ_{xx} 는 2차원 또는 3차원 물체에 대해 $\nabla^2\phi$로 대치할 수 있으며, 따라서 이 절과 다음 절의 내용은 라플라스 방정식에 국한된 논의가 아닌 점에 유의하기 바란다.

변수 분리는 궁극적으로 주어진 하나의 편미분 방정식을 여러 개의 상미분 방정식으로 바꾸어 주는 역할을 하는 점에 유의하기 바라며, 이 절에서는 2차원 라플라스 방정식을 직각 좌표계 (x,y)와 극 좌표계 (r,θ)에 대해 각각 생각하기로 한다.

1) 직각 좌표계 (x,y)

라플라스 방정식은 다음과 같이 쓸 수 있는데,

$$\phi_{xx}+\phi_{yy}=0\,, \tag{10.7}$$

변수 분리법에서는 이 방정식의 해에 대해 다음과 같이 가정한다.

$$\phi(x,y)=X(x)\,Y(y)\,. \tag{10.9}$$

다시 말하면 x만의 함수인 $X(x)$와 y만의 함수인 $Y(y)$의 곱으로 해가 주어질 수 있음을 가정하는데, 여기서 주어진 라플라스 방정식이 선형이므로, 만약 그와 같은 해가 다수 얻어진다면 그들의 어떠한 선형 결합도 라플라스 방정식의 해가 될 수 있음에 유의한다.

식 (10.9)의 가정을 식 (10.7)에 대입하면 다음을 얻고,

$$\frac{d^2X}{dx^2}Y+X\frac{d^2Y}{dy^2}=0, \tag{10.10}$$

이 식의 양변을 $\phi=XY$로 나누고 둘째 항을 우변으로 이항하면 다음을 얻는데,

$$\frac{1}{X}\frac{d^2X}{dx^2}=-\frac{1}{Y}\frac{d^2Y}{dy^2}, \tag{10.11}$$

이 식의 좌변은 x만의 함수이며, 우변은 y만의 함수이므로, 위 식이 성립하기 위해서는 양변이 모두 상수여야 한다.

이 상수를 **분리 상수**(separation constant)로 부르기로 하면, 분리 상수 κ가 음수, 양수, 제로가 됨에 따라 다른 형태의 해가 얻어지므로 이하에서는 각 경우에 대해 따로따로 생각하기로 하며, k는 양의 실수라고 하자.

i) $\kappa=-k^2<0$

이 경우에는 식 (10.11)을 다음과 같이 쓸 수 있고,

$$\frac{1}{X}\frac{d^2X}{dx^2}=-\frac{1}{Y}\frac{d^2Y}{dy^2}=-k^2, \tag{10.12}$$

이 식으로부터 다음과 같은 두 개의 상미분 방정식을 얻는다.

$$\frac{d^2X}{dx^2}+k^2X=0, \tag{10.13}$$

$$\frac{d^2Y}{dy^2} - k^2 Y = 0. \tag{10.14}$$

위의 식들에 대해서는 2.1절에서 논의한 방법을 사용하여 그 해를 구할 수 있다. 먼저 $X = e^{\lambda x}$를 가정하면 이를 식 (10.13)에 대입하여 다음을 얻으므로,

$$\lambda^2 + k^2 = 0, \tag{10.15}$$

$\lambda = \pm ik$를 얻어 다음과 같이 $X(x)$를 얻는다.

$$X(x) = Ae^{ikx} + Be^{-ikx}. \tag{10.16}$$

여기서 A, B는 아직 정해지지 않은 상수이다. 물론 오일러 공식을 사용하면 위 식 대신 다음과 같은 형태로 해를 얻을 수도 있다.

$$X(x) = A\cos kx + B\sin kx. \tag{10.17}$$

마찬가지 방법으로 $Y = e^{\lambda y}$를 가정하고 이를 식 (10.14)에 대입하면 다음을 얻으므로,

$$\lambda^2 - k^2 = 0, \tag{10.18}$$

$\lambda = \pm k$를 얻어 다음과 같이 $Y(y)$를 얻는다.

$$Y(y) = Ce^{ky} + De^{-ky}. \tag{10.19}$$

여기서 C, D는 아직 정해지지 않은 상수이다. 물론 위 식의 지수 함수 대신 쌍곡선 함수(hyperbolic functions)를 사용하여 다음과 같은 형태로 해를 얻을 수도 있다.

$$Y(y) = C\cosh ky + D\sinh ky. \tag{10.20}$$

위에서 구한 식 (10.17), (10.19)로부터 식 (10.7)의 해를 다음과 같이 얻는다.

$$\phi(x, y) = (A\cos kx + B\sin kx)\left(Ce^{ky} + De^{-ky}\right). \tag{10.21}$$

ii) $\kappa = k^2 > 0$

이 경우에는 X에 대해 지수 함수 또는 쌍곡선 함수를, Y에 대해서는 코싸인과 싸인 함수를 해로 얻을 것이며, 식 (10.7)의 해를 다음과 같이 얻는다.

$$\phi(x, y) = (A\cosh kx + B\sinh kx)(C\cos ky + D\sin ky). \tag{10.22}$$

여기서 A, B, C, D는 아직 정해지지 않은 상수이다.

iii) $\kappa = 0$

이 경우에는 X와 Y가 각각 x와 y의 선형 함수로 얻어지므로 식 (10.7)의 해를 다음과 같이 얻는다.

$$\phi(x, y) = (Ax + B)(Cy + D). \tag{10.23}$$

여기서 A, B, C, D는 아직 정해지지 않은 상수이다.

라플라스 방정식에 부가적으로 적용되어야 하는 경계 조건에 따라 위에서 고려한 경우 중 어떤 경우가 주어진 문제에 적합한 지를 선택, 그에 따라 분리 상수의 부호 또는 크기를 결정해야 하며, 선형 문제의 특성 상, 위에서 얻은 식 (10.21), (10.22), (10.23)의 어떠한 선형 결합도 주어진 문제의 해가 될 수 있음에 유의한다.

2) 극 좌표계 (r, θ)

2차원 라플라스 방정식을 극 좌표계 (r, θ)를 사용하여 쓰면 다음을 얻는데([연습문제 2], [그림 10.1] 참조),

$$\nabla^2\phi(r, \theta) = \phi_{rr} + \frac{1}{r}\phi_r + \frac{1}{r^2}\phi_{\theta\theta} = 0, \tag{10.24}$$

변수 분리를 적용하면 이 방정식의 해를 다음과 같이 가정할 수 있다.

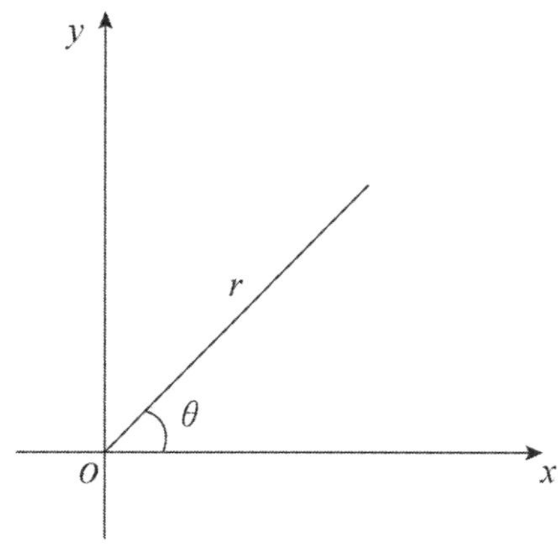

그림 10.1 극 좌표계 (r, θ)

$$\phi(r,\theta) = R(r)\Theta(\theta). \tag{10.25}$$

다시 말하면 r만의 함수인 $R(r)$과 θ만의 함수인 $\Theta(\theta)$의 곱으로 해가 주어질 수 있음을 가정한다.

식 (10.25)의 가정을 식 (10.24)에 대입하면 다음을 얻고,

$$\Theta\frac{d^2R}{dr^2} + \frac{\Theta}{r}\frac{dR}{dr} + \frac{R}{r^2}\frac{d^2\Theta}{d\theta^2} = 0, \tag{10.26}$$

이 식의 양변에 $\dfrac{r^2}{R\Theta}$을 곱하고 마지막 항을 우변으로 이항하면 다음을 얻는데,

$$\frac{r^2}{R}\frac{d^2R}{dr^2} + \frac{r}{R}\frac{dR}{dr} = -\frac{1}{\Theta}\frac{d^2\Theta}{d\theta^2}, \tag{10.27}$$

이 식의 좌변은 r만의 함수이고, 우변은 θ만의 함수이므로, 위 식이 성립하기 위해서는 양변이 모두 상수여야 한다. 분리 상수 κ가 양수, 제로, 음수가 됨에 따라 다른 형태의 해가 얻어지므로 이하에서는 각 경우에 대해 따로 따로 생각하기로 하며, k는 양의 실수라고 한다.

i) $\kappa = k^2 > 0$

이 경우에는 식 (10.27)을 다음과 같이 쓸 수 있고,

$$\frac{r^2}{R}\frac{d^2R}{dr^2}+\frac{r}{R}\frac{dR}{dr}=-\frac{1}{\Theta}\frac{d^2\Theta}{d\theta^2}=k^2, \tag{10.28}$$

이 식으로부터 다음과 같은 두 개의 상미분 방정식을 얻는다.

$$r^2\frac{d^2R}{dr^2}+r\frac{dR}{dr}-k^2R=0,\ r\geq 0, \tag{10.29}$$

$$\frac{d^2\Theta}{d\theta^2}+k^2\Theta=0,\ \theta\in[0,2\pi]. \tag{10.30}$$

위의 식 (10.29)는 4.1절에서 논의한 식 (4.1)과 같은 형태의 식, 즉 코쉬-오일러 방정식이며, 식 (10.30)에 대해서는 2.1절에서 논의한 방법을 사용하여 그 해를 구할 수 있다.

식 (10.30)을 먼저 생각하기로 하면 앞에서 논의한 식 (10.13)과 그 형태가 같으므로, a, b를 미정의 상수라고 하면 $\Theta(\theta)$를 다음과 같이 얻는데,

$$\Theta(\theta)=a\cos k\theta+b\sin k\theta, \tag{10.31}$$

$\Theta(\theta)$는 2π의 주기성을 가져야 하므로, n을 자연수라고 하면, $k=n$이 되어야 하며 따라서 다음을 얻는다.

$$\Theta_n(\theta)=a_n\cos n\theta+b_n\sin n\theta,\ n\in[1;\infty). \tag{10.32}$$

여기서 a_n, b_n은 아직 정해지지 않은 상수이다.

한편, 식 (10.29)는 다음과 같이 쓸 수 있으며,

$$r^2\frac{d^2R}{dr^2}+r\frac{dR}{dr}-n^2R=0,\ n\in[1;\infty), \tag{10.33}$$

이 식은 그 형태가 식 (4.5)와 같으므로, 결국 식 (4.7)로부터 그 해를 다음과 같이 얻는다.

$$R_n(r) = A_n r^n + B_n r^{-n},\ n \in [1;\infty). \tag{10.34}$$

여기서 A_n, B_n은 아직 정해지지 않은 상수이다.

ii) $\kappa = 0$

이 경우에는 Θ가 θ의 선형 함수로 다음과 같이 얻으며,

$$\Theta(\theta) = a_0\theta + b_0, \tag{10.35}$$

여기서 a_0, b_0는 아직 정해지지 않은 상수이다.

한편 R에 대해서는 식 (10.29)로부터 다음을 얻으므로,

$$r^2\frac{d^2R}{dr^2} + r\frac{dR}{dr} = 0,\ \therefore r\frac{d^2R}{dr^2} + \frac{dR}{dr} = \frac{d}{dr}\left(r\frac{dR}{dr}\right) = 0, \tag{10.36}$$

다음과 같이 해를 얻으며,

$$\frac{dR}{dr} = \frac{A_0}{r},\ R = A_0 \ln r + B_0, \tag{10.37}$$

여기서 A_0, B_0는 아직 정해지지 않은 상수이다.

만약 식 (10.27)의 분리 상수 $\kappa < 0$이라고 하면 Θ에 대해 지수 함수를 해로 얻을 것이며, 이는 주기 함수가 아니므로 물리 문제의 해로 받아들일 수 없다.

위에서 얻은 식 (10.32), (10.34), (10.35), (10.37)로부터 식 (10.24)의 해를 다음과 같이 얻는다.

$$\phi(r,\theta)=\left(A_0 \ln r+B_0\right)\left(a_0\theta+b_0\right)+$$
$$+\sum_{n=1}^{\infty}\left(A_n r^n+B_n r^{-n}\right)\left(a_n \cos n\theta+b_n \sin n\theta\right). \tag{10.38}$$

예를 들어 이상유체의 2차원 포텐셜 유동의 경우, 위 식 우변의 $\ln r$에 비례하는 항은 **용출점**(point source) 또는 **흡입점**(point sink), 그리고 θ에 비례하는 항은 **점와동**(point vortex)에 상응한다.

10.3 3차원 라플라스 방정식에 대한 변수 분리

이 절에서는 3차원 라플라스 방정식을 직각 좌표계 (x,y,z), 원기둥 좌표계 (r,θ,z), 구 좌표계 (r,φ,θ)의 세 경우에 대해 생각하기로 한다.

1) 직각 좌표계 (x,y,z)

직각 좌표계에 대한 3차원 라플라스 방정식은 다음과 같이 쓸 수 있는데,

$$\phi_{xx}+\phi_{yy}+\phi_{zz}=0, \tag{10.39}$$

변수 분리법에서는 이 방정식의 해에 대해 다음과 같이 가정한다.

$$\phi(x,y,z)=X(x)\,Y(y)\,Z(z). \tag{10.40}$$

다시 말하면 x만의 함수인 $X(x)$, y만의 함수인 $Y(y)$, z만의 함수인 $Z(z)$의 곱으로 해가 주어질 수 있음을 가정한다.

식 (10.40)의 가정을 식 (10.39)에 대입하면 다음을 얻고,

$$YZ\frac{d^2X}{dx^2}+XZ\frac{d^2Y}{dy^2}+XY\frac{d^2Z}{dz^2}=0, \tag{10.41}$$

이 식의 양변을 $\phi = XYZ$로 나누고 둘째 항과 셋째 항을 우변으로 이항하면 다음을 얻는데,

$$\frac{1}{X}\frac{d^2X}{dx^2} = -\frac{1}{Y}\frac{d^2Y}{dy^2} - \frac{1}{Z}\frac{d^2Z}{dz^2}, \tag{10.42}$$

이 식의 좌변은 x만의 함수이고, 우변은 y, z만의 함수이므로, 위 식이 성립하기 위해서는 양변이 모두 상수여야 한다.

이하에서는 분리 상수 $\kappa = -\alpha^2 < 0$인 것으로 가정하며, α는 양의 실수라고 한다. 따라서 식 (10.42)는 다음과 같이 쓸 수 있고,

$$\frac{1}{X}\frac{d^2X}{dx^2} = -\frac{1}{Y}\frac{d^2Y}{dy^2} - \frac{1}{Z}\frac{d^2Z}{dz^2} = -\alpha^2, \tag{10.43}$$

이 식으로부터 다음과 같은 두 개의 상미분 방정식을 얻는다.

$$\frac{d^2X}{dx^2} + \alpha^2 X = 0, \tag{10.44}$$

$$-\frac{1}{Y}\frac{d^2Y}{dy^2} = -\alpha^2 + \frac{1}{Z}\frac{d^2Z}{dz^2}. \tag{10.45}$$

식 (10.44)에 대해 $X = e^{\lambda x}$를 가정하면 2차원 문제에 대해서와 같이 다음을 얻는다.

$$X(x) = A\cos\alpha x + B\sin\alpha x. \tag{10.46}$$

여기서 A, B는 아직 정해지지 않은 상수이다.

식 (10.45)에 대해서는 좌변은 y만의 함수, 우변은 z만의 함수이므로, 이 식이 성립하기 위해서는 양변이 상수여야 한다는 점을 다시 한 번 사용하기로 한다. 분리 상수 γ가 양수, 음수, 제로가 됨에 따라 다른 형태의 해가 얻어지므로 이하에서는 각 경우에 대해 따로 따로 생각하기로 하고, β는 양의 실수라고 한다.

i) $\gamma = \beta^2 > 0$

이 경우에는 식 (10.45)를 다음과 같이 쓸 수 있고,

$$-\frac{1}{Y}\frac{d^2Y}{dy^2} = -\alpha^2 + \frac{1}{Z}\frac{d^2Z}{dz^2} = \beta^2, \tag{10.47}$$

이 식으로부터 다음과 같은 두 개의 상미분 방정식을 얻는다.

$$\frac{d^2Y}{dy^2} + \beta^2 Y = 0, \tag{10.48}$$

$$\frac{d^2Z}{dz^2} - \left(\alpha^2 + \beta^2\right) Z = 0. \tag{10.49}$$

여기서 $k^2 = \alpha^2 + \beta^2$이라고 하면, 식 (10.49)는 다음과 같이 다시 쓸 수 있다.

$$\frac{d^2Z}{dz^2} - k^2 Z = 0. \tag{10.50}$$

식 (10.48)과 식 (10.50)으로부터 Y, Z를 각각 다음과 같이 얻는데,

$$Y(y) = C\cos\beta y + D\sin\beta y, \tag{10.51}$$

$$Z(z) = ae^{kz} + be^{-kz}, \; k^2 = \alpha^2 + \beta^2, \tag{10.52}$$

여기서 C, D, a, b는 아직 정해지지 않은 상수이다.

위에서 얻은 식 (10.46), (10.51), (10.52)로부터 식 (10.39)의 해를 다음과 같이 얻는다.

$$\phi(x,y,z) = (A\cos\alpha x + B\sin\alpha x)(C\cos\beta y + D\sin\beta y)\left(ae^{kz} + be^{-kz}\right). \tag{10.53}$$

ii) $\gamma = -\beta^2 < 0$

이 경우에는 식 (10.45)를 다음과 같이 쓸 수 있고,

$$-\frac{1}{Y}\frac{d^2Y}{dy^2} = -\alpha^2 + \frac{1}{Z}\frac{d^2Z}{dz^2} = -\beta^2, \tag{10.54}$$

이 식으로부터 다음과 같은 두 개의 상미분 방정식을 얻는다.

$$\frac{d^2Y}{dy^2} - \beta^2 Y = 0, \tag{10.55}$$

$$\frac{d^2Z}{dz^2} - (\alpha^2 - \beta^2) Z = 0. \tag{10.56}$$

여기서 $\mu = \alpha^2 - \beta^2 \neq 0$이라고 하면, 식 (10.56)은 다음과 같이 다시 쓸 수 있다.

$$\frac{d^2Z}{dz^2} - \mu Z = 0. \tag{10.57}$$

식 (10.55)와 식 (10.57)로부터 Y, Z를 각각 다음과 같이 얻는데,

$$Y(y) = C\cosh\beta y + D\sinh\beta y, \tag{10.58}$$

$$Z(z) = ae^{\sqrt{\mu}\,z} + be^{-\sqrt{\mu}\,z},\ \mu = \alpha^2 - \beta^2, \tag{10.59}$$

여기서 C, D, a, b는 아직 정해지지 않은 상수이며, μ의 부호에 따라 $Z(z)$는 형태가 다른 함수가 됨에 유의한다.

위에서 얻은 식 (10.46), (10.58), (10.59)로부터 식 (10.39)의 해를 다음과 같이 얻는다.

$$\phi(x,y,z) = (A\cos\alpha x + B\sin\alpha x)(C\cosh\beta y + D\sinh\beta y)\left(ae^{\sqrt{\mu}\,z} + be^{-\sqrt{\mu}\,z}\right). \tag{10.60}$$

iii) $\gamma = 0$

이 경우에는 식 (10.45)를 다음과 같이 쓸 수 있고,

$$-\frac{1}{Y}\frac{d^2Y}{dy^2} = -\alpha^2 + \frac{1}{Z}\frac{d^2Z}{dz^2} = 0, \tag{10.61}$$

이 식으로부터 Y에 대해서는 다음과 같은 y의 일차 함수를 얻는데,

$$Y(y) = Cy + D, \tag{10.62}$$

여기서 C, D는 아직 정해지지 않은 상수이다.

또한 Z에 대해서는 다음과 같은 상미분 방정식을 얻으며,

$$\frac{d^2Z}{dz^2} - \alpha^2 Z = 0, \tag{10.63}$$

따라서 Z를 다음과 같이 얻는데,

$$Z(z) = ae^{\alpha z} + be^{-\alpha z}, \tag{10.64}$$

여기서 a, b는 아직 정해지지 않은 상수이다.

위에서 얻은 식 (10.46), (10.62), (10.64)으로부터 식 (10.39)의 해를 다음과 같이 얻는다.

$$\phi(x, y, z) = (A\cos\alpha x + B\sin\alpha x)(Cy + D)\left(ae^{\alpha z} + be^{-\alpha z}\right). \tag{10.65}$$

만약 식 (10.42)의 분리 상수에 대해 영보다 크거나 영과 같다고 가정하면 X, Y, Z에 대해 위와는 다른 결과를 얻을 것이며, 따라서 이에 대한 선택은 주어진 문제의 성질에 따라 적절히 수행해야 함에 유의한다. 또한 위에서 각각의 경우에 대해 얻은 해, 식 (10.53), (10.60), (10.65)의 어떠한 선형 결합도 라플라스 방정식을 만족함에 다시 한 번 유의한다.

2) 원기둥 좌표계 (r, θ, z)

3차원 라플라스 방정식을 **원기둥 좌표계**(cylindrical coordinates) (r, θ, z)를 사용하여 쓰면 다음을 얻는데([연습문제 2], [그림 10.2] 참조),

$$\nabla^2 \phi(r, \theta, z) = \phi_{rr} + \frac{1}{r}\phi_r + \frac{1}{r^2}\phi_{\theta\theta} + \phi_{zz} = 0, \tag{10.66}$$

변수 분리를 적용하면 이 방정식의 해를 다음과 같이 가정할 수 있다.

$$\phi(r, \theta, z) = R(r)\Theta(\theta)Z(z). \tag{10.67}$$

다시 말하면 r만의 함수인 $R(r)$, θ만의 함수인 $\Theta(\theta)$, z만의 함수인 $Z(z)$의 곱으로 해가 주어질 수 있음을 가정한다.

식 (10.67)의 가정을 식 (10.66)에 대입하면 다음을 얻고,

$$\Theta Z \frac{d^2R}{dr^2} + \frac{\Theta Z}{r}\frac{dR}{dr} + \frac{RZ}{r^2}\frac{d^2\Theta}{d\theta^2} + R\Theta\frac{d^2Z}{dz^2} = 0, \tag{10.68}$$

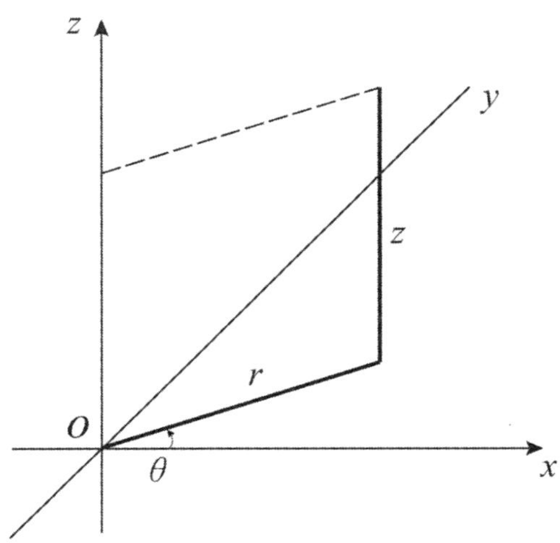

그림 10.2 원기둥 좌표계 (r, θ, z)

이 식의 양변에 $\dfrac{r^2}{R\Theta Z}$ 을 곱하고 셋째 항을 우변으로 이항하면 다음을 얻는데,

$$\frac{r^2}{R}\frac{d^2R}{dr^2}+\frac{r}{R}\frac{dR}{dr}+\frac{r^2}{Z}\frac{d^2Z}{dz^2}=-\frac{1}{\Theta}\frac{d^2\Theta}{d\theta^2}, \tag{10.69}$$

이 식의 좌변은 r, z 만의 함수이고, 우변은 θ 만의 함수이므로, 위 식이 성립하기 위해서는 양변이 모두 상수여야 한다.

분리 상수 κ가 양수, 제로, 음수가 됨에 따라 다른 형태의 해가 얻어지므로 이하에서는 각 경우에 대해 따로 따로 생각하기로 하며, k는 양의 실수라고 한다.

i) $\kappa = k^2 > 0$

이 경우에는 식 (10.69)를 다음과 같이 쓸 수 있고,

$$\frac{r^2}{R}\frac{d^2R}{dr^2}+\frac{r}{R}\frac{dR}{dr}+\frac{r^2}{Z}\frac{d^2Z}{dz^2}=-\frac{1}{\Theta}\frac{d^2\Theta}{d\theta^2}=k^2, \tag{10.70}$$

이 식으로부터 다음과 같은 두 개의 상미분 방정식을 얻는다.

$$\frac{1}{R}\frac{d^2R}{dr^2}+\frac{1}{rR}\frac{dR}{dr}-\frac{k^2}{r^2}=-\frac{1}{Z}\frac{d^2Z}{dz^2}, \tag{10.71}$$

$$\frac{d^2\Theta}{d\theta^2}+k^2\Theta=0. \tag{10.72}$$

식 (10.72)에 대해서는 코싸인과 싸인 함수로 그 해가 주어지는데, 다시 한 번 2π의 주기성을 고려하여 자연수 $n\in[1;\infty)$라고 하면, $k=n$이 되어야 하며 따라서 다음을 얻는다.

$$\Theta_n(\theta)=a_n\cos n\theta+b_n\sin n\theta,\ n\in[1;\infty). \tag{10.73}$$

여기서 a_n, b_n은 아직 정해지지 않은 상수이다.

식 (10.71)에 대해서는 좌변은 r만의 함수, 우변은 z만의 함수이므로, 이 식이 성립하기 위해서는 양변이 상수여야 한다는 점을 다시 한 번 사용하는데, 분리 상수 γ가 음수, 양수, 제로가 됨에 따라 다른 형태의 해가 얻어지므로 이하에서는 각 경우에 대해 따로 따로 생각하기로 하며, α는 양의 실수라고 한다.

ia) $\gamma = -\alpha^2 < 0$

이 경우에는 식 (10.71)을 다음과 같이 다시 쓸 수 있고,

$$\frac{1}{R}\frac{d^2R}{dr^2} + \frac{1}{rR}\frac{dR}{dr} - \frac{n^2}{r^2} = -\frac{1}{Z}\frac{d^2Z}{dz^2} = -\alpha^2, \tag{10.74}$$

이 식으로부터 다음과 같은 두 개의 상미분 방정식을 얻는다.

$$r^2\frac{d^2R}{dr^2} + r\frac{dR}{dr} + (\alpha^2r^2 - n^2)R = 0,\ n \in [1;\infty), \tag{10.75}$$

$$\frac{d^2Z}{dz^2} - \alpha^2 Z = 0. \tag{10.76}$$

식 (10.76)에 대해서는 다음과 같이 해를 얻는데,

$$Z(z) = Ce^{\alpha z} + De^{-\alpha z}, \tag{10.77}$$

여기서 C, D는 아직 정해지지 않은 상수이다.

또 $\rho = \alpha r$이라고 하고 $R = R(\rho)$로 간주하면 다음을 얻으므로,

$$\frac{dR}{dr} = \alpha\frac{dR}{d\rho},\ \frac{d^2R}{dr^2} = \alpha^2\frac{d^2R}{d\rho^2}, \tag{10.78}$$

식 (10.75)에 이들을 대입하여 $R(\rho)$에 대한 미분 방정식을 다음과 같이 얻을 수 있는데,

$$\rho^2 \frac{d^2R}{d\rho^2} + \rho \frac{dR}{d\rho} + (\rho^2 - n^2) R = 0, \ \rho \geq 0, \ n \in [1;\infty), \tag{10.79}$$

이 식은 4.2절 식 (4.12)로 고려한 바 있는 n**차 베셀 미분 방정식**(Bessel's differential equation of order n)이다. 5.2절의 식 (5.97)에 보인 바와 같이 식 (10.79)의 일반해는 다음과 같이 얻을 수 있으며,

$$R_n(\rho) = A_n J_n(\rho) + B_n Y_n(\rho), \ \rho = \alpha r, \ n \in [1;\infty), \tag{10.80}$$

여기서 A_n, B_n은 아직 정해지지 않은 상수이고, J_n, Y_n은 각각 **제1종 및 제2종** n**차 베셀 함수**(Bessel functions of the first and second kinds of order n)이다.

위에서 얻은 식 (10.73), (10.77), (10.80)으로부터 식 (10.66)의 해를 다음과 같이 얻는다.

$$\phi(r, \theta, z) = \left(Ce^{\alpha z} + De^{-\alpha z}\right) \times$$

$$\times \sum_{n=1}^{\infty} \{A_n J_n(\rho) + B_n Y_n(\rho)\}(a_n \cos n\theta + b_n \sin n\theta), \ \rho = \alpha r. \tag{10.81}$$

ib) $\gamma = \alpha^2 > 0$

이 경우에는 Z에 대해 다음과 같이 코싸인, 싸인 함수를 해로 얻을 것이며,

$$Z(z) = C\cos\alpha z + D\sin\alpha z, \tag{10.82}$$

여기서 C, D는 아직 정해지지 않은 상수이다.

한편, R에 대해서는 식 (10.75) 대신 다음을 얻고,

$$r^2 \frac{d^2R}{dr^2} + r\frac{dR}{dr} - (\alpha^2 r^2 + k^2) R = 0, \tag{10.83}$$

이 식에 $\rho = \alpha r$의 치환을 도입하면 다음 식을 얻는데,

$$\rho^2 \frac{d^2 R}{d\rho^2} + \rho \frac{dR}{d\rho} - (\rho^2 + n^2) R = 0, \ n \in [1;\infty), \tag{10.84}$$

이 식은 **수정 n차 베셀 미분 방정식**(modified Bessel's differential equation of order n)이다. 이 식의 일반해는 [연습문제 5.6]의 식 (연5.11)에서 보인 바대로 다음과 같이 주어지며,

$$R_n(\rho) = A_n I_n(\rho) + B_n K_n(\rho), \ \rho = \alpha r, \ n \in [1;\infty), \tag{10.85}$$

여기서 A_n, B_n은 아직 정해지지 않은 상수이고, 또 I_n, K_n은 각각 **제1종 및 제2종 수정 n차 베셀 함수**(modified Bessel functions of the first and second kinds of order n)이다.

따라서 고려 중인 경우에 대해서는 위에서 얻은 식 (10.73), (10.82), (10.85)로부터 식 (10.65)의 해를 다음과 같이 얻는다.

$$\begin{aligned}\phi(r, \theta, z) &= (C\cos\alpha z + D\sin\alpha z) \times \\ &\times \sum_{n=1}^{\infty} \{A_n I_n(\rho) + B_n K_n(\rho)\}(a_n \cos n\theta + b_n \sin n\theta), \ \rho = \alpha r.\end{aligned} \tag{10.86}$$

ic) $\gamma = 0$

이 경우에는 Z에 대해 다음과 같은 선형 함수를 해로 얻을 것이며,

$$Z(z) = Cz + D, \tag{10.87}$$

여기서 C, D는 아직 정해지지 않은 상수이다.

한편, R에 대해서는 식 (10.75)로부터 $\alpha = 0$으로 취하여 코쉬-오일러 방정식을 얻어 그 일반해는 다음과 같이 얻으므로,

$$R_n(r) = A_n r^n + B_n r^{-n}, \ n \in [1;\infty), \tag{10.34}$$

고려 중인 경우에 대해서는 위에서 얻은 식 (10.73), (10.87), (10.34)로부터 식 (10.66)

의 해를 다음과 같이 얻는다.

$$\phi(r,\theta,z)=(C+Dz)\sum_{n=1}^{\infty}\left(A_n r^n+B_n r^{-n}\right)\left(a_n\cos n\theta+b_n\sin n\theta\right). \quad (10.88)$$

ii) $\kappa=0$

이 경우에는 식 (10.69)에서 $k=0$ 으로 취할 수 있으며, $\Theta(\theta)$는 다음과 같이 θ의 선형 함수로 쓸 수 있는데,

$$\Theta(\theta)=a\theta+b, \quad (10.89)$$

여기서 a, b는 아직 정해지지 않은 상수이다.

또한 식 (10.71)로부터 다음을 얻는데,

$$\frac{1}{R}\frac{d^2R}{dr^2}+\frac{1}{rR}\frac{dR}{dr}=-\frac{1}{Z}\frac{d^2Z}{dz^2}, \quad (10.90)$$

이 식에 대해 분리 상수 γ가 음수, 양수, 제로가 됨에 따라 다른 형태의 해가 얻어지므로 이하에서는 각 경우에 대해 따로 따로 생각하기로 하며, α는 양의 실수라고 한다.

iia) $\gamma=-\alpha^2<0$

이 경우에는 식 (10.90)으로부터 다음과 같은 두 개의 상미분 방정식을 얻는다.

$$r^2\frac{d^2R}{dr^2}+r\frac{dR}{dr}+\alpha^2r^2R=0, \quad (10.91)$$

$$\frac{d^2Z}{dz^2}-\alpha^2Z=0. \quad (10.92)$$

식 (10.92)에 대한 해는 식 (10.77)과 같이 지수 함수로 주어지고, 또 $\rho=\alpha r$이라고 하고 $R=R(\rho)$로 간주하면 식 (10.91)로부터 다음을 얻는데,

$$\rho^2 \frac{d^2 R}{d\rho^2} + \rho \frac{dR}{d\rho} + \rho^2 R = 0, \tag{10.93}$$

이 식은 4.2절 식 (4.13)으로 고려한 바 있는 **0차 베셀 미분 방정식**(Bessel's differential equation of order 0)이다. 5.1절의 식 (5.49)에 보인 바와 같이 식 (10.93)의 일반해는 다음과 같이 얻을 수 있으며,

$$R(\rho) = A_0 J_0(\rho) + B_0 Y_0(\rho), \ \rho = \alpha r, \tag{10.94}$$

여기서 A_0, B_0은 아직 정해지지 않은 상수이다.

위에서 얻은 식 (10.89), (10.77), (10.94)로부터 식 (10.66)의 해를 다음과 같이 얻는다.

$$\phi(r,\theta,z) = \{A_0 J_0(\rho) + B_0 Y_0(\rho)\}(a\theta + b)\left(Ce^{\alpha z} + De^{-\alpha z}\right), \ \rho = \alpha r. \tag{10.95}$$

iib) $\gamma = \alpha^2 > 0$

이 경우에는 식 (10.90)으로부터 다음과 같은 두 개의 상미분 방정식을 얻는데,

$$r^2 \frac{d^2 R}{dr^2} + r \frac{dR}{dr} - \alpha^2 r^2 R = 0, \tag{10.96}$$

$$\frac{d^2 Z}{dz^2} + \alpha^2 Z = 0, \tag{10.97}$$

식 (10.97)에 대한 해는 식 (10.82)과 같이 코싸인, 싸인 함수로 주어진다.

또 $\rho = \alpha r$이라고 하고 $R = R(\rho)$로 간주하면 식 (10.96)으로부터 다음을 얻는데,

$$\rho^2 \frac{d^2 R}{d\rho^2} + \rho \frac{dR}{d\rho} - \rho^2 R = 0, \tag{10.98}$$

이 식은 [연습문제 5.6]에서 고려한 바 있는 **수정 0차 베셀 미분 방정식**(modified Bessel's differential equation of order 0)이다. 식 (연5.11)에 보인 바와 같이 식 (10.98)의 일반해는 다음과 같이 얻을 수 있으며,

$$R(\rho) = A_0 I_0(\rho) + B_0 K_0(\rho), \ \rho = \alpha r, \tag{10.99}$$

여기서 A_0, B_0은 아직 정해지지 않은 상수이다.

위에서 얻은 식 (10.89), (10.82), (10.99)로부터 식 (10.66)의 해를 다음과 같이 얻는다.

$$\phi(r,\theta,z) = \{A_0 I_0(\rho) + B_0 K_0(\rho)\}(a\theta + b)(C\cos\alpha z + D\sin\alpha z), \ \rho = \alpha r. \tag{10.100}$$

iic) $\gamma = 0$

이 경우에는 식 (10.90)으로부터 Z를 다음과 같은 z의 선형 함수로 얻으며,

$$Z(z) = Cz + D, \tag{10.101}$$

여기서 C, D는 아직 정해지지 않은 상수이다.

한편 R에 대해서는 식 (10.90)으로부터 아래에 다시 보인 식 (10.36)을 얻는다.

$$r^2 \frac{d^2R}{dr^2} + r\frac{dR}{dr} = 0, \ \therefore r\frac{d^2R}{dr^2} + \frac{dR}{dr} = \frac{d}{dr}\left(r\frac{dR}{dr}\right) = 0. \tag{10.36}$$

따라서 다음과 같이 해를 얻으며,

$$\frac{dR}{dr} = \frac{A_0}{r}, \ R = A_0 \ln r + B_0, \tag{10.37}$$

여기서 A_0, B_0는 아직 정해지지 않은 상수이다.

위에서 얻은 식 (10.89), (10.101), (10.37)로부터 식 (10.66)의 해를 다음과 같이 얻는다.

$$\phi(r,\theta,z) = (A_0 \ln r + B_0)(a\theta + b)(Cz + D). \tag{10.102}$$

위에서 얻은 식 (10.95), (10.100), (10.102)에서 $a = 0$인 경우에는 ϕ가 θ의 함수

가 아니므로 $\phi = \phi(r, z)$가 되고, 이 경우 ϕ는 통상 **축대칭 포텐셜**(axisymmetric potential)이라고 불린다.

마지막으로 $\kappa < 0$이면 $\Theta(\theta)$가 지수 함수의 형태를 가져야 하므로 이와 같은 경우는 물리적으로 불가능하며, 이 경우는 고려에서 제외할 수 있다.

이상으로 여섯 가지 경우에 대한 해로 식 (10.81), (10.86), (10.88), (10.95), (10.100), (10.102)를 얻었는데, 이들은 모두 라플라스 방정식의 해이므로 이들의 어떠한 선형 결합도 역시 라플라스 방정식을 만족함을 다시 한 번 강조한다.

3) 구 좌표계 (r, φ, θ)

3차원 라플라스 방정식을 **구 좌표계**(spherical coordinates) (r, φ, θ)를 사용하여 쓰면 다음을 얻는데([연습문제 3], [그림 10.3] 참조),

$$\nabla^2\phi = \frac{\partial^2\phi}{\partial r^2} + \frac{2}{r}\frac{\partial\phi}{\partial r} + \frac{1}{r^2}\frac{\partial^2\phi}{\partial\varphi^2} + \frac{\cos\varphi}{r^2\sin\varphi}\frac{\partial\phi}{\partial\varphi} + \frac{1}{r^2\sin^2\varphi}\frac{\partial^2\phi}{\partial\theta^2}, \tag{10.103}$$

변수 분리를 적용하면 이 방정식의 해를 다음과 같이 가정할 수 있다.

$$\phi(r, \varphi, \theta) = R(r)\Phi(\varphi)\Theta(\theta). \tag{10.104}$$

다시 말하면 r만의 함수인 $R(r)$, φ만의 함수인 $\Phi(\varphi)$, θ만의 함수인 $\Theta(\theta)$의 곱으로 해가 주어질 수 있음을 가정한다.

식 (10.104)의 가정을 식 (10.103)에 대입하면 다음을 얻고,

$$\Phi\Theta\frac{d^2R}{dr^2} + \frac{2\Phi\Theta}{r}\frac{dR}{dr} + \frac{R\Theta}{r^2}\frac{d^2\Phi}{d\varphi^2} + \frac{R\Theta\cos\varphi}{r^2\sin\varphi}\frac{d\Phi}{d\varphi} + \frac{R\Phi}{r^2\sin^2\varphi}\frac{d^2\Theta}{d\theta^2} = 0, \tag{10.105}$$

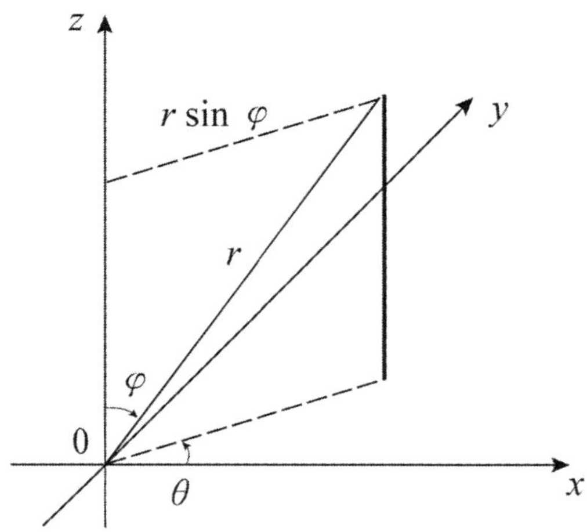

그림 10.3 구 좌표계 (r, φ, θ)

이 식의 양변에 $\dfrac{r^2 \sin^2\varphi}{R\Phi\Theta}$ 을 곱하고 마지막 항을 우변으로 이항하면 다음을 얻는데,

$$\frac{r^2\sin^2\varphi}{R}\frac{d^2R}{dr^2}+\frac{2r\sin^2\varphi}{R}\frac{dR}{dr}+\frac{\sin^2\varphi}{\Phi}\frac{d^2\Phi}{d\varphi^2}+\frac{\cos\varphi\sin\varphi}{\Phi}\frac{d\Phi}{d\varphi}=-\frac{1}{\Theta}\frac{d^2\Theta}{d\theta^2}, \tag{10.106}$$

이 식의 좌변은 r, φ만의 함수이고, 우변은 θ만의 함수이므로, 위 식이 성립하기 위해서는 양변이 모두 상수여야 한다.

분리 상수 κ가 양수, 제로, 음수가 됨에 따라 다른 형태의 해가 얻어지므로 이하에서는 각 경우에 대해 따로 따로 생각하기로 하며, k는 양의 실수라고 한다.

i) $\kappa = k^2 > 0$

이 경우에는 식 (10.106)으로부터 Θ에 대해 다음을 얻는데,

$$\frac{d^2\Theta}{d\theta^2}+k^2\Theta=0, \tag{10.107}$$

이 식의 일반해는 코싸인과 싸인 함수로 주어지며, 2π의 주기성을 고려하여 자연수 $m\in[1;\infty)$라고 하면, $k=m$이 되어야 하며 따라서 다음을 얻는다.

$$\Theta_m(\theta)=a_m\cos m\theta+b_m\sin m\theta,\ m\in[1;\infty). \qquad (10.108)$$

여기서 a_m, b_m은 아직 정해지지 않은 상수이다.

한편, 식 (10.106)으로부터 R, Φ에 대한 식을 다음과 같이 얻으며,

$$\frac{r^2\sin^2\varphi}{R}\frac{d^2R}{dr^2}+\frac{2r\sin^2\varphi}{R}\frac{dR}{dr}+\frac{\sin^2\varphi}{\Phi}\frac{d^2\Phi}{d\varphi^2}+\frac{\cos\varphi\sin\varphi}{\Phi}\frac{d\Phi}{d\varphi}=m^2, \qquad (10.109)$$

이 식의 양변을 $\sin^2\varphi$로 나누고 좌변의 셋째 항과 넷째 항을 우변으로 이항하여 다음을 얻는다.

$$\frac{r^2}{R}\frac{d^2R}{dr^2}+\frac{2r}{R}\frac{dR}{dr}=-\frac{1}{\Phi}\frac{d^2\Phi}{d\varphi^2}-\frac{\cos\varphi}{\Phi\sin\varphi}\frac{d\Phi}{d\varphi}+\frac{m^2}{\sin^2\varphi}. \qquad (10.110)$$

이 식의 좌변은 r만의 함수, 우변은 φ만의 함수이므로, 이 식이 성립하기 위해서는 양변이 상수여야 한다는 점을 다시 한 번 사용하기로 한다. 분리 상수 γ가 양수, 제로, 음수가 됨에 따라 다른 형태의 해가 얻어지지만 이하에서는 α를 음이 아닌 실수라고 할 때, $\gamma=\alpha^2\geq 0$인 경우에 대해서만 고려하기로 한다.

이 경우에 대해서는 식 (10.110)으로부터 다음을 얻으며,

$$\frac{r^2}{R}\frac{d^2R}{dr^2}+\frac{2r}{R}\frac{dR}{dr}=-\frac{1}{\Phi}\frac{d^2\Phi}{d\varphi^2}-\frac{\cos\varphi}{\Phi\sin\varphi}\frac{d\Phi}{d\varphi}+\frac{m^2}{\sin^2\varphi}=\alpha^2, \qquad (10.111)$$

이 식으로부터 다음과 같은 두 개의 상미분 방정식을 얻는다.

$$r^2\frac{d^2R}{dr^2}+2r\frac{dR}{dr}-\alpha^2R=0, \qquad (10.112)$$

$$\frac{d^2\Phi}{d\varphi^2}+\frac{\cos\varphi}{\sin\varphi}\frac{d\Phi}{d\varphi}+\left(\alpha^2-\frac{m^2}{\sin^2\varphi}\right)\Phi=0. \tag{10.113}$$

식 (10.112)는 코쉬-오일러 방정식인데, r의 멱함수를 그 해로 한정하기로 하면, $n\in[0;\infty)$라고 할 때, $\alpha^2=n(n+1)$로 취하여 다음과 같이 일반해를 얻으며,

$$R_n(r)=A_n r^n+B_n r^{-n-1},\ n\in[0;\infty), \tag{10.114}$$

여기서 A_n, B_n은 아직 정해지지 않은 상수이다.

또 $\xi=\cos\varphi$라고 하고 $\Phi=\Phi(\xi)$로 간주하면 연쇄율에 의해 다음을 얻으므로,

$$\frac{d\Phi}{d\varphi}=-\sin\varphi\frac{d\Phi}{d\xi}, \tag{10.115}$$

$$\frac{d^2\Phi}{d\varphi^2}=-\cos\varphi\frac{d\Phi}{d\xi}+\sin^2\varphi\frac{d^2\Phi}{d\xi^2}=-\xi\frac{d\Phi}{d\xi}+(1-\xi^2)\frac{d^2\Phi}{d\xi^2}, \tag{10.116}$$

이들을 식 (10.113)에 대입하여 $m\in[1;\infty)$, $n\in[0;\infty)$에 대해 다음을 얻는다.

$$(1-\xi^2)\frac{d^2\Phi}{d\xi^2}-2\xi\frac{d\Phi}{d\xi}+\left\{n(n+1)-\frac{m^2}{1-\xi^2}\right\}\Phi=0. \tag{10.117}$$

이 식은 m,n차 **연계 르쟝드르 미분 방정식**(associated Legendre differential equation of order m,n)이라고 불리며, 그 일반해는 다음과 같이 주어지는데,

$$\Phi_{mn}(\xi)=C_{mn}P_n^m(\xi)+D_{mn}Q_n^m(\xi),\ \xi=\cos\varphi,\ m\in[1;\infty),\ n\in[0;\infty), \tag{10.118}$$

여기서 C_{mn}, D_{mn}은 아직 정해지지 않은 상수이고, 또 P_n^m, Q_n^m은 각각 **제1종 및 제2종 m,n차 연계 르쟝드르 함수**(associated Legendre functions of the first and second kinds of order m,n)라고 불린다. P_n^m, Q_n^m에 대한 보다 자세한 논의는 Arfken(1985)〈8〉을 참조하기 바란다.

따라서 고려 중인 경우에 대해 위에서 얻은 식 (10.108), (10.114), (10.118)로부터 식 (10.103)의 해를 다음과 같이 얻는다.

$$\phi(r,\varphi,\theta) = \sum_{n=0}^{\infty}\sum_{m=1}^{\infty}\left\{C_{mn}P_n^m(\xi)+D_{mn}Q_n^m(\xi)\right\}\times$$
$$\times\left(A_n r^n + B_n r^{-n-1}\right)\left(a_m\cos m\theta + b_m \sin m\theta\right),\ \xi = \cos\varphi. \quad (10.119)$$

ii) $\kappa = 0$

이 경우에는 식 (10.106)으로부터 $\Theta(\theta)$는 식 (10.89)에 보인 바와 같은 θ의 선형 함수임을 얻으며, 또한 다음 식을 얻는다.

$$\frac{r^2}{R}\frac{d^2R}{dr^2}+\frac{2r}{R}\frac{dR}{dr} = -\frac{1}{\Phi}\frac{d^2\Phi}{d\varphi^2}-\frac{\cos\varphi}{\Phi\sin\varphi}\frac{d\Phi}{d\varphi}. \quad (10.120)$$

이 식의 좌변은 r만의 함수, 우변은 φ만의 함수이므로, 이 식이 성립하기 위해서는 양변이 상수여야 한다는 점을 다시 한 번 사용하기로 하며, 분리 상수 γ가 양수, 제로, 음수가 됨에 따라 다른 형태의 해가 얻어지지만 이하에서는 α를 음이 아닌 실수라고 할 때, $\gamma = \alpha^2 \geq 0$인 경우에 대해서만 고려하기로 한다.

따라서 식 (10.120)으로부터 다음을 얻으며,

$$\frac{r^2}{R}\frac{d^2R}{dr^2}+\frac{2r}{R}\frac{dR}{dr} = -\frac{1}{\Phi}\frac{d^2\Phi}{d\varphi^2}-\frac{\cos\varphi}{\Phi\sin\varphi}\frac{d\Phi}{d\varphi} = \alpha^2, \quad (10.121)$$

이 식으로부터 다음과 같은 두 개의 상미분 방정식을 얻는다.

$$r^2\frac{d^2R}{dr^2}+2r\frac{dR}{dr}-\alpha^2 R = 0, \quad (10.112)$$

$$\frac{d^2\Phi}{d\varphi^2}+\frac{\cos\varphi}{\sin\varphi}\frac{d\Phi}{d\varphi}+\alpha^2\Phi = 0. \quad (10.122)$$

식 (10.112)에 대해서는 앞의 $\kappa = k^2 > 0$인 경우와 같이 $n \in [0; \infty)$라고 할 때, $\alpha^2 = n(n+1)$로 취하여 아래에 다시 보인 식 (10.114)와 같이 일반해를 얻는다.

$$R_n(r) = A_n r^n + B_n r^{-n-1},\ n \in [0; \infty). \tag{10.114}$$

또 식 (10.122)에 대해서는 $\xi = \cos\varphi$라고 하고 $\Phi = \Phi(\xi)$로 간주하면 $n \in [0; \infty)$에 대해 다음을 얻는다.

$$(1-\xi^2)\frac{d^2\Phi}{d\xi^2} - 2\xi\frac{d\Phi}{d\xi} + n(n+1)\Phi = 0,\ \xi \in [-1, 1],\ n \in [0; \infty). \tag{10.123}$$

이 식은 n차 **르장드르 미분 방정식**(Legendre's differential equation of order n)이라고 불리며 4.2절의 식 (4.21)과 같은 식이다.

5.3절의 식 (5.118)에 보인 바와 같이 식 (10.123)의 일반해는 다음과 같이 쓸 수 있으며,

$$\Phi_n(\xi) = C_n P_n(\xi) + D_n Q_n(\xi),\ \xi = \cos\varphi,\ n \in [1; \infty), \tag{10.124}$$

여기서 C_n, D_n은 아직 정해지지 않은 상수이다.

따라서 고려 중인 경우에 대해 위에서 얻은 식 (10.89), (10.114), (10.124)로부터 식 (10.103)의 해를 다음과 같이 얻는다.

$$\phi(r,\varphi,\theta) = (a_0\theta + b_0)\sum_{n=0}^{\infty}\left(A_n r^n + B_n r^{-n-1}\right)\{C_n P_n(\xi) + D_n Q_n(\xi)\},\ \xi = \cos\varphi. \tag{10.125}$$

여기서 $a_0 = 0$인 경우에는 $\phi = \phi(r, \varphi)$가 되며, 이 경우 ϕ는 축대칭 포텐셜이라고 불린다.

마지막으로 $\kappa < 0$이면 $\Theta(\theta)$가 지수 함수의 형태를 가져야 하므로 이와 같은 경우는 물리적으로 불가능하며, 이 경우는 고려에서 제외할 수 있다.

이상으로 두 가지 경우에 대한 해로 식 (10.119), (10.125)를 얻었는데, 이들은 모두 라플라스 방정식의 해이므로 이들의 어떠한 선형 결합도 역시 라플라스 방정식을 만족함에 유의한다.

이상으로 라플라스 방정식에 대해 각각 원기둥 좌표계와 구 좌표계를 사용하였을 때, 변수 분리에 의해 베셀 미분 방정식과 르쟝드르 미분 방정식이 얻어지는 것을 보였다.

연습문제

1. 일반 직교 좌표계 (q_1, q_2, q_3)로 주어진 스칼라 함수 $f(q_1, q_2, q_3)$에 대한 그래디언트 ∇f는 다음과 같이 주어진다.[15)]

$$\nabla f = \sum_{j=1}^{3} \frac{1}{h_j} \frac{\partial f}{\partial q_j} \hat{e}_j . \qquad \text{(연10.1)}$$

여기서 h_j는 다음과 같이 정의되는 **척도 계수**(scale factor)이고,

$$h_j = \sqrt{\left(\frac{\partial x}{\partial q_j}\right)^2 + \left(\frac{\partial y}{\partial q_j}\right)^2 + \left(\frac{\partial z}{\partial q_j}\right)^2}, \; j = 1, 2, 3, \qquad \text{(연10.2)}$$

(x, y, z)는 직각 좌표계이며, $\hat{e}_j$는 q_j가 증가하는 방향의 단위 벡터이다.

또한 일반 직교 좌표계 (q_1, q_2, q_3)로 주어진 벡터 함수 $\underline{u}(q_1, q_2, q_3) = \sum_{j=1}^{3} u_j \hat{e}_j$에 대한 다이버젼스 $\nabla \cdot \underline{u}$는 다음과 같이 주어진다.

$$\nabla \cdot \underline{u} = \frac{1}{h_1 h_2 h_3} \left\{ \frac{\partial (u_1 h_2 h_3)}{\partial q_1} + \frac{\partial (u_2 h_3 h_1)}{\partial q_2} + \frac{\partial (u_3 h_1 h_2)}{\partial q_3} \right\}. \qquad \text{(연10.3)}$$

이들을 이용하여 일반 직교 좌표계 (q_1, q_2, q_3)로 주어진 스칼라 함수 $f(q_1, q_2, q_3)$에 대한 $\nabla^2 f$는 다음과 같이 주어짐을 보이시오.

$$\nabla^2 f = \frac{1}{h_1 h_2 h_3} \left\{ \frac{\partial}{\partial q_1} \left(\frac{h_2 h_3}{h_1} \frac{\partial f}{\partial q_1} \right) + \frac{\partial}{\partial q_2} \left(\frac{h_3 h_1}{h_2} \frac{\partial f}{\partial q_2} \right) + \frac{\partial}{\partial q_3} \left(\frac{h_1 h_2}{h_3} \frac{\partial f}{\partial q_3} \right) \right\}. \qquad \text{(연10.4)}$$

---

15) 이 문제에 대해서는 이승준(2010)<1>을 참조하기 바란다.

2. 원기둥 좌표계 $(r,\theta,z)=(q_1,q_2,q_3)$에 대해서는 다음이 성립하므로,

$$(x,y,z)=(r\cos\theta, r\sin\theta, z), \tag{연10.5}$$

척도 계수가 다음과 같음을 보이고,

$$h_1=1,\ h_2=r,\ h_3=1, \tag{연10.6}$$

이를 이용하여 구 좌표계에 대한 라플라스 연산자가 다음과 같이 주어짐을 보이시오.

$$\nabla^2 f=\frac{1}{r}\left\{\frac{\partial}{\partial r}\left(r\frac{\partial f}{\partial r}\right)+\frac{\partial}{\partial\theta}\left(\frac{1}{r}\frac{\partial f}{\partial\theta}\right)+\frac{\partial}{\partial z}\left(r\frac{\partial f}{\partial z}\right)\right\}. \tag{연10.7}$$

2차원 극 좌표계 (r,θ)에 대해서는 식 (연10.7)에서 z에 대한 항을 무시하면 원하는 결과를 얻음에 유의한다.

3. 구 좌표계 $(r,\varphi,\theta)=(q_1,q_2,q_3)$에 대해서는 다음이 성립하므로,

$$(x,y,z)=(r\sin\varphi\cos\theta, r\sin\varphi\sin\theta, r\cos\varphi), \tag{연10.8}$$

척도 계수가 다음과 같음을 보이고,

$$h_1=1,\ h_2=r,\ h_3=r\sin\varphi, \tag{연10.9}$$

이를 이용하여 구 좌표계에 대한 라플라스 연산자가 다음과 같이 주어짐을 보이시오.

$$\nabla^2 f=\frac{1}{r^2\sin\varphi}\left\{\frac{\partial}{\partial r}\left(r^2\sin\varphi\frac{\partial f}{\partial r}\right)+\frac{\partial}{\partial\varphi}\left(\sin\varphi\frac{\partial f}{\partial\varphi}\right)+\frac{\partial}{\partial\theta}\left(\frac{1}{\sin\varphi}\frac{\partial f}{\partial\theta}\right)\right\}. \tag{연10.10}$$

4. 2차원, 또는 3차원 문제에 대한 파동 방정식은 미지 함수 $\phi(\underline{x},t)$에 대해 다음과 같이 주어진다.

$$\phi_{tt}-c^2\nabla^2\phi=0. \tag{연10.11}$$

여기서 c는 파동의 전파 속도에 상응한다.

ϕ에 대해 다음과 같은 변수 분리의 가정을 도입하여,

$$\phi(\underline{x},t)=\psi(\underline{x})T(t), \tag{연10.12}$$

$\psi(\underline{x})$와 $T(t)$가 각각 다음을 만족함을 보이시오.

$$\nabla^2\psi+\alpha^2\psi=0, \tag{연10.13}$$

$$\frac{d^2T}{dt^2}+c^2\alpha^2T=0. \tag{연10.14}$$

여기서 α^2은 분리 상수와 관련된 상수이며, 식 (10.13)은 **헬름홀츠 방정식**(Helmholtz equation)이라고 불린다.

5. 2차원, 또는 3차원 문제에 대한 확산 방정식은 미지 함수 $\phi(\underline{x},t)$에 대해 다음과 같이 주어진다.

$$\phi_t-k\nabla^2\phi=0. \tag{연10.15}$$

여기서 k는 주어진 양의 실수로 확산율이라고 부른다.

ϕ에 대해 다음과 같은 변수 분리의 가정을 도입하여,

$$\phi(\underline{x},t)=\psi(\underline{x})T(t), \tag{연10.12}$$

$\psi(\underline{x})$와 $T(t)$가 각각 다음을 만족함을 보이시오.

$$\nabla^2\psi+\alpha^2\psi=0, \tag{연10.13}$$

$$\frac{dT}{dt}+k\alpha^2T=0. \tag{연10.16}$$

여기서 α^2은 분리 상수와 관련된 상수이다. 이 문제에 대해서도 $\psi(\underline{x})$에 대해서는 파동 방정식에 대해서 얻었던 헬름홀츠 방정식을 얻음에 유의한다.

6. 위에서 얻은 헬름홀츠 방정식, 식 (연10.13)에서 미지 함수 $\psi(\underline{x})$를 직각 좌표계 (x, y)의 함수로 간주하고, 변수 분리 $\psi(\underline{x}) = X(x)\,Y(y)$를 적용한 후 X와 Y가 만족해야 하는 상미분 방정식을 각각 구하고, 그 해를 구하시오.

7. 위에서 얻은 헬름홀츠 방정식, 식 (연10.13)에서 미지 함수 $\psi(\underline{x})$를 극 좌표계 (r, θ)의 함수로 간주하고, 변수 분리 $\psi(\underline{x}) = R(r)\,\Theta(\theta)$를 적용한 후 R과 Θ가 만족해야 하는 상미분 방정식을 각각 구하고, 그 해를 구하시오.

11장

라플라스 방정식

가우스(Gauss, 1840)는 라플라스 방정식의 해인 스칼라 함수를 **포텐셜**(potential)이라고 불렀는데, 여기서도 그를 따라 포텐셜로 부르기로 한다.

1절에서는 물리학의 여러 분야에서 만나게 되는 각종 포텐셜에 대해 간단히 소개하고, 유체역학의 속도 포텐셜을 예로 들어 10.2절에서 얻었던 변수 분리에 의한 결과들을 이용하여 포텐셜을 구하는 과정에 대해 논의하기로 한다.

2절에서는 변수 분리법을 사용하여 포텐셜을 구하는 것과 관련하여 중요한 의미를 가지는 Sturm-Liouville 정리를 소개하며, 고유함수로 구성된 직교기저의 사용에 대해 간단한 예제를 생각하여 푸리에 싸인 급수와 푸리에 코싸인 급수를 얻을 수 있음을 보이고, 푸리에 급수도 고유함수 전개에 의해 얻어지는 급수의 하나인 점을 보이기로 한다.

3절에서는 고려해야 하는 영역이 무한히 클 경우, 푸리에 변환의 사용에 의해 라플라스 방정식과 주어진 경계 조건으로 이루어진 경계치 문제의 해를 구하는 과정을 예를 들어 설명하기로 한다.

11.1 포텐셜

10장에서 논의한 바와 같이 라플라스 방정식은 동역학, 유체역학, 전자기학, 열전달 등의 물리학 전반에 걸쳐 나타나며, 그 해를 동역학에서는 **중력 포텐셜**(gravitational potential), 유체역학에서는 **속도 포텐셜**(velocity potential), 전자기학에서는 **전기 포텐셜**(electric potential), 열전달에서는 **온도**(temperature) 등으로 부른다.

포텐셜의 **그래디언트**(gradient)는 동역학에서는 중력, 유체역학에서는 속도, 전자기학에서는 전기장, 열전달에서는 **온도구배**(temperature gradient)라고 각각 불리며, 대체적으로 직접 계측 가능한 물리량들이다. 이하에서는 유체역학에서의 경우를 예로 들어 설명하기로 한다.

이상유체(ideal fluid)[16]의 **비회전성 유동**(irrotational flow)은 속도 포텐셜 ϕ의 그래디언트로 그 속도 $\underline{u}$가 주어지며, 논의의 편의를 위해 2차원 유동에 대해 생각하기로 하면, 다음과 같이 쓸 수 있다.

$$\underline{u}(x,y) = (u,v) = \nabla\phi(x,y) \equiv \left(\frac{\partial\phi}{\partial x}, \frac{\partial\phi}{\partial y}\right). \tag{11.1}$$

비압축성 유체에 대한 질량 보존 법칙은 다음과 같이 주어지므로,

$$\nabla \cdot \underline{u} = 0, \tag{11.2}$$

이 식에 식 (11.1)을 대입하면 속도 포텐셜은 $\nabla^2\phi = 0$, 즉 라플라스 방정식을 만족함을 쉽게 알 수 있다.

포텐셜이 존재하는 유동을 **포텐셜 유동**(potential flow)이라고 하는데, 따라서 포텐셜 유동에 대해서는 라플라스 방정식을 만족하며 주어진 경계에서 주어진 경계 조건을 만족하는 해를 구하면 유동장 내부의 속도 벡터를 모두 구할 수 있다. 여기서 속도는 벡터이므로 2차원 유동의 경우, 미지 함수가 두 개인 문제이지만, 포텐셜 유동의 경우에는 스칼라 함수인 포텐셜만 구하면 속도 벡터를 구할 수 있으므로 미지 함수가 하나인 점에 유의한다.

또한 포텐셜 유동의 경우에는 속도 포텐셜이 유동장 내부의 모든 곳에서 라플라스 방정식을 만족해야 하므로 개별적인 문제의 특성은 문제에서 고려하는 경계의 형상과 경계에서 주어진 경계 조건에 따라 결정된다. 그러므로 경계의 형상에 따라 좌표계를 선택하는 것이 일반적이고, 경계 조건으로는 포텐셜 자체의 값이 주어지거나 또는 포텐셜의 **법선 방향 도함수**(normal derivative)가 주어지는 것이 보통이며, 전자는 **디리클레 조건**(Dirichlet condition), 후자는 **노이만 조건**(Neumann condition)이라고 각각 불린다.

포텐셜을 구하는 문제의 속성을 보이기 위해 **균일 유동**(uniform flow) 중에 놓인 반경 a인 **원기둥**(circular cylinder) 주위의 유동에 대한 속도 포텐셜을 구하는 문제를 예로 들어 생각하기로 하자([그림 11.1] 참조).

---

16) **비점성 비압축성 유체**(inviscid incompressible fluid)를 뜻한다.

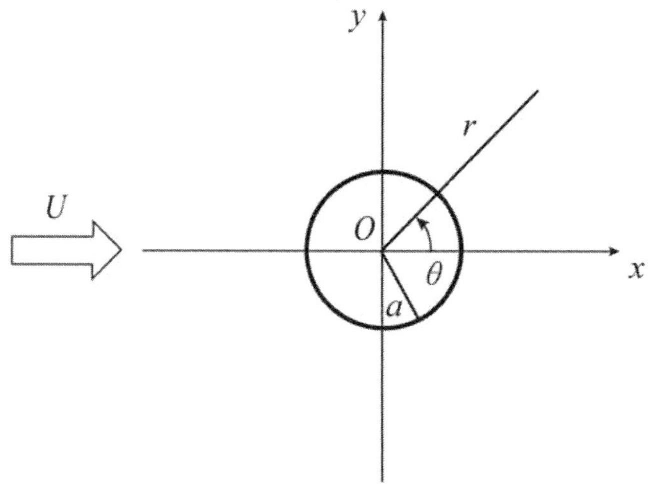

그림 11.1 균일 유동 중의 원기둥

속도 U의 균일 유동의 방향을 양의 x축 방향으로 잡고 원기둥의 중심에 좌표계의 원점을 잡으면, 균일 유동에 대한 속도 포텐셜 ϕ_0은 다음과 같이 쓸 수 있으며,

$$\phi_0(x, y) = Ux, \tag{11.3}$$

이 식의 정당성은 식 (11.3)을 식 (11.1)에 대입하여 얻어지는 속도, $\underline{u}(x, y) = (U, 0)$에 의해 확인될 수 있다. 또한 식 (11.3)으로 주어지는 속도 포텐셜은 10.2절 1.iii)에서 구한 식 (10.23)으로 주어지는 직각 좌표계로 나타낸 포텐셜에서 $B = C = 0$, $AD = 1$로 취하여 얻어지는 함수와 같음에 유의한다.

주어진 문제의 경계는 원기둥의 표면이라고 볼 수 있는데, 이 경계에서 유체는 물체에 법선 방향의 속도 성분을 가질 수 없으므로, 다음과 같은 경계 조건, 즉 노이만 조건을 만족해야 한다.

$$\frac{\partial \phi}{\partial r} = 0, \ r = a\text{에서}. \tag{11.4}$$

물체로부터 대단히 멀리 떨어진 곳에서는 균일 유동이 유지될 것이므로, 속도 포텐셜을 다음과 같은 형태로 가정하면,

$$\phi = \phi_0 + \phi_1, \tag{11.5}$$

여기서 ϕ_1은 원기둥의 존재에 의해 균일 유동이 교란되는 영향을 나타내는 속도 포텐셜이며 물체로부터 대단히 멀리 떨어진 곳에서는 영으로 수렴해야 한다.

식 (11.5)를 식 (11.4)에 대입하면 다음을 얻는데,

$$\frac{\partial \phi_1}{\partial r} = -\frac{\partial (Ux)}{\partial r} = -U\frac{\partial (r\cos\theta)}{\partial r} = -U\cos\theta,\ r = a \text{에서}, \tag{11.6}$$

ϕ_1에 대해 10.2절 2)에서 구했으며, 아래에 다시 보인 식 (10.38)의 형태를 가진다고 가정하자.

$$\phi_1(r,\theta) = \sum_{n=1}^{\infty}\left(A_n r^n + B_n r^{-n}\right)\left(a_n \cos n\theta + b_n \sin n\theta\right). \tag{10.38}$$

단 식 (10.38)에서 $A_0 = B_0 = a_0 = b_0 = 0$으로 취했음에 유의한다.

이 식과 식 (11.6)을 비교하여, $a_1 \neq 0$이고 그 외의 a_n과 b_n은 모두 영이 되어야 함을 알 수 있으며, 편의 상 $a_1 = 1$로 취하여 다음을 얻는다.

$$\phi_1(r,\theta) = \left(A_1 r + B_1 r^{-1}\right)\cos\theta. \tag{11.7}$$

여기서 $r \to \infty$일 때 $\phi_1 \to 0$이 되어야 하므로, $A_1 = 0$을 얻고, 이제 이 결과를 적용한 식 (11.7)을 식 (11.6)에 대입하여 다음을 얻는다.

$$\left.\frac{\partial \phi_1}{\partial r}\right|_{r=a} = -\frac{B_1}{a^2}\cos\theta = -U\cos\theta,\ \therefore B_1 = Ua^2. \tag{11.8}$$

이들로부터 속도 U의 균일 유동 중에 놓인 반경 a인 원기둥 주위의 유동에 대한 속도 포텐셜 ϕ를 다음과 같이 얻는다.

$$\phi = \phi_0 + \phi_1 = Ux + \frac{Ua^2}{r}\cos\theta = U\left(r + \frac{a^2}{r}\right)\cos\theta. \tag{11.9}$$

돌이켜 보면 균일 유동에 상응하는 위 식 우변의 첫째 항, $Ur\cos\theta$는 10.2절 2)의

식 (10.38)로 얻은 극 좌표로 나타낸 포텐셜에서 $A_1 a_1 = U$로 취하고 그 외의 모든 A_n, B_n, a_n, b_n은 영으로 취하여 얻어지는 함수와 같음을 확인할 수 있다.

이상으로 간단하나마 10.2절에서 얻었던 포텐셜을 이용하여 주어진 문제의 경계 조건을 만족시킴으로써 해를 구하는 과정을 보였다.

11.2 변수 분리법과 Sturm-Liouville[17)] 정리

7.1절에서 SL 문제(Sturm-Liouville problem)를 그린 함수와 관련하여 논의한 바 있는데, 이 절에서는 먼저 SL 정리(Sturm-Liouville theorem)를 소개하고, 변수 분리법과 관련하여 그 응용에 대해 알아보기로 한다.

구간 $x \in (a, b)$에서 두 번 연속 미분 가능한 모든 함수의 집합 $C_2(a, b)$ 상에 다음과 같은 미분 연산자 $\underline{A}$가 정의되었다고 하자.

$$\underline{A} = \frac{1}{w(x)}\left[\frac{d}{dx}\left\{p(x)\frac{d}{dx}\right\} + q(x)\right]. \tag{11.10}$$

여기서 a, b는 유한하고, $p > 0$, q, $w > 0$은 주어진 정칙 함수이다. 미지 함수 $y(x)$는 다음과 같은 경계 조건을 만족하는데,

$$\alpha_1 y(a) + \beta_1 y'(a) = 0, \quad \alpha_2 y(b) + \beta_2 y'(b) = 0, \tag{11.11}$$

여기서 $y' \equiv \dfrac{dy}{dx}$를 뜻하고, α_j, β_j, $j \in [1;2]$는 주어진 실수이다. 또한 $C_2(a, b)$에 속하는 함수(또는 벡터) $y(x)$, $z(x)$에 대해 스칼라곱 (y, z)를 다음과 같이 정의하기로 하면,

$$(y, z) = \int_a^b w(x) y(x) z(x) dx, \tag{11.12}$$

17) 이하에서는 SL로 약칭하기로 한다.

$\underline{A}$는 실수 유클리드 공간인 $C_2(a,b)$ 상에 정의된 대칭 텐서임을 보일 수 있다.[18)]

$\underline{A}$에 대한 **고유값 문제**(eigenvalue problem)는 다음과 같은 미분 방정식으로 주어질 수 있는데,

$$(py')' + qy + \lambda wy = 0, \tag{11.13}$$

여기서 λ는 고유값이며, 물론 y는 식 (11.11)로 주어진 경계 조건도 만족해야 한다. 위의 고유값 문제는 무한히 많은 영보다 큰 실수 고유값과 각각의 고유값에 상응하는 **고유벡터**[eigenvector, 또는 **고유함수**(eigenfunction)]를 그 해로 가지며, 이들 고유벡터는 서로 직교하고, 모든 고유벡터의 집합은 $L_2(a,b)$의 기저를 구성한다.

$L_2(a,b)$는 **르베끄 공간**(Lebesgue space)의 일종으로, 구간 $[a,b]$에서 정의되어 있고, **제곱 적분 가능한**(square integrable), 즉 다음을 만족하는 모든 함수의 집합으로 정의된다.

$$\int_a^b |y(x)|^2 dx < \infty. \tag{11.14}$$
[19)]

이 정리의 증명을 포함하여, $L_2(a,b)$ 보다는 제한적인 함수들, 즉 구간 $x \in (a,b)$에서 부분 유연인 모든 함수들의 집합에 대해 성립하며, 보다 다양한 경계 조건을 포함하는 경우에 대한 정리의 증명과 예제들에 대해서는 Titchmarsh(1946)〈10〉, Churchill(1956)〈11〉을 참조하기 바란다.

SL 정리의 응용을 보이기 위해 10.2절에서 변수 분리에 의해 얻었던 아래에 다시 보인 식 (10.13)에 대해 생각하기로 하자.

$$\frac{d^2X}{dx^2} + k^2 X = 0, \ x \in (0,l). \tag{11.15}$$

또한 위 식의 $X(x)$는 다음과 같은 경계 조건을 만족한다고 하자.

18) 대칭 텐서의 정의에 대해서는 이승준(2010)<1>을 참조하기 바란다.

19) 여기서 적분은 **르베끄 적분**(Lebesgue integral)을 뜻하는데, 이와 관련된 보다 자세한 사항들은 Rudin(1976)<9> 등의 해석학 교재를 참조하기 바란다. 물론 이 적분을 **리만 적분**(Riemann integral)으로 간주하여도 좋은 함수들에 국한하여 생각해도 정리의 내용에 큰 변화는 없다. 리만 적분은 주어진 함수에 대해 **리만 합**(Riemann sum)의 극한으로 정의된, 보통의 적분을 뜻한다.

$$X(0)=0,\ X(l)=0. \tag{11.16}$$

위의 문제를 식 (11.13), (11.11)과 비교하면 다음을 얻으며,

$$a=0,\ b=l,\ p=1,\ q=0,\ w=1,\ \alpha_1=\alpha_2=1,\ \beta_1=\beta_2=0,\ \lambda=k^2, \tag{11.17}$$

따라서 식 (11.15), (11.16)에 대해 SL 정리를 적용할 수 있다.

먼저 식 (11.15)의 해는 아래에 다시 보인 식 (10.17)로 주어지는데,

$$X(x)=A\cos kx+B\sin kx, \tag{10.17}$$

식 (11.16)의 첫째 경계 조건을 만족하기 위해서는 $A=0$이 되어야 하며, 편의상 $B=1$로 취하면 둘째 경계 조건으로부터 다음을 얻는다.

$$\sin kl=0. \tag{11.18}$$

따라서 다음과 같이 고유값을 얻으며,

$$\lambda_n=k_n^2=\left(\frac{n\pi}{l}\right)^2,\ n\in[1;\infty), \tag{11.19}$$

각각의 고유값에 상응하는 고유함수를 다음과 같이 얻는다.

$$X_n(x)=\sin k_n x\equiv\Psi_n(x),\ n\in[1;\infty),\ k_n=\frac{n\pi}{l}. \tag{11.20}$$

SL 정리에 따르면 모든 고유함수의 집합 $\{\Psi\}\equiv\{\Psi_1,\Psi_2,\cdots\}$는 $L_2(0,l)$의 직교기저를 이루는데, 고유함수의 직교성과 다음을 증명하는 것은 [연습문제 1]로 남기기로 한다.

$$(\Psi_n,\Psi_n)\equiv|\Psi_n|^2=\int_0^l\sin^2 k_n x\,dx=\frac{l}{2},\ k_n=\frac{n\pi}{l}. \tag{11.21}$$

따라서 $L_2(0,l)$에 속하는 임의의 함수 $f(x)$에 대해 $\{\Psi\}$를 기저로 사용하여 나타내기로 하면 다음과 같은 관계를 가정할 수 있으며,

$$f(x) = \sum_{n=1}^{\infty} b_n \Psi_n(x), \tag{11.22}$$

여기서 b_m, $m \in [1;\infty)$은 위 식의 양변에 Ψ_m을 스칼라곱하고 고유함수의 직교성과 식 (11.21)을 이용하여 다음과 같이 얻는다.

$$b_m = \frac{(f, \Psi_m)}{(\Psi_m, \Psi_m)} = \frac{2}{l}(f, \Psi_m),\ m \in [1;\infty). \tag{11.23}$$

식 (11.23)을 식 (11.22)에 대입하면 다음을 얻는데,

$$f(x) = \frac{2}{l}\sum_{n=1}^{\infty}(f, \Psi_n)\Psi_n(x) = \frac{2}{l}\sum_{n=1}^{\infty}(f, \Psi_n)\sin k_n x,\ k_n = \frac{n\pi}{l}, \tag{11.24}$$

위 식의 우변은 $f(x)$의 **푸리에 싸인 급수**(Fourier sine series)라고 불리며, 또는 고유함수를 이용한 급수 전개라는 관점에서 보다 일반적인 명칭인 **고유함수 전개**(eigenfunction expansion)로도 불린다.

위의 푸리에 싸인 급수에 대한 이해를 돕기 위해 아래에 다시 보인 9.1절의 식 (9.10)으로 주어지는 톱니 파동에 대한 푸리에 싸인 급수를 구하기로 한다([그림 9.1] 참조).

$$f(x) = \begin{cases} x, & x \in [0, l/2], \\ l - x, & x \in [l/2, l]. \end{cases} \tag{11.25}$$

식 (11.24)의 우변으로 주어지는 푸리에 싸인 급수는 x에 대해 기함수이므로, 식 (11.25)로 주어진 톱니 파동에 대해 푸리에 싸인 급수를 구한다고 하는 것은 톱니 파동을 주기 함수로 확장함에 있어 [그림 9.2]에 보인 것과 같이 주기 l의 우함수인 주기 함수가 아닌, [그림 11.2]에 보인 것과 같이 주기 $2l$의 기함수인 주기 함수로 확장하는 것을 뜻한다.

(f, Ψ_n)은 다음과 같이 구할 수 있는데,

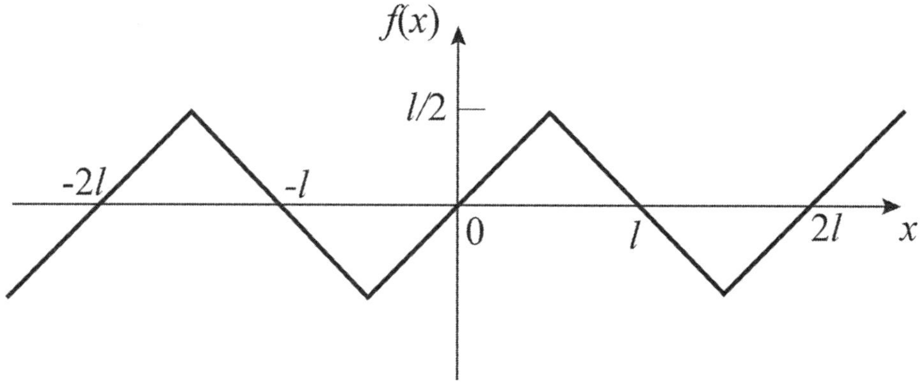

그림 11.2 주기 $2l$ 이며 기함수인 주기 함수로 확장된 톱니 파동

$$
\begin{aligned}
(f, \Psi_n) &= \int_0^{l/2} x \sin k_n x \, dx + \int_{l/2}^{l} (l-x) \sin k_n x \, dx \\
&= -\frac{x}{k_n} \cos k_n x \Big|_0^{l/2} + \frac{1}{k_n} \int_0^{l/2} \cos k_n x \, dx \\
&\quad - \frac{l}{k_n} \cos k_n x \Big|_{l/2}^{l} + \frac{x}{k_n} \cos k_n x \Big|_{l/2}^{l} - \frac{1}{k_n} \int_{l/2}^{l} \cos k_n x \, dx \\
&= \frac{2}{k_n^2} \sin \frac{n\pi}{l} \frac{l}{2} = 2\left(\frac{l}{n\pi}\right)^2 \sin \frac{n\pi}{2},
\end{aligned}
\tag{11.26}
$$

위 식의 우변은 n이 짝수일 때는 영이므로, $n = 2m-1$로 놓으면 다음을 얻고,

$$
(f, \Psi_{2m-1}) = 2(-1)^{m-1} \left\{ \frac{l}{(2m-1)\pi} \right\}^2, \; m \in [1;\infty), \tag{11.27}
$$

이를 식 (11.24)에 대입하여 다음을 얻는다.

$$
f(x) = \frac{4l}{\pi^2} \sum_{m=1}^{\infty} (-1)^{m-1} \frac{\sin k_{2m-1} x}{(2m-1)^2}, \; k_{2m-1} = \frac{(2m-1)\pi}{l}. \tag{11.28}
$$

이 결과를 식 (9.14)로 주어진 푸리에 급수와 비교하면 급수의 계수가 $m \to \infty$ 일 때, m^{-2} 에 비례하는 것은 동일함을 알 수 있고, 또 하나의 함수를 나타내는데 다양한 기저를 사용할 수 있음을 알 수 있다.

위에서 고려한 경계 조건인 식 (11.16) 대신에 다음과 같이 주어지는 경계 조건을 만족해야 하는 문제를 생각했다면,

$$X'(0) = 0,\ X'(l) = 0, \tag{11.29}$$

주어진 문제는 식 (11.17)에서 다음과 같은 변화를 제외하면 같은 문제로 볼 수 있으므로,

$$\alpha_1 = \alpha_2 = 0,\ \beta_1 = \beta_2 = 1, \tag{11.30}$$

앞에서와 같이 SL 정리를 적용할 수 있다.

식 (11.15)의 해는 위에서와 같이 식 (10.17)로 주어지는데, 식 (11.29)의 첫째 경계 조건을 만족하기 위해서는 $B=0$이 되어야 하며, 편의상 $A=1$로 취하면 둘째 경계 조건으로부터 다시 한 번 식 (11.18)을 얻는다. 따라서 고유값은 위에서와 같이 식 (11.19)로 주어지되 $n \in [0;\infty)$이 되며, 고유함수는 다음과 같이 얻는다.

$$X_n(x) = \cos k_n x \equiv \Phi_n(x),\ n \in [0;\infty),\ k_n = \frac{n\pi}{l}. \tag{11.31}$$

또한, $|\Phi_n|^2$ 에 대해서는 다음을 얻으므로,

$$|\Phi_0|^2 = l,\ |\Phi_n|^2 = \frac{l}{2},\ n \in [1;\infty), \tag{11.32}$$

$L_2(0,l)$ 에 속하는 임의의 함수 $f(x)$ 에 대해 $\{\Phi\} \equiv \{\Phi_0, \Phi_1, \Phi_2, \cdots\}$ 를 기저로 사용하여 나타내기로 하면 다음과 같은 관계를 가정할 수 있으며,

$$f(x) = a_0 + \sum_{n=1}^{\infty} a_n \Phi_n(x), \tag{11.33}$$

여기서 a_m, $m \in [0;\infty)$은 위 식의 양변에 Φ_m을 스칼라곱하고 고유함수의 직교성과 식 (11.32)를 이용하여 다음과 같이 얻는다.

$$a_0 = \frac{1}{l}(1, f),\ a_m = \frac{(f, \Phi_m)}{(\Phi_m, \Phi_m)} = \frac{2}{l}(f, \Phi_m),\ m \in [1;\infty). \tag{11.34}$$

식 (11.34)를 식 (11.33)에 대입하면 다음을 얻는데,

$$f(x) = \frac{1}{l}(1, f) + \frac{2}{l}\sum_{n=1}^{\infty}(f, \Phi_n)\Phi_n(x),$$

$$\therefore f(x) = \frac{1}{l}(1, f) + \frac{2}{l}\sum_{n=1}^{\infty}(f, \Phi_n)\cos k_n x,\ k_n = \frac{n\pi}{l}, \tag{11.35}$$

위 식의 우변은 $f(x)$의 **푸리에 코싸인 급수**(Fourier cosine series)라고 불리며, 물론 이 급수도 고유함수를 이용하여 얻어졌으므로 고유함수 전개이다.

식 (11.25)로 주어진 톱니 파동에 대한 푸리에 코싸인 급수를 식 (11.35)를 사용하여 구하면 다음을 얻으며([연습문제 2] 참조),

$$f(x) = \frac{l}{4} - \frac{2l}{\pi^2}\sum_{j=1}^{\infty}\frac{\cos(2j-1)\frac{2\pi x}{l}}{(2j-1)^2}, \tag{11.36}$$

이 결과는 식 (9.14)로 얻었던 주기 l인 주기 함수에 대한 푸리에 급수와 같음을 확인할 수 있다. 식 (11.35)의 푸리에 코싸인 급수는 원래는 주기 $2l$로 확장된 주기 함수에 대한 급수이지만, 톱니 파동을 우함수인 주기 함수로 확장하면 [그림 9.2]에 보인 것과 같은 결과를 얻으므로, 결국 식 (11.36)에 보인 바와 같이 주기 l인 주기 함수를 주는 것을 알 수 있다.

이상으로 라플라스 방정식에 변수 분리를 적용하여 얻은 상미분 방정식에 대해 SL 정리를 적용할 수 있음을 보였으며, 결과적으로 얻어진 고유함수로 구성된 직교기저는 $L_2(a, b)$에 속하는 임의의 함수를 나타내는데 사용되었다.

이하에서는 라플라스 방정식의 해를 구하는데 변수 분리와 SL 정리를 어떻게 적용하는지 보이기 위해 세 개의 예제를 생각하기로 한다.

1) 직사각형 영역에 대한 디리클레 문제

[그림 11.3]에 보인 바와 같이 xy 평면의 직사각형 영역 내부에서 라플라스 방정식을 만족하고, 각 경계에서 다음과 같이 주어진 디리클레 조건을 만족하는 **경계치 문제** (boundary value problem), 즉 디리클레 문제의 해를 구하기로 한다.

$$\phi_{xx} + \phi_{yy} = 0,\ x \in (0, l),\ y \in (0, s), \tag{11.37}$$

$$\phi(0, y) = 0,\ \phi(l, y) = 0,\ y \in (0, s), \tag{11.38}$$

$$\phi(x, 0) = f(x),\ \phi(x, s) = 0,\ x \in (0, l). \tag{11.39}$$

여기서 $f(x)$는 주어진 함수라고 한다.

10.2절 1)에서 논의한 바와 같이 식 (10.9)의 변수 분리를 적용하는데, 주어진 경계 조건을 고려하여 식 (10.11)의 분리 상수 κ를 음수로 가정하면 식 (10.13), (10.14)를 얻는다.

$$\frac{d^2X}{dx^2} + k^2X = 0, \tag{10.13}$$

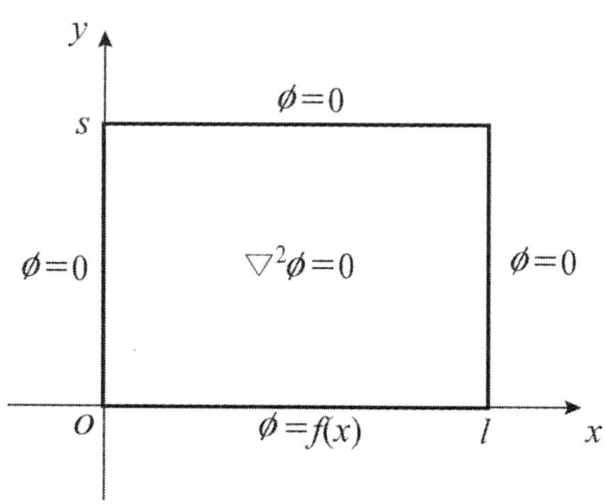

그림 11.3 직사각형 영역에 대한 디리클레 문제

$$\frac{d^2 Y}{dy^2} - k^2 Y = 0\,. \tag{10.14}$$

경계 조건인 식 (11.38), (11.39)에 식 (10.9), $\phi(x,y) = X(x)\,Y(y)$를 대입하면 다음을 얻으며,

$$X(0) = 0\,,\ X(l) = 0\,, \tag{11.40}$$

$$Y(s) = 0\,, \tag{11.41}$$

아직 식 (11.39)의 첫째 식으로 주어지는 경계 조건은 고려하지 못했음에 유의한다.

$X(x)$에 대한 상미분 방정식인 식 (10.13)을 만족하며, 경계 조건인 식 (11.40)을 만족하는 해를 구하는 문제는 앞에서 고려한 식 (11.15), (11.16)과 전적으로 같은 문제이므로 SL 정리를 적용하여 식 (11.19), (11.20)으로부터 $X(x)$의 고유값과 고유함수에 대해 다음을 얻는다.

$$\lambda_n = k_n^2 = \left(\frac{n\pi}{l}\right)^2,\ n \in [1;\infty)\,, \tag{11.42}$$

$$X_n(x) = \sin k_n x \equiv \Psi_n(x)\,,\ n \in [1;\infty)\,,\ k_n = \frac{n\pi}{l}\,. \tag{11.43}$$

여기서 물론 $\{\Psi\} \equiv \{\Psi_1, \Psi_2, \cdots\}$은 $L_2(0,l)$의 직교기저를 구성함에 유의한다.

한편 $Y(y)$에 대한 상미분 방정식인 식 (10.14)의 해는 식 (10.20)에서와 같이 쌍곡선 함수를 사용하여 다음과 같이 쓸 수 있는데,

$$Y(y) = C_1 \cosh k(s-y) + C_2 \sinh k(s-y)\,, \tag{11.44}$$

식 (11.41)로 주어지는 경계 조건을 만족하기 위해서는 $C_1 = 0$으로 택해야 하며, 편의상 $C_2 = 1$로 택하기로 하면 다음을 얻으므로,

$$Y_n(y) = \sinh k_n(s-y)\,, \tag{11.45}$$

따라서 식 (11.37), (11.38), (11.39)로 주어지는 경계치 문제의 해를 식 (11.42), (11.43), (11.45)로부터 다음과 같이 가정할 수 있다.

$$\phi(x,y)=\sum_{n=1}^{\infty}A_n\sin k_nx\,\sinh k_n(s-y),\ k_n=\frac{n\pi}{l}. \tag{11.46}$$

여기서 A_n 은 미정의 상수이며 경계 조건을 만족하도록 결정되어야 한다.

아직까지 만족되지 않은 유일한 식인 $y=0$ 에서의 경계 조건인 식 (11.39)의 첫째 식에 식 (11.46)을 대입하면 다음을 얻으며,

$$f(x)=\sum_{n=1}^{\infty}A_n\sinh k_ns\sin k_nx=\sum_{n=1}^{\infty}B_n\sin k_nx,\ B_n=A_n\sinh k_ns, \tag{11.47}$$

위에서 지적한 바와 같이 $\{\Psi\}$ 는 $L_2(0,l)$ 의 직교기저를 구성하므로, 위 식 우변 급수의 계수 B_n 은 양변에 X_m 을 스칼라곱하여 다음과 같이 얻을 수 있다.

$$B_m=\frac{(f,X_m)}{|X_m|^2}=\frac{2}{l}(f,X_m),\ \therefore A_m=\frac{B_m}{\sinh k_ms}=\frac{2}{l}\frac{(f,X_m)}{\sinh k_ms}. \tag{11.48}$$

이 결과를 식 (11.46)에 대입하여 다음 결과를 얻는다.

$$\phi(x,y)=\frac{2}{l}\sum_{n=1}^{\infty}(f,X_n)\sin k_nx\frac{\sinh k_n(s-y)}{\sinh k_ns},\ k_n=\frac{n\pi}{l}. \tag{11.49}$$

이 해를 얻는 과정에서 SL 정리를 적용하여 고유함수 전개를 이용하는 부분이 매우 중요하였음을 다시 한 번 강조한다.

2) 원판(circular disk)에 대한 디리클레 문제

[그림 11.4]에 보인 바와 같이 $r\theta$ 평면의 원판 내부에서 10.2절 2)의 식 (10.24)로 주어진 라플라스 방정식을 만족하고, 그 경계인 원주 상에서 다음과 같이 주어진 디리클레 조건을 만족하는 경계치 문제의 해 $\phi(r,\theta)$ 를 구하기로 한다.

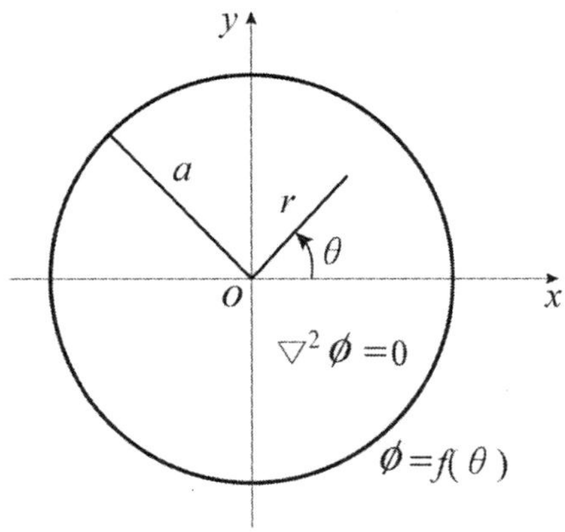

그림 11.4 원판에 대한 디리클레 문제

$$\phi_{rr}+\frac{1}{r}\phi_r+\frac{1}{r^2}\phi_{\theta\theta}=0,\ r\in[0,\alpha),\ \theta\in[0,2\pi), \tag{11.50}$$

$$\phi(\alpha,\theta)=f(\theta),\ \theta\in[0,2\pi]. \tag{11.51}$$

여기서 α는 원판의 반경이며, $f(\theta)$는 주어진 함수라고 한다.

변수 분리를 적용하기로 하고 $\phi(r,\theta)=R(r)\Theta(\theta)$라고 한 뒤, 10.2절 2)에서 분리 상수 κ가 양수라고 가정하면 $R(r)$에 대한 상미분 방정식을 식 (10.33)과 같이 얻는다.

$$r^2\frac{d^2R}{dr^2}+r\frac{dR}{dr}-n^2R=0,\ n\in[0;\infty). \tag{10.33}$$

$r=0$이 문제의 영역에 포함되어 있으므로 $r=0$에서 유한한 값을 가지는 해만 취하기로 하면 식 (10.34)의 우변에서 $B_n=0,\ n\in[1;\infty)$이 되어 주어진 문제의 해를 식 (10.38)로부터 다음과 같이 가정할 수 있다.

$$\phi(r,\theta)=\sum_{n=0}^{\infty}r^n\left(a_n\cos n\theta+b_n\sin n\theta\right). \tag{11.52}$$

여기서 a_n, b_n은 미정의 상수이다. 여기서 급수의 $n=0$에 상응하는 항은 식 (10.38) 우변의 상수 항을 포함하기 위한 것임에 유의한다.

식 (11.51)로 주어지는 $r = \alpha$ 에서의 경계 조건에 위의 식 (11.52)를 대입하면 다음을 얻는다.

$$f(\theta) = \sum_{n=0}^{\infty} \alpha^n \left(a_n \cos n\theta + b_n \sin n\theta\right). \tag{11.53}$$

여기서 $\Theta(\theta)$ 는 그 2π 주기성을 고려하여 다음과 같은 문제의 해로 얻었음에 유의한다.

$$\frac{d^2\Theta}{d\theta^2} + n^2\Theta = 0, \tag{11.54}$$

$$\Theta(0) = \Theta(2\pi). \tag{11.55}$$

SL 정리에서 다루었던 경계 조건은 식 (11.11)에 보인 바와 같이 $x = a$, b 의 두 점에서 주어졌는데, 위 문제에서는 경계 조건이 주기 조건으로 주어지므로, 11.2절의 SL 정리를 확장하지 않으면 SL 정리를 적용할 수 없다. 다행히 식 (11.55)에 보인 바와 같은 주기 조건으로 경계 조건이 주어진 경우에 대해서도 SL 정리는 확장될 수 있음을 보일 수 있으며, 이에 대해서는 Churchill(1956)〈11〉을 참조하기 바란다.

식 (11.54)를 식 (11.13)과 비교하면 다음을 얻고,

$$p = 1,\ q = 0,\ w = 1,\ \lambda = n^2, \tag{11.56}$$

따라서 스칼라곱은 식 (11.12)에 따라 $L_2(0, 2\pi)$ 에 속하는 θ 의 두 함수 $\xi(\theta)$, $\eta(\theta)$ 에 대해 다음과 같이 정의되며,

$$(\xi, \eta) = \int_0^{2\pi} \xi(\theta)\eta(\theta)\, d\theta, \tag{11.57}$$

고유값 문제인 식 (11.54), (11.55)의 모든 고유함수의 집합은 $L_2(0, 2\pi)$ 의 직교기저를 구성한다. 고유함수는 위에서 보인 바대로 다음과 같으며,

$$\xi_n = \cos n\theta,\ n \in [0; \infty), \tag{11.58}$$

$$\eta_n = \sin n\theta,\ n \in [1; \infty), \tag{11.59}$$

여기서 $\{Z\} \equiv \{\xi_0, \xi_1, \xi_2, \cdots, \eta_1, \eta_2, \cdots\}$라고 정의하면, $\{Z\}$는 바로 9.1절에서 푸리에 급수와 관련하여 고려한 직교기저이다. 다시 말하면 푸리에 급수 전개도 SL 정리의 적용에 의해 얻어지는 고유함수 전개의 하나임을 알 수 있다.

식 (11.53)에서 $A_n \equiv \alpha^n a_n$, $B_n \equiv \alpha^n b_n$으로 정의하면, 고유함수의 직교성을 이용하여 식 (9.8), (9.9)로부터 A_n, B_n, 즉 푸리에 급수의 계수를 다음과 같이 얻는다.

$$A_n = \frac{(f, \xi_n)}{|\xi_n|^2},\ n \in [0; \infty), \tag{11.60}$$

$$B_n = \frac{(f, \eta_n)}{|\eta_n|^2},\ n \in [1; \infty). \tag{11.61}$$

이 결과들을 식 (11.52)에 대입하여 주어진 디리클레 문제의 해를 다음과 같이 얻는다.

$$\phi(r, \theta) = \sum_{n=0}^{\infty}\left(\frac{r}{\alpha}\right)^n\left(\frac{(f, \xi_n)}{|\xi_n|^2}\cos n\theta + \frac{(f, \eta_n)}{|\eta_n|^2}\sin n\theta\right). \tag{11.62}$$

이 해를 얻는 과정에서 SL 정리를 확장, 적용하여 고유함수 전개를 이용하는 부분이 매우 중요하였음에 다시 한 번 유의한다.

3) 구(sphere)에 대한 디리클레 문제,

[그림 11.5]에 보인 바와 같이 3차원 공간의 구 내부에서 10.3절 3)의 식 (10.103)으로 주어진 라플라스 방정식을 만족하고, 구면의 경계에서 다음과 같이 주어진 디리클레 조건을 만족하는 축대칭 경계치 문제의 해 $\phi(r, \varphi)$를 구하기로 한다.

$$\phi_{rr} + \frac{2}{r}\phi_r + \frac{1}{r^2}\phi_{\varphi\varphi} + \frac{\cos\varphi}{r^2\sin\varphi}\phi_\varphi = 0,\ r \in [0, \alpha),\ \varphi \in [0, \pi], \tag{11.63}$$

$$\phi(\alpha, \varphi) = f(\varphi),\ \varphi \in [0, \pi]. \tag{11.64}$$

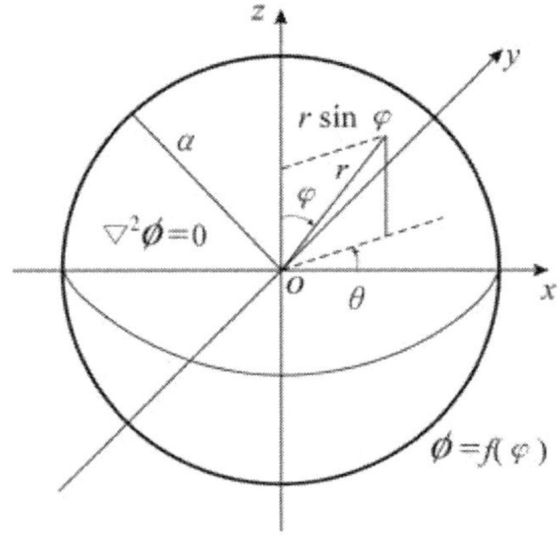

그림 11.5 구에 대한 디리클레 문제

여기서 α는 구의 반경이며, $f(\varphi)$는 주어진 함수라고 한다.

변수 분리를 적용하기로 하여 $\phi(r,\theta)=R(r)\Phi(\varphi)$라고 하고, 축대칭임을 고려하여 식 (10.125)로부터 $a_0=0$를 취하면 다음과 같은 형태의 해를 가정할 수 있다.

$$\phi(r,\varphi)=\sum_{n=0}^{\infty}\left(A_n r^n+B_n r^{-n-1}\right)\left\{C_n P_n(\xi)+D_n Q_n(\xi)\right\},\ \xi=\cos\varphi. \quad (11.65)$$

$r=0$이 문제의 영역에 포함되어 있으므로 $r=0$에서 유한한 값을 가지는 해만 취하기로 하면 식 (11.65) 우변에서 $B_n=0$, $n\in[0;\infty)$이 되어야 하고, 또 $A_n=1$, $n\in[0;\infty)$로 취하여도 일반성을 잃지 않는다. 한편, $Q_n(\xi)$은 5.3절의 식 (5.116), (5.117)에서 보인 바와 같이 $\xi=\pm1$에서 대수 함수적 특이성을 가지므로 $D_n=0$, $n\in[0;\infty)$로 취하여 결국 주어진 문제의 해를 식 (11.65)로부터 다음과 같이 가정할 수 있다.

$$\phi(r,\theta)=\sum_{n=0}^{\infty}C_n r^n P_n(\xi),\ \xi=\cos\varphi. \quad (11.66)$$

여기서 C_n은 미정의 상수이다.

식 (11.64)로 주어지는 $r=\alpha$에서의 경계 조건에 위의 식 (11.66)을 대입하면 다음을 얻는다.

$$f(\varphi) = \sum_{n=0}^{\infty} C_n \alpha^n P_n(\xi), \ \xi = \cos\varphi. \tag{11.67}$$

한편, 르장드르 다항식 $P_n(\xi)$는 식 (4.21)로 주어진 르장드르 미분 방정식을 만족하는데,

$$\frac{d}{d\xi}\left\{(1-\xi^2)\frac{dP_n}{d\xi}\right\}+n(n+1)P_n = 0, \ \xi \in [-1, 1], \ n \in [0; \infty), \tag{11.68}$$

이를 식 (11.13)의 SL 정리에서 다룬 고유값 문제와 비교하면 다음을 얻으므로,

$$a = -1, \ b = 1, \ p = 1-\xi^2, \ q = 0, \ w = 1, \ \lambda = n(n+1), \tag{11.69}$$

르장드르 미분 방정식도 SL 정리의 고유값 문제로 볼 수 있음을 확인할 수 있다. 단 위에서 식 (11.68)에 적용되어야 하는 경계 조건에 대해 논의한 바가 없다. 따라서 SL 정리에서 논의한 경계 조건을 확장하지 않으면 SL 정리를 적용할 수 없다. 다행히 위의 문제에서 $p(\pm 1) = 0$이 성립함을 확인할 수 있는데, 이와 같은 경우에는 $\xi = \pm 1$에 대한 경계 조건을 생략할 수 있음을 보일 수 있으며, 이에 대해서는 Churchill (1956)〈11〉을 참조하기 바란다.

따라서 스칼라곱은 식 (11.12)에 따라 $L_2(-1,1)$에 속하는 ξ의 두 함수 $u(\xi)$, $v(\xi)$에 대해 다음과 같이 정의되며,

$$(u, v) = \int_{-1}^{1} u(\xi) v(\xi)\, d\xi, \tag{11.70}$$

고유값 문제인 식 (11.68)의 모든 고유함수의 집합은 $L_2(-1,1)$의 직교기저를 구성한다. 고유함수는 위에서 보인 바와 대로 다음과 같으며,

$$u_n = P_n(\xi), \ n \in [0; \infty), \tag{11.71}$$

만약 $\{\Pi\} \equiv \{P_0, P_1, \cdots\}$라고 정의하면, 기저 $\{\Pi\}$는 바로 4.2절 식 (4.31)에서 이미 직교임을 보인 바 있음에 유의한다.

식 (11.67)에서 $a_n \equiv C_n \alpha^n$ 으로 정의하면, 고유함수의 직교성과 식 (4.36)으로부터 a_n 을 다음과 같이 얻으며,

$$a_n = \frac{(f, P_n)}{|P_n|^2} = \left(n + \frac{1}{2}\right)(f, P_n), \ n \in [0; \infty), \tag{11.72}$$

이 결과를 식 (11.66)에 대입하여 주어진 디리클레 문제에 대한 해를 다음과 같이 얻는다.

$$\phi(r, \varphi) = \sum_{n=0}^{\infty} \left(n + \frac{1}{2}\right)(f, P_n)\left(\frac{r}{\alpha}\right)^n P_n(\xi), \ \xi = \cos\varphi. \tag{11.73}$$

이 해를 얻는 과정에서 SL 정리를 확장, 적용하여 고유함수 전개를 이용하는 부분이 매우 중요하였음에 다시 한 번 유의한다.

11.3 푸리에 변환의 적용

앞 절에서 설명한 변수 분리법과 SL 정리를 이용하여 라플라스 방정식의 해를 구하는 방법은 만약 고려해야 하는 영역의 범위가 무한할 경우에는 적용하기 곤란하다. 무한히 큰 영역을 생각해야 하는 경우에는 9.2절에서 논의한 푸리에 변환을 사용할 수 있다.

아래에서는 [그림 11.6]에 보인 것과 같이 **상반 평면**(upper half plane)을 그 영역으로 하며 x축 상에서 다음과 같은 디리클레 조건이 주어진 경계치 문제를 예로 들어 푸리에 변환의 적용을 보이기로 한다.

$$\phi_{xx} + \phi_{yy} = 0, \ x \in (-\infty, \infty), \ y > 0, \tag{11.74}$$

$$\phi(x, 0) = f(x), \ x \in (0, l). \tag{11.75}$$

여기서 $f(x)$는 주어진 함수라고 한다.

푸리에 변환을 이용하기 위해서는 먼저 라플라스 방정식의 양변에 e^{-ikx}를 곱하고 x에 대해 $-\infty$부터 ∞까지 적분하면 다음을 얻는다.

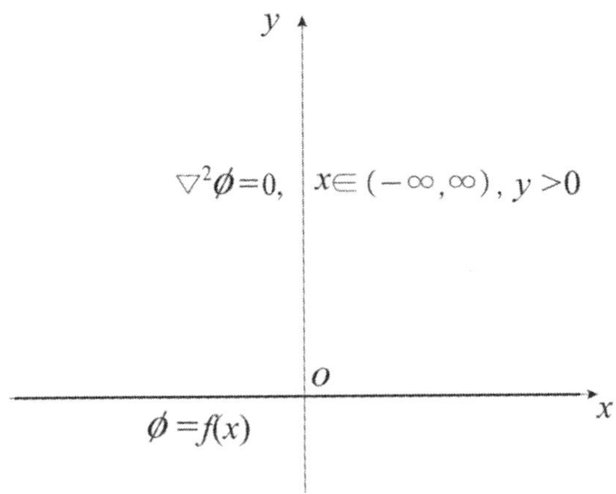

그림 11.6 상반 평면에 대한 디리클레 문제

$$\int_{-\infty}^{\infty}(\phi_{xx}+\phi_{yy})e^{-ikx}\,dx=0. \tag{11.76}$$

위 식 피적분 함수의 첫째 항에 대해 도함수의 푸리에 변환에 대한 공식, 식 (9.35)를 이용하면 다음을 얻는데,

$$\int_{-\infty}^{\infty}\phi_{xx}e^{-ikx}\,dx=(ik)^2\hat{\phi}(k,y)=-k^2\hat{\phi}(k,y), \tag{11.77}$$

여기서 $\hat{\phi}(k,y)$는 $\phi(x,y)$의 x에 대한 푸리에 변환이다.

둘째 항에 대해서는 적분과 편미분의 순서를 바꾸면 다음을 얻는데,

$$\int_{-\infty}^{\infty}\phi_{yy}e^{-ikx}\,dx=\frac{\partial^2}{\partial y^2}\int_{-\infty}^{\infty}\phi e^{-ikx}\,dx=\frac{\partial^2}{\partial y^2}\hat{\phi}(k,y)=\frac{d^2\hat{\phi}}{dy^2}, \tag{11.78}$$

여기서 마지막 등호는 $\hat{\phi}(k,y)$의 푸리에 변수 k는 매개변수로 간주하여 얻었다. 이들을 식 (11.76)에 대입하여 다음과 같은 $\hat{\phi}(k,y)$에 대한 상미분 방정식을 얻는다.

$$\frac{d^2\hat{\phi}}{dy^2}-k^2\hat{\phi}(k,y)=0,\ y>0. \tag{11.79}$$

x에 대한 푸리에 변환을 사용하여 주어진 편미분 방정식을 상미분 방정식으로 바꿀 수 있었던 점에 유의하기 바란다.

따라서 $\hat{\phi}(k,y)$의 일반해는 다음과 같이 쓸 수 있는데,

$$\hat{\phi}(k,y) = A(k)e^{ky} + B(k)e^{-ky}, \tag{11.80}$$

$y \to \infty$일 때 $\phi(x,y)$가 유한하기 위해서는 $A(k) = 0$이 되어야 하므로 결국 다음을 얻는다.

$$\hat{\phi}(k,y) = B(k)e^{-|k|y}. \tag{11.81}$$

여기서 $|k|$는 $k \in (-\infty, \infty)$임을 고려하여 사용되었다.

한편, 디리클레 조건인 식 (11.75)의 양변에 e^{-ikx}를 곱하고 x에 대해 $-\infty$부터 ∞까지 적분하면 다음을 얻는데,

$$\int_{-\infty}^{\infty} \phi(x,0)e^{-ikx}dx = \int_{-\infty}^{\infty} f(x)e^{-ikx}dx \equiv \hat{f}(k), \tag{11.82}$$

여기서 $\hat{f}(k)$는 $f(x)$의 푸리에 변환이며, 또 위 식의 좌변은 $\hat{\phi}(k,0)$라고 쓸 수 있으므로 다음을 얻으며,

$$\hat{\phi}(k,0) = \hat{f}(k), \tag{11.83}$$

식 (11.81)을 이 식에 대입하면 다음을 얻는다.

$$B(k) = \hat{f}(k). \tag{11.84}$$

따라서 이를 식 (11.81)에 대입하여 결국 다음을 얻으며,

$$\hat{\phi}(k,y) = \hat{f}(k)e^{-|k|y}, \tag{11.85}$$

컨볼루션에 대한 푸리에 역변환에 대한 결과, 식 (9.39)를 사용하면 주어진 경계치 문제의 해 $\phi(x,y)$에 대해 다음을 얻는다.

$$\phi(x,y)=F^{-1}\{\hat{f}\,e^{-|k|y}\}=f*P. \tag{11.86}$$

여기서 $P(x,y)\equiv F^{-1}\{e^{-|k|y}\}$이다.

푸리에 역변환의 정의, 식 (9.34)에 의해 $P(x,y)$는 다음과 같이 구할 수 있으므로,

$$\begin{aligned}2\pi P(x,y)&=\int_{-\infty}^{\infty}e^{-|k|y}e^{ikx}\,dk=\int_{-\infty}^{0}e^{k(ix+y)}\,dk+\int_{0}^{\infty}e^{k(ix-y)}\,dk\\&=\frac{1}{ix+y}-\frac{1}{ix-y}=\frac{2y}{x^2+y^2},\quad\therefore P(x,y)=\frac{1}{\pi}\frac{y}{x^2+y^2},\end{aligned} \tag{11.87}$$

이를 식 (11.86)에 대입하고 식 (9.36)에 보인 컨볼루션의 정의를 사용하여 다음 결과를 얻는다.

$$\phi(x,y)=f*P\equiv\int_{-\infty}^{\infty}f(\xi)\,P(\xi-x,y)\,d\xi=\frac{y}{\pi}\int_{-\infty}^{\infty}\frac{f(\xi)}{(\xi-x)^2+y^2}\,d\xi. \tag{11.88}$$

이 식 우변의 적분은 상반 평면 문제에 대한 **프와송 적분**(Poisson integral)으로 알려져 있다.

푸리에 변환을 사용하는 경우, 최종적으로 해를 얻기 위해서는 푸리에 역변환을 구해야 하는데, 실제 문제의 경우 푸리에 역변환을 구하기 위해서는 복소적분을 이용해야 하는 경우가 많으므로 그와 같은 문제의 해석은 이승준(2018)〈2〉를 참조하기 바란다.

연습문제

1. 아래에 다시 보인 식 (11.20)으로 정의된 함수 Ψ_n에 대해,

$$X_n(x) = \sin k_n x \equiv \Psi_n(x),\ n \in [1;\infty),\ k_n = \frac{n\pi}{l}, \tag{11.20}$$

다음을 증명하시오.

$$(\Psi_m, \Psi_n) \equiv \frac{l}{2}\delta_{mn}. \tag{연11.1}$$

여기서 δ_{mn}은 **크로네커 델타**(Kronecker's delta)라고 불리며, $m = n$일 때는 1의 값을 가지고 $m \neq n$일 때는 영의 값을 가진다.

2. 아래에 다시 보인 식 (11.25)로 주어진 톱니 파동에 대해

$$f(x) = \begin{cases} x, & x \in [0, l/2], \\ l - x, & x \in [l/2, l], \end{cases} \tag{11.25}$$

식 (11.35)를 사용하여 푸리에 코싸인 급수를 얻기 위해 다음을 생각한다.

$$f(x) = \frac{1}{l}(1, f) + \frac{2}{l}\sum_{n=1}^{\infty}(f, \Phi_n)\cos k_n x,\ k_n = \frac{n\pi}{l}. \tag{11.35}$$

$(f, 1) = \frac{l^2}{4}$ 임을 보이고, 또 다음을 보이시오.

$$(f, \Phi_n) = \begin{cases} 0, & n = 홀수, \\ 0, & n = 2m = 짝수,\ m = 짝수, \\ -\frac{l^2}{\pi^2}\frac{1}{m^2}, & n = 2m = 짝수,\ m = 홀수. \end{cases} \tag{연11.1}$$

이들을 식 (11.35)에 대입하여 아래에 다시 보인 식 (11.36)을 구하시오.

$$f(x) = \frac{l}{4} - \frac{2l}{\pi^2}\sum_{j=1}^{\infty}\frac{\cos(2j-1)\dfrac{2\pi x}{l}}{(2j-1)^2}. \tag{11.36}$$

3. [그림 연11.1]에 보인 바와 같이 xy 평면의 직사각형 영역 내부에서 라플라스 방정식을 만족하고, 각 경계에서 다음과 같이 주어진 디리클레 조건을 만족하는 디리클레 문제를 생각하기로 한다.

$$\phi_{xx} + \phi_{yy} = 0,\ x \in (0, l),\ y \in (0, s), \tag{11.37}$$

$$\phi(0, y) = 0,\ \phi(l, y) = f(y),\ y \in (0, s), \tag{연11.2}$$

$$\phi(x, 0) = 0,\ \phi(x, s) = 0,\ x \in (0, l). \tag{연11.3}$$

여기서 $f(y)$는 주어진 함수라고 한다.

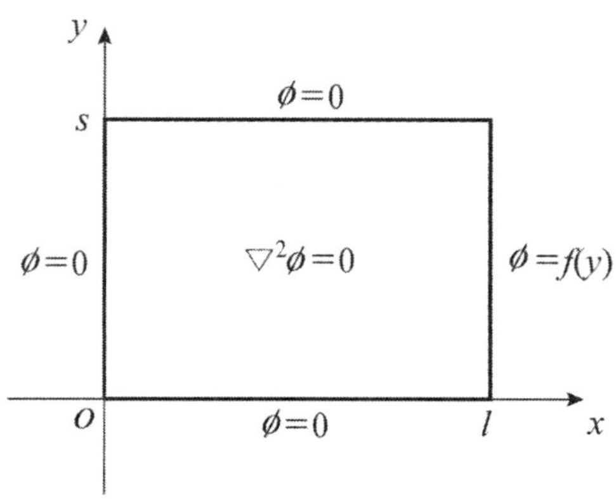

그림 연11.1 직사각형 영역에 대한 디리클레 문제

위 문제의 해가 다음과 같이 주어짐을 보이시오.

$$\phi(x, y) = \frac{2}{s}\sum_{n=1}^{\infty}(f, \sin k_n y)\frac{\sinh k_n x}{\sinh k_n l}\sin k_n y,\ k_n = \frac{n\pi}{s}. \tag{연11.4}$$

단 여기서 스칼라곱은 다음과 같이 정의된다.

$$(f, g) = \int_0^s f(y) g(y) \, dy. \qquad \text{(연11.5)}$$

4. [그림 연11.2]에 보인 바와 같이 xy 평면의 반무한 스트립(strip) 영역 내부에서 라플라스 방정식을 만족하고, 각 경계에서 다음과 같이 주어진 디리클레 조건을 만족하는 디리클레 문제를 생각하기로 한다.

$$\phi_{xx} + \phi_{yy} = 0, \; x \in (0, l), \; y \in (0, \infty), \qquad \text{(연11.6)}$$

$$\phi(0, y) = 0, \; \phi(l, y) = 100, \; y \in (0, \infty), \qquad \text{(연11.7)}$$

$$\phi(x, 0) = f(x), \; x \in (0, l). \qquad \text{(연11.8)}$$

$$|\phi(x, y)| < 0, \; y \to \infty, \; x \in (0, l). \qquad \text{(연11.9)}$$

여기서 $f(x)$는 주어진 함수라고 한다.

위 문제의 해가 다음과 같이 주어짐을 보이시오.

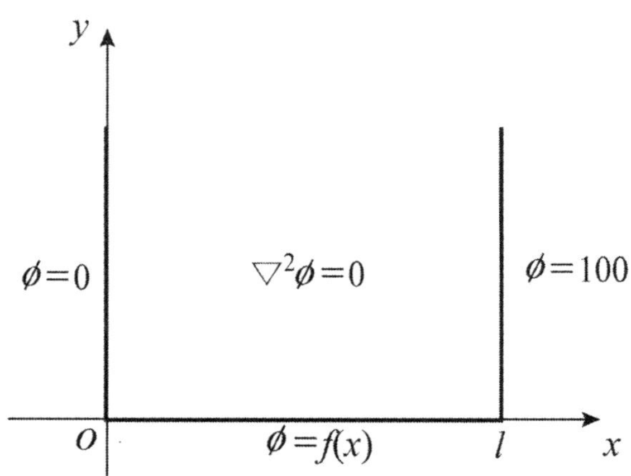

그림 연11.2 반무한 스트립 영역에 대한 디리클레 문제

$$\phi(x,y)=\frac{100}{l}x+\frac{2}{l}\sum_{n=1}^{\infty}(g,\sin k_n x)\sin k_n x\, e^{-k_n y},\ k_n=\frac{n\pi}{l}, \quad (\text{연}11.10)$$

$$g(x)\equiv f(x)-\frac{100}{l}x. \quad (\text{연}11.11)$$

단 여기서 스칼라곱은 다음과 같이 정의된다.

$$(g,h)=\int_0^l g(x)h(x)dx. \quad (\text{연}11.12)$$

5. 2절 2)에서 고려한 원판에 대한 디리클레 문제에 대해 $r=\alpha$에서의 경계 조건으로 주어진 $f(\theta)$가 다음과 같다고 할 때, $\phi(r,\theta)$를 구하시오.

$$f(\theta)=\begin{cases}100,\ \theta\in(0,\pi],\\ -100,\ \theta\in(\pi,2\pi).\end{cases} \quad (\text{연}11.13)$$

위의 $f(\theta)$는 9.1절 식 (9.15)에서 고려한 바 있는 직사각형 파동과 본질적으로 같은 함수임을 이용하시오.

6. [그림 연11.3]에 보인 바와 같이 xy 평면의 무한 스트립 영역 내부에서 라플라스 방정식을 만족하고, 각 경계에서 다음과 같이 주어진 디리클레 조건을 만족하는 디리클레 문제를 생각하기로 한다.

$$\phi_{xx}+\phi_{yy}=0,\ x\in(-\infty,\infty),\ y\in(0,l), \quad (\text{연}11.14)$$

$$\phi(x,0)=f(x),\ \phi(x,l)=0(x),\ x\in(-\infty,\infty), \quad (\text{연}11.15)$$

$$|\phi(x,y)|<0,\ |x|\to\infty,\ y\in(0,l). \quad (\text{연}11.16)$$

여기서 $f(x)$는 주어진 함수라고 한다.

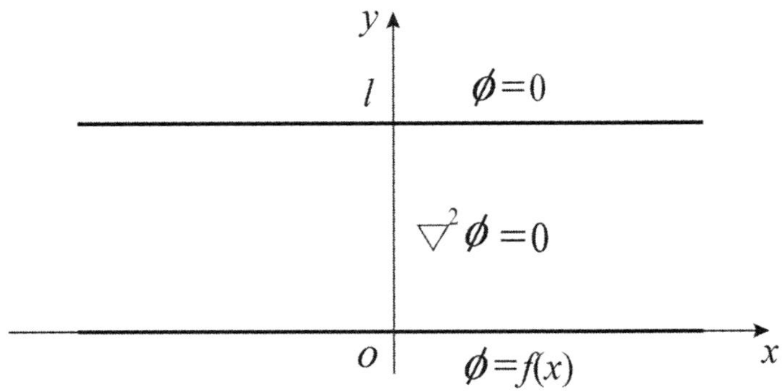

그림 연11.3 무한 스트립 영역에 대한 디리클레 문제

위 문제의 해가 다음과 같이 주어짐을 보이시오.

$$\phi(x,y) = F^{-1}\left\{\hat{f}(k)\frac{\sinh k(l-y)}{\sinh kl}\right\}. \tag{연11.17}$$

단 역변환은 수행하지 않아도 좋다.

12장

확산 방정식

물리학에서 고려하는 기본적인 물리량으로 밀도, 운동량, 에너지 등을 들 수 있는데, 이들 또는 이와 관련된 양들이 공간 중에 분포되어 있을 때, 그 세기의 차이가 존재하면 세기가 큰 곳으로부터 작은 곳으로 이들 양의 전달이 일어나며, 이와 같은 과정을 포괄적으로 **확산**(diffusion)이라고 부른다.

열역학에서 잘 알려진 바와 같이 물체의 온도는 운동에너지의 크기를 나타낸다고 볼 수 있는데, **열전도**(heat conduction)와 관련하여 2계 선형 편미분 방정식의 해를 구하는 체계적인 방법이 **푸리에**(Fourier, 1822)에 의해 알려졌으므로, 확산 방정식은 열전도 방정식, 또는 줄여서 **열 방정식**(heat equation)이라고도 불린다. 이 장에서는 각각 공간과 시간에 상응하는 독립 변수 x, t를 그 변수로 하는 미지 함수 $u(x,t)$에 대해 생각하기로 한다.

1절에서는 확산 방정식의 **기본해**(elementary solution)에 대해 간단히 고찰하고,

2절에서는 변수 분리법을 적용하여 확산 방정식의 해를 구하는 과정을 세 개의 예제를 통하여 보이기로 하며,

3절에서는 무한히 큰 영역을 다루어야 하는 문제에 푸리에 변환을 사용하여 확산 방정식의 해를 구하는 방법을 역시 두 개의 예제를 통하여 보이기로 한다.

12.1 기본해

미지 함수 $u(x,\tau)$에 대한 포물선형 방정식인 확산 방정식은 보통 다음과 같이 주어지는데,

$$u_\tau = \nu u_{xx}, \tag{12.1}$$

여기서 ν는 **확산율**(diffusivity)이라고 불리는 주어진 상수이며, ν의 물리적 **차원**(dimension) $[\nu]$는 양변의 차원이 같아야 함을 고려하여 다음과 같이 얻는다.

$$[\nu] = L^2 T^{-1}. \tag{12.2}$$

여기서 L, T는 각각 길이와 시간의 차원을 나타낸다.

식 (12.1)에 $t = \nu\tau$의 치환을 도입하면 다음을 얻으며,

$$u_t = u_{xx}, \tag{12.3}$$

이 장에서는 이 식을 기준으로 확산 방정식의 세 가지 기본해에 대해 고려하기로 한다. 물론 식 (12.3)에 대한 해에 t 대신 $\nu\tau$를 대입하여 식 (12.1)의 해를 얻을 수 있다.

1) 지수 함수

식 (12.3)에 대해 그 해가 지수 함수의 형태로 다음과 같다고 가정하고,

$$u(x,t) = e^{\alpha x + \beta t}, \tag{12.4}$$

이를 식 (12.3)에 대입하면 다음을 얻으므로,

$$\beta = \alpha^2, \tag{12.5}$$

α를 매개변수로 하는 기본해 $A(x,t;\alpha)$를 다음과 같이 얻는다.

$$A(x,t;\alpha) = e^{\alpha x + \alpha^2 t}. \tag{12.6}$$

위 식에서 α는 복소수로 취하여도 문제가 없으므로, $\alpha \to i\alpha$로 취하면 다음을 얻는데

$$A(x,t;i\alpha) = e^{i\alpha x - \alpha^2 t} = (\cos\alpha x + i\sin\alpha x)e^{-\alpha^2 t}, \tag{12.7}$$

또한 지수 함수 대신에 쌍곡선 함수를 사용할 수 있으므로, 식 (12.6), (12.7)로부터 확산 방정식, 식 (12.3)은 다음과 같은 네 가지 형태의 기본해를 가짐을 알 수 있다.

$$e^{\alpha x}\cosh\alpha^2 t,\ e^{\alpha x}\sinh\alpha^2 t,\ \cos\alpha x\, e^{-\alpha^2 t},\ \sin\alpha x\, e^{-\alpha^2 t}. \tag{12.8}$$

2) 다항식

위에서 구한 지수 함수 형태의 기본해 식 (12.6)에 테일러 공식을 적용하면 다음을 얻을 수 있는데,

$$A(x,t;\alpha) = \left\{1 + \alpha x + \frac{(\alpha x)^2}{2} + \cdots\right\}\left\{1 + \alpha^2 t + \frac{(\alpha^2 t)^2}{2} + \cdots\right\}$$

$$= 1 + \alpha x + \left(x^2 + 2t\right)\frac{\alpha^2}{2} + \cdots, \tag{12.9}$$

여기서 $1,\ \alpha,\ \alpha^2,\ \cdots$ 는 서로 선형 독립이므로, 이들의 계수인 다음 다항식들은 따로따로 확산 방정식을 만족해야 한다.

$$v_0 = 1,\ v_1 = x,\ v_2 = x^2 + 2t,\ \cdots. \tag{12.10}$$

이들을 확산 방정식에 직접 대입하여 확산 방정식을 만족하는 것을 확인할 수 있으며, 이들은 **열 다항식**(heat polynomial)이라고 불린다.

3) 상사 변환

확산 방정식은 독립 변수들의 적절한 조합을 새로운 독립 변수, 즉 **상사 변수**(similarity variable)로 채택함으로써 편미분 방정식을 상미분 방정식으로 바꿀 수 있다. 이와 같은 변수들은 종종 **무차원량**(dimensionless quantity)이므로, 식 (12.2)로 주어진 확산율의 차원, $[\nu]$를 고려하면 다음과 같은 무차원량을 정의할 수 있는데,

$$\xi = \frac{x^2}{\nu\tau} = \frac{x^2}{t}, \tag{12.11}$$

차후의 계산상의 편의를 위해 다음과 같은 상사 변수를 도입하기로 한다.

$$\eta = \frac{\sqrt{\xi}}{2} = \frac{x}{2\sqrt{t}}. \tag{12.12}$$

이제 $u(x,t) = U(\eta)$로 가정하고 연쇄율을 사용하면 다음을 얻으며,

$$u_t = \frac{dU}{d\eta}\eta_t = \left(-\frac{x}{4t\sqrt{t}}\right)\frac{dU}{d\eta} = -\frac{\eta}{2t}\frac{dU}{d\eta}, \tag{12.13}$$

$$u_x = \frac{dU}{d\eta}\eta_x = \frac{1}{2\sqrt{t}}\frac{dU}{d\eta},\ u_{xx} = \frac{1}{2\sqrt{t}}\frac{d^2U}{d\eta^2}\eta_x = \frac{1}{4t}\frac{d^2U}{d\eta^2}, \tag{12.14}$$

이들을 식 (12.3)의 확산 방정식에 대입하여 다음과 같은 상미분 방정식을 얻는다.

$$-\frac{\eta}{2t}\frac{dU}{d\eta} = \frac{1}{4t}\frac{d^2U}{d\eta^2},\ \therefore \frac{d^2U}{d\eta^2} + 2\eta\frac{dU}{d\eta} = 0. \tag{12.15}$$

상사 변수를 사용하여 편미분 방정식을 상미분 방정식으로 바꾸는 위에서 보인 바와 같은 과정을 **상사 변환**(similarity transform)이라고 부른다.

식 (12.15)에서 $\frac{dU}{d\eta} = V(\eta)$로 놓으면, $V(\eta)$에 대한 1계 상미분 방정식을 다음과 같이 얻는데,

$$\frac{dV}{d\eta}+2\eta V=0, \tag{12.16}$$

이 식은 1.2절 1)에서 다루었던 분리형이므로 다음과 같이 적분할 수 있으며,

$$\frac{dV}{V}=-2\eta d\eta,\ \therefore \ln V=-\eta^2+c_1, \tag{12.17}$$

위 식 마지막 식의 양변에 지수 함수를 취하여 다음 결과를 얻는다.

$$V(\eta)=C_1 e^{-\eta^2}. \tag{12.18}$$

여기서 c_1, C_1은 적분 상수이다. 따라서 이 식의 적분으로부터 $U(\eta)$를 다음과 같이 얻는다.

$$U(\eta)=C_1\int_\eta^\infty e^{-\zeta^2}d\zeta. \tag{12.19}$$

위에서 적분 구간의 상한과 하한은 $\eta\to\infty$일 때, $U\to 0$이 되도록 정하였으며, $\eta\to\infty$는 임의의 유한한 시간에 대해 $x\to\infty$인 것과 등가임에 유의한다.

식 (12.19) 우변의 적분에 대해 생각하기로 하면, $\eta=0$인 경우에 대해 다음을 얻으므로([연습문제 1] 참조),

$$\int_0^\infty e^{-\zeta^2}d\zeta=\frac{\sqrt{\pi}}{2}, \tag{12.20}$$

$C_1=\dfrac{2}{\sqrt{\pi}}$로 취하면 $U(0)=1$을 얻으며, **상보오차 함수**(complementary error function) $\mathrm{erfc}(\eta)$를 이용하여 식 (12.19)를 다시 써서 결국 다음을 얻는다.

$$u(x,t)=U(\eta)=\frac{2}{\sqrt{\pi}}\int_{\frac{x}{2\sqrt{t}}}^\infty e^{-\zeta^2}d\zeta\equiv\mathrm{erfc}\left(\frac{x}{2\sqrt{t}}\right). \tag{12.21}$$

한편 확산 방정식, 식 (12.3)을 x에 대해 한 번 편미분하면 다음을 얻으므로,

$$u_{xt}=u_{xxx}, \tag{12.22}$$

만약 $u(x,t)$가 확산 방정식을 만족하면, u_x도 확산 방정식을 만족함을 알 수 있다. 식 (12.21)의 우변을 x에 대해 한 번 편미분하면 다음을 얻는데,

$$\frac{\partial U}{\partial x} = -\frac{e^{-\eta^2}}{\sqrt{\pi t}}, \ \eta = \frac{x}{2\sqrt{t}}, \tag{12.23}$$

위의 논의에 따라 위 식의 우변 또한 확산 방정식을 만족함을 알 수 있다.

이상으로 세 가지 형태의 기본해를 구하였는데, 확산 방정식은 선형이므로 위에서 구한 기본해의 어떠한 선형 결합도 역시 확산 방정식의 해인 점에 다시 한 번 유의한다.

12.2 변수 분리법의 적용

이 절에서는 변수 분리법을 사용하여 풀 수 있는 세 개의 예제에 대해 생각하기로 한다.

1) 유한한 길이를 가진 봉(rod)의 온도 분포

길이가 l인 봉의 온도 분포 $u(x,t)$는 봉의 단면적의 제곱근이 그 길이에 비해 대단히 작으면 한 단면에 걸쳐서는 온도가 일정하다고 근사할 수 있으므로, 다음과 같은 확산 방정식의 해로 주어진다고 가정할 수 있다.

(x,t) 평면 상에 주어진 초기치-경계치 문제를 [그림 12.1]에 나타내었으며, 봉의 온도 분포는 다음 문제의 해로 주어진다고 할 수 있다.

$$u_t = u_{xx}, \ x \in (0,l), \ t > 0, \tag{12.24}$$

$$u(x,0) = f(x), \ x \in (0,l), \tag{12.25}$$

$$u(0,t) = u(l,t) = 0, \ t > 0. \tag{12.26}$$

여기서 $f(x)$는 주어진 함수라고 한다.

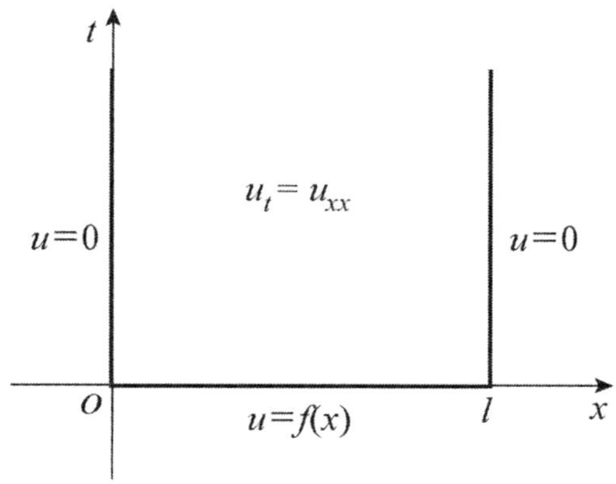

그림 12.1 봉의 온도에 대한 초기치-경계치 문제

변수 분리법을 적용하기로 하고 $u(x,t)$에 대해 다음과 같이 가정하면,

$$u(x,t) = X(x)\,T(t)\,, \tag{12.27}$$ [20]

이 가정을 식 (12.24)에 대입하여 다음을 얻고,

$$X\frac{dT}{dt} = T\frac{d^2X}{dx^2}\,, \tag{12.28}$$

이 식의 양변을 $u = XT$로 나누어 다음을 얻는데,

$$\frac{1}{T}\frac{dT}{dt} = \frac{1}{X}\frac{d^2X}{dx^2}\,, \tag{12.29}$$

위 식의 좌변은 t만의 함수이고, 우변은 x만의 함수이므로, 등호가 성립하기 위해서는 양변이 상수가 되어야 하며, 분리 상수 $\kappa = -k^2 < 0$으로 취하면 다음과 같이 X, T에 대한 두 개의 상미분 방정식을 얻는다. 단 k는 양의 실수라고 한다.

$$\frac{d^2X}{dx^2} + k^2X = 0\,, \tag{12.30}$$

20) 시간의 차원을 나타내는 T와 혼동하지 않기 바란다.

$$\frac{dT}{dt} + k^2 T = 0. \tag{12.31}$$

식 (12.27)의 가정을 경계 조건인 식 (12.26)에 대입하면 다음을 얻는다.

$$X(0) = X(l) = 0. \tag{12.32}$$

식 (12.30), (12.32)는 11.2절의 SL 정리에서 고려한 고유값 문제, 식 (11.15), (11.16)과 전적으로 같으므로, 식 (12.30), (12.32)에 대해 SL 정리를 적용할 수 있다.

이 고유값 문제의 해는 아래에 다시 보인 식 (11.19), (11.20)으로 주어지며,

$$X_n(x) = \sin k_n x \equiv \Psi_n(x),\ k_n \equiv \frac{n\pi}{l},\ n \in [1;\infty), \tag{12.33}$$

SL 정리에 따라 식 (12.33)으로 주어지는 함수의 집합은 $L_2(0,l)$의 기저로 사용될 수 있음을 다시 한 번 강조한다.

식 (12.33)에 보인 k_n에 상응하는 T_n을 식 (12.31)로부터 구하는데, $t \to \infty$일 때 유한해야 한다는 조건에 부합하는 해를 다음과 같이 얻을 수 있으며,

$$T_n(t) = e^{-k_n^2 t},\ k_n = \frac{n\pi}{l},\ n \in [1;\infty), \tag{12.34}$$

위에서 얻은 식 (12.33), (12.34)로부터 고려 중인 초기치-경계치 문제의 해를 다음과 같이 가정할 수 있다.

$$u(x,t) = \sum_{n=1}^{\infty} a_n X_n(x)\, T_n(t) = \sum_{n=1}^{\infty} a_n \sin k_n x\, e^{-k_n^2 t}. \tag{12.35}$$

여기서 a_n, $n \in [1;\infty)$은 미정의 상수이며, 아직 식 (12.25)로 주어진 초기 조건은 만족되지 않았고, 또한 위 식 우변의 급수를 구성하는 각 항은 앞 절에서 구한 식 (12.8)의 넷째 항으로 주어지는 기본해의 형태를 가짐에 유의한다.

초기 조건, 식 (12.25)에 식 (12.35)를 대입하여 다음을 얻는데,

$$u(x,0) = \sum_{n=1}^{\infty} a_n \sin k_n x = f(x), \tag{12.36}$$

위에서 논의한 바와 같이 $f(x) \in L_2(0,l)$이면 위 식의 a_n은 고유함수의 직교성을 이용하여 다음과 같이 구할 수 있다.

$$a_n = \frac{(f, \Psi_n)}{(\Psi_n, \Psi_n)} = \frac{2}{l}(f, \Psi_n),\ n \in [1; \infty). \tag{12.37}$$

여기서 (f, Ψ_n)는 식 (11.12)로부터 다음과 같이 정의된 스칼라곱이며,

$$(f, \Psi_n) = \int_0^l f(\xi) \Psi_n(\xi) d\xi, \tag{12.38}$$

식 (12.37)의 둘째 등호는 식 (11.21)을 이용하여 얻었다. 식 (12.36)의 급수는 11.2절 식 (11.24)에서 얻었던 $f(x)$의 푸리에 싸인 급수인 점에 유의한다.

식 (12.37)을 식 (12.35)에 대입하여 고려 중인 초기치-경계치 문제의 해를 다음과 같이 얻는다.

$$u(x,t) = \frac{2}{l} \sum_{n=1}^{\infty} (f, \Psi_n) \sin k_n x\, e^{-k_n^2 t},\ k_n = \frac{n\pi}{l}. \tag{12.39}$$

이 식에 따르면 $t \to \infty$일 때, u는 점근적으로 다음과 같이 주어지며,

$$u(x,t) \sim \frac{2}{l}(f, \Psi_1) \sin k_1 x\, e^{-k_1^2 t} = \frac{2}{l}(f, \Psi_1) \sin \frac{\pi x}{l}\, e^{-\frac{\pi^2}{l^2}t}, \tag{12.40}$$

초기 조건 f의 형태에 상관없이 항상 $x = l/2$에서 최대값을 가지는데, 이는 양단에서의 경계 조건이 $u = 0$임을 고려하면 물리적으로도 타당한 것으로 생각할 수 있다.

2) 유한한 길이를 가진 봉의 온도 분포, 영이 아닌 경계 조건

앞의 1)에서 고려했던 것과 같은 봉에 대한 문제이지만, 경계 조건이 영이 아닌 경우, [그림 12.2]에 보인 것과 같은 경우에 대해 생각하기로 하자.

$$u_t = u_{xx},\ x \in (0, l),\ t > 0, \tag{12.41}$$

$$u(x, 0) = f(x),\ x \in (0, l), \tag{12.42}$$

$$u(0, t) = u_1,\ u(l, t) = u_2,\ t > 0, \tag{12.43}$$

여기서 u_1, u_2는 주어진 상수이고, $f(x)$는 주어진 함수라고 한다.

이 문제에 대해 그냥 변수 분리법을 적용하면, 영이 아닌 경계 조건 때문에 식 (12.32)와 같은 $X(x)$에 대한 경계 조건을 얻을 수 없으며, 얻어진 경계 조건은 SL 정리에서 고려한 경우에 속하지 않으므로, SL 정리를 적용할 수 없다. 따라서 앞 절 2)에서 구한 열 다항식을 이용하기로 하는데, 먼저 $u(x, t)$가 다음과 같은 형태로 주어진다고 가정한다.

$$u(x, t) = v(x) + U(x, t),\ v(x) = \alpha v_0 + \beta v_1 = \alpha + \beta x. \tag{12.44}$$

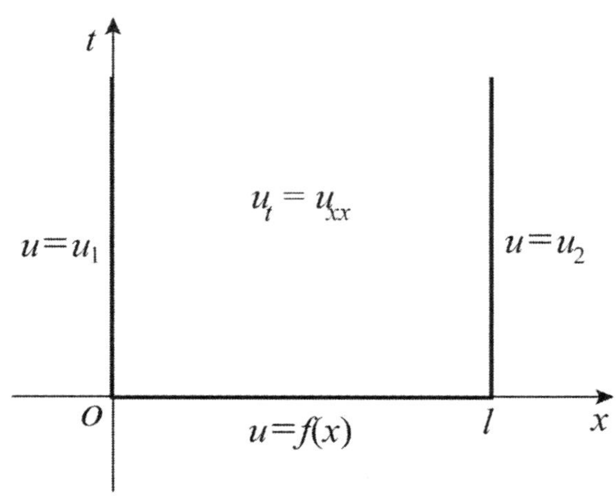

그림 12.2 봉의 온도에 대한 초기치-경계치 문제, 영이 아닌 경계 조건

여기서 $v(x)$는 시간의 함수가 아닌 점에 유의하기 바라며, 따라서 v_0와 v_1의 선형 결합으로 가정할 수 있는데, α, β는 미정의 상수로 $v(x)$가 경계 조건을 만족하도록 결정하기로 한다. 왜냐하면 이 경우, $U(x,t)$가 만족해야 하는 경계 조건은 앞의 1)에서와 같이 양단에서 영이 되기 때문이다.

위의 조건을 적용하여 α, β를 다음과 같이 얻으며,

$$\alpha = u_1,\ \beta = \frac{u_2 - u_1}{l}, \tag{12.45}$$

$U(x,t)$에 대해서는 1)에서 구한 식 (12.39)로 주어지는 $u(x,t)$를 그대로 사용할 수 있으므로, 이들 결과를 식 (12.44)에 대입하여 다음과 같은 형태의 해를 얻는다.

$$u(x,t) = u_1 + \frac{u_2 - u_1}{l}x + \sum_{n=1}^{\infty} a_n \sin k_n x\, e^{-k_n^2 t},\ k_n = \frac{n\pi}{l}. \tag{12.46}$$

여기서 a_n, $n \in [1;\infty)$은 미정의 상수이며, 아직 식 (12.42)로 주어진 초기 조건은 만족되지 않았음에 유의한다.

초기 조건, 식 (12.42)에 식 (12.46)을 대입하여 다음을 얻으므로,

$$\sum_{n=1}^{\infty} a_n \sin k_n x = f(x) - v(x) \equiv S(x), \tag{12.47}$$

a_n을 다음과 같이 구할 수 있다.

$$a_n = \frac{(S, \Psi_n)}{(\Psi_n, \Psi_n)} = \frac{2}{l}(S, \Psi_n),\ n \in [1;\infty). \tag{12.48}$$

이들 결과를 식 (12.46)에 대입하여 주어진 문제의 해를 다음과 같이 얻는다.

$$u(x,t) = u_1 + \frac{u_2 - u_1}{l}x + \frac{2}{l}\sum_{n=1}^{\infty} (S, \Psi_n) \sin k_n x\, e^{-k_n^2 t},\ k_n = \frac{n\pi}{l}. \tag{12.49}$$

이 식에 따르면 $t \to \infty$일 때, u는 점근적으로 다음과 같이 주어지며,

$$u(x,t) \sim u_1 + \frac{u_2 - u_1}{l} x \equiv v(x), \tag{12.50}$$

이와 같은 **정상해**(steady solution)는 초기 조건 f의 형태와 무관하게 오직 경계 조건에 의해서만 결정됨에 유의한다.

3) 원판(disk)의 온도 분포

2차원 물체에 대한 확산 방정식은 식 (12.3) 우변을 u_{xx} 대신 $\nabla^2 u$로 바꾸어 다음과 같이 얻을 수 있다.

$$u_t = \nabla^2 u. \tag{12.51}$$

그런데 원판에 대해서는 원판의 중심에 원점을 둔 극 좌표계 (r, θ)를 사용하면 10.2절 2)의 식 (10.24)를 식 (12.51)에 대입하여 다음을 얻는다.

$$u_t = u_{rr} + \frac{1}{r} u_r + \frac{1}{r^2} u_{\theta\theta}. \tag{12.52}$$

만약 원판 상의 온도 분포가 θ의 함수가 아니라면 위 식은 다음과 같이 다시 쓸 수 있다.

$$u_t = u_{rr} + \frac{1}{r} u_r. \tag{12.53}$$

반경 a인 원판의 온도 분포 $u(r,t)$와 관련하여 다음과 같은 초기치-경계치 문제가 주어졌다고 하자.

$$u_t = u_{rr} + \frac{1}{r} u_r,\ r \in [0, a),\ t > 0, \tag{12.54}$$

$$u(r, 0) = f(r),\ r \in [0, a), \tag{12.55}$$

$$u(a, t) = 0,\ t > 0, \tag{12.56}$$

여기서 $f(r)$은 주어진 함수라고 한다.

위 문제에 대해 변수 분리법을 적용하기로 하여 다음을 가정하고,

$$u(r,t) = R(r)\,T(t)\,, \tag{12.57}$$

이를 식 (12.54)에 대입하면 다음을 얻으며,

$$R\frac{dT}{dt} = T\frac{d^2R}{dr^2} + \frac{T}{r}\frac{dR}{dr}\,, \tag{12.58}$$

이 식의 양변을 $u = RT$로 나누어 다음을 얻는다.

$$\frac{1}{T}\frac{dT}{dt} = \frac{1}{R}\frac{d^2R}{dr^2} + \frac{1}{rR}\frac{dR}{dr}\,. \tag{12.59}$$

이 식의 좌변과 우변은 각각 t, r만의 함수이므로 분리 상수 $\kappa = -k^2 < 0$ 으로 취하면 $R(r)$과 $T(t)$에 대한 상미분 방정식을 각각 다음과 같이 얻는다.

$$r\frac{d^2R}{dr^2} + \frac{dR}{dr} + k^2 r R = 0\,, \tag{12.60}$$

$$\frac{dT}{dt} + k^2\,T = 0\,. \tag{12.61}$$

만약 $k = 0$이면 식 (10.37)에서 보았던 바와 같이 식 (12.60)의 해는 u가 상수인 경우를 제외하면 $R = \ln r$을 얻는데, $r = 0$이 문제의 영역에 포함되어 있으므로, 영역 내에서 무한히 큰 값을 가지는 해를 제외시키기로 하면, 이하에서는 $k \neq 0$인 경우만 생각하면 된다.

$R(r)$에 대한 경계 조건은 식 (12.57)을 식 (12.56)에 대입하여 다음과 같이 얻으며,

$$R(a) = 0\,, \tag{12.62}$$

식 (12.60)을 11.2절 SL 문제의 고유값 문제, 식 (11.13)과 비교하면 다음을 얻는다.

$$p = r\,,\ q = 0\,,\ w = r\,,\ \lambda = k^2\,. \tag{12.63}$$

SL 정리에서 다루었던 경계 조건은 식 (11.11)에 보인 바와 같이 $x=a$, b의 두 점에서 주어졌는데, 위 문제에서는 한 점, $r=a$에서만 주어지므로, 11.2절의 SL 정리를 확장하지 않으면 SL 정리를 적용할 수 없다. 다행히 식 $p(0)=0$임을 식 (12.63)으로부터 확인할 수 있는데, 이와 같은 경우에는 $r=0$에 대한 경계 조건을 생략할 수 있음을 보일 수 있으며, 이에 대해서는 Churchill(1956)〈11〉을 참조하기 바란다.

따라서 스칼라곱은 식 (11.12)에 따라 $L_2(0,a)$에 속하는 r의 두 함수 $\eta(r)$, $\zeta(r)$에 대해 다음과 같이 정의되며,

$$(\eta,\zeta)=\int_0^a r\eta(r)\zeta(r)\,dr, \tag{12.64}$$

고유값 문제인 식 (12.60)의 모든 고유함수의 집합은 $L_2(0,a)$의 기저를 구성한다.

한편, 식 (12.60)은 4.2절에서 다룬 바 있는 베셀 미분 방정식으로 바꾸어 쓸 수 있는데, 양변에 r을 곱하고 $\rho=kr$의 치환을 도입하면 $R(\rho)$에 대한 미분 방정식을 다음과 같이 얻으며,

$$\rho^2\frac{d^2R}{d\rho^2}+\rho\frac{dR}{d\rho}+\rho^2R=0, \tag{12.65}$$

이 식은 식 (4.13) 또는 (5.32)에서 고려했던 0차 베셀 미분 방정식이다.

식 (12.65)의 일반해는 식 (5.49)로 주어지는데, $r=0$에서 유한한 값을 가지는 해는 다음과 같이 쓸 수 있다.

$$R(r)=J_0(\rho),\ \rho=kr. \tag{12.66}$$

여기서 J_0는 제1종 0차 베셀 함수이다.

식 (12.62)의 경계 조건에 식 (12.66)을 대입하여 다음을 얻으며,

$$J_0(ka)=0, \tag{12.67}$$

따라서 고유값 문제, 식 (12.60)에 대해 고유값과 고유함수를 다음과 같이 얻는다.

표 12.1 베셀 함수의 제로

n	1	2	3	4	5
j_n	2.405	5.520	8.654	11.79	14.93
$J_1(j_n)$	0.5191	-0.3403	0.2715	-0.2325	0.2065

$$k_n = \frac{j_n}{a}, \ n \in [1;\infty), \tag{12.68}$$

$$R_n(r) = J_0(k_n r) \equiv \Psi_n(r), \ n \in [1;\infty). \tag{12.69}$$

여기서 j_n은 $J_0(j_n) = 0$을 만족하는 소위 베셀 함수의 **제로**(zero)들이다. j_n은 $n \geq 3$이면 $j_{n+1} - j_n \cong \pi$로 볼 수 있고, j_1부터 j_5까지를 [표 12.1]에 보였으며, 표에는 $J_1(j_n)$의 값도 같이 보였다.

한편, 식 (12.61)로부터 k_n에 상응하는 T_n을 다음과 같이 얻으며,

$$T_n(t) = e^{-k_n^2 t}, \tag{12.70}$$

따라서 식 (12.69), (12.70)으로부터 $u(r,t)$를 다음과 같이 가정할 수 있다.

$$u(r,t) = \sum_{n=1}^{\infty} A_n J_0(k_n r) e^{-k_n^2 t}, \ k_n = \frac{j_n}{a}. \tag{12.71}$$

여기서 A_n은 미정의 상수이며, 아직까지 만족되지 않은 초기 조건을 만족하도록 결정해야 한다.

초기 조건인 식 (12.55)에 식 (12.71)을 대입하여 다음을 얻으며,

$$f(r) = \sum_{n=1}^{\infty} A_n J_0(k_n r), \tag{12.72}$$

이 식은 $f(r)$의 **푸리에-베셀 급수**(Fourier-Bessel series)라고 불린다.

직교 기저를 이루는 $\{\Psi\} \equiv \{\Psi_1, \Psi_2, \cdots\}$의 직교성을 이용하여 A_n을 다음과 같이 얻으며,

$$A_n = \frac{(f, \Psi_n)}{(\Psi_n, \Psi_n)} = \frac{2}{a^2 [J_1(k_n a)]^2} (f, \Psi_n),\ n \in [1; \infty), \tag{12.73}$$

여기서 위 식의 둘째 등호는 다음 결과를 이용하여 얻었다([연습문제 2] 참조).

$$\int_0^a \xi [J_0(k_n \xi)]^2 \, d\xi = \frac{a^2}{2} [J_1(k_n a)]^2. \tag{12.74}$$

위에서 J_1은 제1종 1차 베셀 함수이며, $J_1(k_n a)$의 값은 [표 12.1]에 보인 바 있고, 그 절대치는 n이 증가함에 따라 단조적으로 감소한다.

결국 식 (12.73)을 식 (12.71)에 대입하여 주어진 초기치-경계치 문제의 해를 다음과 같이 얻는다.

$$u(r, t) = \frac{2}{a^2} \sum_{n=1}^{\infty} \frac{(f, \Psi_n)}{[J_1(k_n a)]^2} J_0(k_n r) e^{-k_n^2 t},\ k_n = \frac{j_n}{a}. \tag{12.75}$$

1)에서 다루었던 봉 문제에 대한 해를 아래에 다시 보인 식 (12.39)로 얻은 바 있다.

$$u(x, t) = \frac{2}{l} \sum_{n=1}^{\infty} (f, \Psi_n) \sin k_n x \, e^{-k_n^2 t},\ k_n = \frac{n\pi}{l}. \tag{12.39}$$

위 두 해를 비교하면 봉 문제에서의 $n\pi$는 싸인 함수의 제로이고, 또한 $\sin k_n x$의 역할을 원판 문제에서는 $J_0(k_n r)$이 하고 있는 것을 알 수 있으며, 이와 같은 관점에서 베셀 함수는 **원기둥 조화파**(cylindrical harmonic wave)라고도 불린다.

12.3 푸리에 변환의 적용

이 절에서는 푸리에 변환을 사용하여 풀 수 있는 두 개의 예제에 대해 생각하기로 한다.

1) 무한히 긴 봉의 온도 분포

길이가 무한히 길다고 볼 수 있는 봉의 온도 분포에 대한 다음과 같은 초기치 문제를 생각하기로 하자.

$$u_t = u_{xx},\ x \in (-\infty, \infty),\ t > 0, \tag{12.76}$$

$$u(x,0) = f(x),\ x \in (-\infty, \infty). \tag{12.77}$$

여기서 $f(x)$는 주어진 함수라고 하며, 경계 조건이 주어지지 않았음에 유의한다.

11.3절에서와 마찬가지로 무한 영역에 대한 문제이므로 x에 대한 푸리에 변환을 사용하기로 하면, 식 (12.76)의 우변의 항을 좌변으로 이항하고 양변에 e^{-ikx}를 곱한 뒤 x에 대해 $-\infty$부터 ∞까지 적분하면 다음을 얻는다.

$$\int_{-\infty}^{\infty} (u_t - u_{xx}) e^{-ikx}\, dx = 0. \tag{12.78}$$

위 식 피적분 함수의 둘째 항에 대해 도함수의 푸리에 변환에 대한 공식, 식 (9.35)를 이용하면 다음을 얻는데,

$$\int_{-\infty}^{\infty} u_{xx} e^{-ikx}\, dx = (ik)^2 \hat{u}(k,t) = -k^2 \hat{u}(k,t), \tag{12.79}$$

여기서 $\hat{u}(k,t)$는 $u(x,t)$의 x에 대한 푸리에 변환이다.

식 (12.78) 피적분 함수의 첫째 항에 대해서는 적분과 편미분의 순서를 바꾸면 다음을 얻는데,

$$\int_{-\infty}^{\infty} u_t e^{-ikx}\,dx = \frac{\partial}{\partial t}\int_{-\infty}^{\infty} u e^{-ikx}\,dx = \frac{\partial}{\partial t}\hat{u}(k,t) = \frac{d\hat{u}}{dt}, \qquad (12.80)$$

여기서 마지막 등호는 $\hat{u}(k,t)$의 푸리에 변수 k를 매개변수로 간주하여 얻었다. 이들을 식 (12.78)에 대입하여 다음과 같은 $\hat{u}(k,t)$에 대한 상미분 방정식을 얻는다.

$$\frac{d\hat{u}}{dt} - k^2\hat{u}(k,t) = 0,\ t > 0. \qquad (12.81)$$

x에 대한 푸리에 변환을 사용하여 주어진 편미분 방정식을 상미분 방정식으로 바꾸었음에 유의한다.

1계 상미분 방정식인 식 (12.81)의 해는 다음과 같이 쓸 수 있는데,

$$\hat{u}(k,t) = A(k)e^{-k^2 t}, \qquad (12.82)$$

식 (12.77)의 양변에 e^{-ikx}를 곱한 뒤 x에 대해 $-\infty$부터 ∞까지 적분하면 다음을 얻으며,

$$\hat{u}(k,0) = \hat{f}(k), \qquad (12.83)$$

식 (12.82)를 이 식에 대입하여 다음을 얻는다.

$$A(k) = \hat{f}(k). \qquad (12.84)$$

따라서 식 (12.84)를 식 (12.82)에 대입하여 결국 다음을 얻으며,

$$\hat{u}(k,t) = \hat{f}(k)e^{-k^2 t}, \qquad (12.85)$$

컨볼루션에 대한 푸리에 역변환에 대한 결과, 식 (9.39)를 사용하면 초기치 문제의 해 $u(x,t)$에 대해 다음을 얻는다.

$$u(x,t) = F^{-1}\left\{\hat{f}e^{-k^2 t}\right\} = f * h. \qquad (12.86)$$

여기서 $h(x,t) \equiv F^{-1}\left\{e^{-k^2 t}\right\}$이다.

푸리에 역변환의 정의, 식 (9.34)에 의해 $h(x,t)$를 다음과 같이 얻으며,

$$2\pi h(x,t) = \int_{-\infty}^{\infty} e^{-k^2 t} e^{ikx}\, dk = \int_{-\infty}^{\infty} e^{-k^2 t + ikx}\, dk, \tag{12.87}$$

이 식 우변의 적분에 대해서는 $\kappa = \sqrt{t}\,k + \dfrac{ix}{2\sqrt{t}} = \sqrt{t}\,k + i\eta$의 치환을 사용하여 다음을 얻으므로([연습문제 3] 참조),

$$\int_{-\infty}^{\infty} e^{-k^2 t + ikx}\, dk = \frac{e^{-\eta^2}}{\sqrt{t}} \int_{-\infty + i\eta}^{\infty + i\eta} e^{-\kappa^2}\, d\kappa = \sqrt{\frac{\pi}{t}}\, e^{-\eta^2},\ \eta = \frac{x}{2\sqrt{t}}, \tag{12.88}$$

이를 식 (12.87)에 대입하여 $h(x,t)$를 다음과 같이 얻는다.

$$h(x,t) = \frac{e^{-\eta^2}}{2\sqrt{\pi t}},\ \eta = \frac{x}{2\sqrt{t}}. \tag{12.89}$$

여기서 η는 12.1절 3)에서 구했던 상사 변수이며, 또 $h(x,t)$는 상사 변환에 의한 기본해, 식 (12.23)과 분모의 상수 2를 제외하면 전적으로 같은 해임에 유의한다.

식 (12.89)를 식 (12.86)에 대입하여 주어진 초기치 문제에 대한 해를 다음과 같이 얻는다.

$$u(x,t) = f * h = \int_{-\infty}^{\infty} f(\xi)\, h(\xi - x, t)\, d\xi = \frac{1}{2\sqrt{\pi t}} \int_{-\infty}^{\infty} f(\xi)\, e^{-\frac{(\xi - x)^2}{4t}}\, d\xi. \tag{12.90}$$

만약 $f(x) = \delta(x - x_0)$로 주어졌다면, 이를 위 식에 대입하여 다음을 얻으므로,

$$u(x,t) = \frac{e^{-\frac{(x_0 - x)^2}{4t}}}{2\sqrt{\pi t}} = h(x_0 - x, t), \tag{12.91}$$

$h(x_0 - x, t)$는 $t = 0$, 즉 초기에 $x = x_0$에 델타 함수에 상응하는 온도 분포가 주어졌을 경우, $t > 0$일 때의 온도 분포를 주고 있으므로, 보통 **열원**(heat source)에 상응하는 해, 즉 열원해라고 불린다.

2) 반무한 봉(semi-infinite rod)의 온도 분포

길이가 한쪽으로만 무한히 긴 반무한 봉에 대한 초기치-경계치 문제가 다음과 같이 주어졌다고 하자.

$$u_t = u_{xx},\ x > 0,\ t > 0, \tag{12.92}$$

$$u(x, 0) = f(x),\ x > 0, \tag{12.93}$$

$$u(0, t) = 0,\ t > 0. \tag{12.94}$$

여기서 $f(x)$는 주어진 함수라고 한다.

위 문제의 해법 중 가장 쉬운 방법은 위의 1)에서 얻은 무한히 긴 봉에 대한 해를 이용하는 것이다. 먼저 경계 조건인 식 (12.94)를 고려하여 초기 조건인 식 (12.93)을 무한 영역에 대한 조건으로 확장하면 다음을 얻는데,

$$u(x, 0) = F(x),\ F(x) \equiv \begin{cases} f(x), & x > 0, \\ -f(-x), & x < 0, \end{cases} \tag{12.95}$$

다시 말하면 초기 조건을 기함수인 $F(x)$로 대치하였다. 위에서 $x = 0$에서의 경계 조건은 기함수인 $F(x)$의 좌극한과 우극한의 평균값과 같음에 유의한다([그림 12.3] 참조).

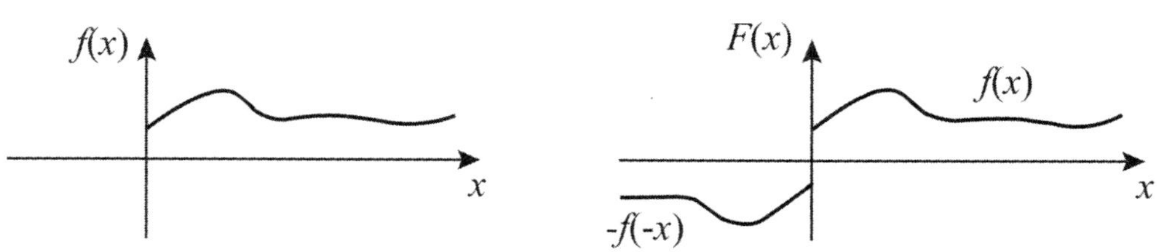

그림 12.3 초기 조건의 기함수적 확장

이제 주어진 초기치-경계치 문제 대신에 식 (12.76), (12.95)로 주어진 초기치 문제를 풀면, 1)에서 얻은 해, 식 (12.90)으로부터 다음과 같이 해를 얻는다.

$$\begin{aligned} u(x,t) = F * h &= \int_{-\infty}^{\infty} F(\xi)\, h(\xi - x, t)\, d\xi \\ &= -\int_{-\infty}^{0} f(-\xi)\, h(\xi - x, t)\, d\xi + \int_{0}^{\infty} f(\xi)\, h(\xi - x, t)\, d\xi \\ &= -\int_{0}^{\infty} f(\zeta)\, h(-\zeta - x, t)\, d\zeta + \int_{0}^{\infty} f(\xi)\, h(\xi - x, t)\, d\xi \\ &= \int_{0}^{\infty} f(\xi)\{h(\xi - x, t) - h(\xi + x, t)\}\, d\xi. \end{aligned} \tag{12.96}$$

여기서 셋째 등호는 식 (12.95)를, 넷째 등호는 첫째 적분 항에 대해 $\xi = -\zeta$의 치환을, 마지막 등호는 $h(-\zeta - x, t) = h(\zeta + x, t)$ 임을 각각 이용하여 얻었다.

식 (12.96) 마지막 우변의 피적분 함수 $\{\ \}$의 첫째 항은 $t = 0$에 $\xi = x$에 위치한 열원에 상응하며, 둘째 항은 $t = 0$에 $\xi = -x$에 위치한 음의 부호를 가지는 열원에 상응함을 알 수 있다. 따라서 $x = 0$에서의 경계 조건, $u = 0$을 만족시키기 위해, $\xi = 0$을 대칭축으로 하는 대칭점 $\xi = -x$에 음의 세기를 가지는 열원이 초기 조건에 더해진 것을 알 수 있다.

연습문제

1. 식 (12.20)을 증명하기 위해 다음을 생각한다. 좌변의 구하고자 하는 적분을 I라고 하고, I^2을 고려하면 다음을 얻는데,

$$I^2 = \int_0^\infty \int_0^\infty e^{-\xi^2-\eta^2} d\xi d\eta = \int_0^\infty \int_0^\infty e^{-(\xi^2+\eta^2)} d\xi d\eta, \tag{연12.1}$$

여기서 $\xi = r\cos\theta$, $\eta = r\sin\theta$의 치환을 사용하면 다음을 얻으며,

$$I^2 = \int_0^{\pi/2} \left\{ \int_0^\infty e^{-r^2} r\,dr \right\} d\theta = \frac{\pi}{2} \int_0^\infty e^{-r^2} r\,dr, \tag{연12.2}$$

위 식의 마지막 적분에 $r^2 = \zeta$의 치환을 도입하여 $I^2 = \dfrac{\pi}{4}$를 얻어 결국 식 (12.20)을 얻음을 보이시오.

2. 식 (12.74)를 증명하기 위해 다음을 생각한다. $R(\rho)$에 대한 0차 베셀 미분 방정식, 식 (10.93)의 양변을 ρ로 나누어 다음 결과를 얻으며,

$$\frac{d}{d\rho}\left(\rho \frac{dR}{d\rho}\right) + \rho R = 0, \tag{연12.3}$$

이 식의 양변에 $2\rho \dfrac{dR}{d\rho}$를 곱하면 다음 식을 얻고,

$$\frac{d}{d\rho}\left(\rho \frac{dR}{d\rho}\right)^2 + \rho^2 \frac{dR^2}{d\rho} = 0, \tag{연12.4}$$

이 식의 양변을 r에 대해 0부터 a까지 적분하여 다음을 얻는다.

$$\frac{1}{k}\left(\rho\frac{dR}{d\rho}\right)^2\Bigg|_0^{ka}+\int_0^a \rho^2\frac{dR^2}{d\rho}dr=0\,. \qquad (연12.5)$$

위 식 좌변의 둘째 항을 우변으로 이항하고 정리하여 다음을 구하고,

$$\left(\rho\frac{dR}{d\rho}\right)^2_{\rho=ka}=-\int_0^{ka}\rho^2\frac{dR^2}{d\rho}d\rho=-\left(\rho^2R^2\right)_0^{ka}+2\int_0^{ka}\rho R^2 d\rho, \qquad (연12.6)$$

위 식에 $k=k_n$, $R(\rho)=J_0(\rho)$를 대입하고 [연습문제 5.4]의 식 (연5.5)를 이용하여 다음 결과를 얻은 뒤,

$$\frac{1}{2}\left(\rho J_1\right)^2_{\rho=\rho_n}=\int_0^{\rho_n}\rho\left[J_0(\rho_n)\right]^2 d\rho,\ \rho_n=k_n a\,, \qquad (연12.7)$$

이 식으로부터 아래에 다시 보인 식 (12.74)를 얻으시오.

$$\int_0^a \xi\left[J_0(k_n\xi)\right]^2 d\xi=\frac{a^2}{2}\left[J_1(k_n a)\right]^2. \qquad (12.74)$$

3. 식 (12.88)의 둘째 등호를 증명하기 위해 다음을 생각한다. κ는 복소수이며 복소적분의 성질로부터 식 (12.88)의 둘째 적분은 다음과 같이 쓸 수 있다고 하자.

$$I=\int_{-\infty+i\eta}^{\infty+i\eta}e^{-\kappa^2}d\kappa=\int_{-\infty}^{\infty}e^{-\kappa^2}d\kappa\,. \qquad (연12.8)$$

다시 말하면 κ의 실수 축 상에서의 적분과 같다고 할 수 있으므로, 위 적분의 피적분 함수는 우함수이므로 다음을 얻으며,

$$I=2\int_0^{\infty}e^{-\kappa^2}d\kappa\,, \qquad (연12.9)$$

이 식에 식 (12.20)을 적용하여 $I=\sqrt{\pi}$를 얻음을 보이시오.

4. 2절 1)에서 다룬 유한한 봉의 온도 분포와 관련하여 다음 문제의 해를 구하시오.

1) $u_t = u_{xx}$, $x \in (0, \pi)$, $t > 0$,

$u(x, 0) = x(\pi - x)$, $x \in (0, \pi)$,

$u(0, t) = u(\pi, t) = 0$, $t > 0$.

2) $u_t = u_{xx}$, $x \in (a, b)$, $t > 0$,

$u(x, 0) = (x - a)(b - x)$, $x \in (a, b)$,

$u(a, t) = u(b, t) = 0$, $t > 0$.

단 a, b는 주어진 실수이며, $b > a$라고 한다.

5. 2절 3)에서 다룬 원판의 온도 분포와 관련하여 다음 문제의 해를 구하시오.

$$u_t = u_{rr} + \frac{1}{r} u_r, \ r \in [0, a), \ t > 0,$$

$$u(r, 0) = f(r), \ r \in [0, a),$$

$$u(a, t) = 100, \ t > 0.$$

여기서 a는 주어진 양의 실수이며, $f(r)$은 주어진 함수라고 한다.

6. 구 내부의 온도 분포와 관련하여 다음 문제의 해를 구하시오.

$$u_t = u_{rr} + \frac{2}{r} u_r, \ r \in [0, a), \ t > 0, \qquad \text{(연12.10)}$$

$$u(r, 0) = f(r), \ r \in [0, a),$$

$$u(a, t) = 0, \ t > 0.$$

여기서 a는 주어진 양의 실수이며, $f(r)$은 주어진 함수라고 한다.

위의 문제를 푸는데 있어 식 (연12.10)에 다음 변환을 도입하면, $\phi(r,t)$가 어떤 편미분 방정식을 만족하는지 먼저 구하시오.

$$\phi(r,t) \equiv ru(r,t). \qquad \text{(연12.11)}$$

7\. 3절 1)에서 다룬 무한히 긴 봉의 온도 분포와 관련하여 다음 문제의 해를 생각한다.

$$u_t = u_{xx} + f(x),\ x \in (-\infty, \infty),\ t > 0,$$

$$u(x,0) = 0,\ x \in (-\infty, \infty),$$

여기서 $f(x)$는 주어진 함수이며, 물리적으로는 **열원**(heat source)에 상응한다.

위 문제에 푸리에 변환을 적용하여 그 해가 다음과 같이 얻어짐을 보이시오.

$$u(r,t) = f(x) * F^{-1}\left\{\frac{1-e^{-k^2 t}}{k^2}\right\}. \qquad \text{(연12.12)}$$

13장

파동 방정식

자연계에서 관찰할 수 있는 파동 현상의 대표적인 예로 소리, 빛, 수면 상에 발생하는 파도, 즉 수면파 등을 들 수 있다. 이와 같은 파동 현상은 물리적으로는 물체가 가질 수 있는 두 가지 서로 다른 형태의 에너지가 그 에너지를 주고받음으로써 생긴다.

예를 들어 소리 또는 **음파**(sound wave)는 소리가 전달되는 매체의 **탄성**(elasticity)에 기인하는 변형에너지와 **관성**(inertia)에 기인하는 운동에너지가 서로 그 에너지를 주고받으면서 생기는 현상으로 볼 수 있다. 소리는 본질적으로는 작은 압력 교란인데, 압력 변화에 따라 발생하는 변형에너지와 이때 물체가 가지게 되는 속도에 따른 운동에너지가 서로 에너지를 주고받음으로써 압력 교란이 매체를 따라 전파되기 때문이다.

빛을 파동으로 볼 경우, 전기장과 자기장이 가진 각각의 에너지 교환에 의해 빛이 전파하는 것으로 볼 수 있고, 또한 수면파는 **중력**(gravity)에 기인하는 포텐셜에너지와 관성에 기인하는 운동에너지의 교환에 의한 수면 변위의 전파로 볼 수 있다. 소리 또는 빛과 관련하여서는 파동 방정식에 의해 그 기본적인 물리 현상에 대해 이해할 수 있다.

1절에서는 달랑베르(1747)가 구한 파동 방정식의 일반해에 대해 논의하고, 변수 분리법을 적용하여 구할 수 있는 세 개의 예제에 대해 생각하기로 한다.

2절에서는 극 좌표계와 구 좌표계에 대한 파동 방정식의 변수 분리를 통해 2차원 및 3차원 공간 상에서의 파동에 대해 생각하기로 한다.

3절에서는 **수면파**(water surface wave)에 대해 고려하는데, 수면파는 소리 또는 빛과는 달리 그 지배 방정식을 라플라스 방정식으로 가지므로 이에 기인하는 특성에 대해 간단히 기술하기로 한다.

4절에서는 분산성 파동에 대해 간략하게 논의하기로 한다. 수면파를 포함한 다양한 파동에 대해 싸인 또는 코싸인 함수로 주어지는 **규칙파**(regular wave)를 생각할 때, 파도의 시간적인 주기성을 나타내는 **진동수**(frequency) ω와 공간적인 주기성을 나타내는 **파수**(wave number) k 사이에는 일정한 관계가 성립한다. 이 관계의 수학적 표현 $\omega = \omega(k)$를 **분산 관계식**(dispersion relation)이라고 부르는데, 이와 같은 분산 관계식을 가지는 파동을 분산성 파동이라고 부른다.

13.1 달랑베르의 일반해와 변수 분리법

이 절에서는 $\phi(x,t)$를 미지 함수로 하는 파동 방정식에 대해 달랑베르의 일반해를 구하고, 그 예제에 대해 공부한 뒤, 변수 분리법의 적용과 관련하여 두 개의 예제를 생각하기로 한다.

10.1절 식 (10.3)에서 보였던 바와 같이 미지 함수 $\phi(x,t)$에 대한 파동 방정식은 다음과 같이 쓸 수 있다.

$$\phi_{tt} - c^2 \phi_{xx} = 0. \tag{13.1}$$

여기서 c는 아래에서 알게 될 바와 같이 파동의 전파 속도인데, 위 식으로부터 c^2의 차원을 구하면 다음을 얻으므로,

$$[c^2] = L^2 T^{-2}, \tag{13.2}$$

c는 속도의 차원을 가지는 것을 확인할 수 있다. 여기서 L, T는 각각 길이와 시간의 차원을 나타낸다.

8.2절에서 논의한 바와 같이 미지 함수가 독립 변수 x, t의 조합인 $\xi = x - ct$만의 함수라고 하면 $\phi = \Phi(\xi)$로 쓸 수 있으며 $\phi = \Phi(\xi)$는 다음과 같은 1계 선형 파동 방정식을 만족하는데,

$$\Phi_t + c\Phi_x = 0, \tag{13.3}$$

식 (13.1)의 좌변을 편미분 연산자를 사용하여 나타내면 다음과 같이 쓸 수 있으며,

$$\left(\frac{\partial^2}{\partial t^2} - c^2 \frac{\partial^2}{\partial x^2}\right)\phi = 0, \qquad (13.4)$$

이 식의 좌변 연산자에 대해서는 인수분해를 적용하여 다시 다음과 같이 쓸 수 있으므로,

$$\left(\frac{\partial}{\partial t} - c\frac{\partial}{\partial x}\right)\left(\frac{\partial}{\partial t} + c\frac{\partial}{\partial x}\right)\phi = \left(\frac{\partial}{\partial t} - c\frac{\partial}{\partial x}\right)(\phi_t + c\phi_x) = 0, \qquad (13.5)$$

$\phi = \Phi(\xi)$는 식 (13.1), 2계 선형 파동 방정식의 해임을 알 수 있다.

같은 방법으로 미지 함수가 독립 변수 x, t의 조합인 $\eta = x + ct$만의 함수라고 하면 $\phi = \Psi(\eta)$로 쓸 수 있고, $\phi = \Psi(\eta)$는 다음과 같은 1계 선형 파동 방정식을 만족하는데,

$$\Psi_t - c\Psi_x = 0, \qquad (13.6)$$

식 (13.4)는 다음과 같이 쓸 수도 있으므로,

$$\left(\frac{\partial}{\partial t} + c\frac{\partial}{\partial x}\right)\left(\frac{\partial}{\partial t} - c\frac{\partial}{\partial x}\right)\phi = \left(\frac{\partial}{\partial t} + c\frac{\partial}{\partial x}\right)(\phi_t - c\phi_x) = 0, \qquad (13.7)$$

$\phi = \Psi(\eta)$는 식 (13.1), 2계 선형 파동 방정식의 해임을 알 수 있다.

위의 논의를 종합하면, 파동 방정식은 선형이므로 식 (13.1)의 해를 다음과 같이 얻을 수 있는데,

$$\phi = \Phi(x - ct) + \Psi(x + ct), \qquad (13.8)$$

이 결과는 2계 편미분 방정식에 대해 두 개의 임의의 함수를 해로 포함하고 있으므로 일반해로 볼 수 있으며, 이 해는 **달랑베르의 일반해**(D'Alembert's general solution, 1747)로 알려져 있다.

위 결과에 따르면, 식 (13.1), 2계 파동 방정식의 해는 x의 양의 방향으로 c의 속도로 진행하는 모양이 변치 않는 파동 Φ와, x의 음의 방향으로 c의 속도로 진행하는 모양이 변치 않는 파동 Ψ의 합으로 구성된다.

예를 들어 길이가 무한히 길다고 볼 수 있는 **줄의 횡진동**(transverse vibration of

string)의 변위 $\phi(x,t)$는 다음과 같은 초기치 문제의 해로 주어진다.

$$\phi_{tt} = c^2 \phi_{xx},\ x \in (-\infty, \infty),\ t > 0, \tag{13.9}$$

$$\phi(x,0) = f(x),\ \phi_t(x,0) = 0,\ x \in (-\infty, \infty). \tag{13.10}$$

여기서 $f(x)$는 주어진 줄의 초기 변위이고, 초기 속도는 영으로 주어졌음에 유의한다.

식 (13.10)의 초기 조건에 식 (13.8)의 일반해를 대입하여 다음을 얻는데,

$$\Phi(x) + \Psi(x) = f(x), \tag{13.11}$$

$$-c\Phi'(x) + c\Psi'(x) = 0,\ \Phi'(x) \equiv \left.\frac{d\Phi}{d\xi}\right|_{t=0},\ \Psi'(x) \equiv \left.\frac{d\Psi}{d\eta}\right|_{t=0}, \tag{13.12}$$

식 (13.12)의 양변을 c로 나누고 적분하여 다음을 얻으며,

$$-\{\Phi(x) - \Phi(0)\} + \{\Psi(x) - \Psi(0)\} = 0, \tag{13.13}$$

이를 정리하여 다음을 얻으므로,

$$\Phi(x) - \Psi(x) = \Phi(0) - \Psi(0) = b,\ b \equiv \Phi(0) - \Psi(0), \tag{13.14}$$

식 (13.11)과 (13.14)로부터 Φ와 Ψ를 다음과 같이 얻는다.

$$\Phi(x) = \frac{1}{2}\{f(x) + b\}, \tag{13.15}$$

$$\Psi(x) = \frac{1}{2}\{f(x) - b\}. \tag{13.16}$$

이를 일반해에 대입하여 주어진 초기치 문제에 대한 해를 다음과 같이 얻는데,

$$\phi(x,t) = \frac{1}{2}\{f(x-ct) + f(x+ct)\}, \tag{13.17}$$

이 식에 따르면 예를 들어 초기 변위 $f(x)$가 다음과 같이 주어진 경우,

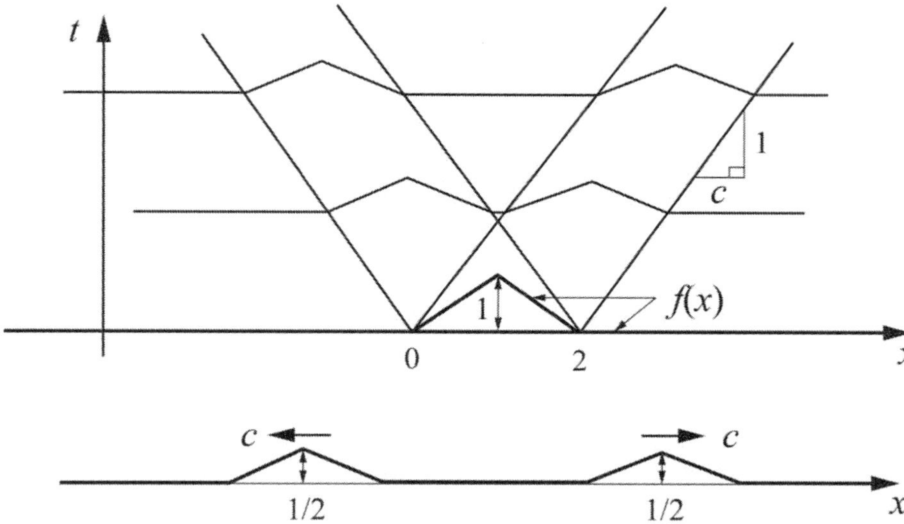

그림 13.1 초기 속도가 영인 경우의 파동 방정식의 해

$$f(x) = \begin{cases} x, & x \in (0,1), \\ 2-x, & x \in (1,2), \\ 0, & x \notin (0,2), \end{cases} \tag{13.18}$$

파동 방정식의 해는 [그림 13.1]에 보인 바와 같이 초기 변위 $\phi = f$ 중 반은 x의 양의 방향으로 c의 속도로, 나머지 반은 x의 음의 방향으로 c의 속도로 진행함을 알 수 있다.

물론 위에서 생각한 초기 조건은 연속 미분 가능하지 않으므로, $t=0$에 $x=0$, 1, 2에 상응하는 점 부근에서 2계인 파동 방정식을 만족할 수 없다는 문제점이 있으나, 이와 관련된 논의는 학사 과정의 범위를 벗어나므로 이승준(2018)〈2〉로 미루기로 한다.

다음으로 파동 방정식에 대한 변수 분리법의 적용과 관련하여 세 개의 예제를 생각하기로 한다.

1) 유한한 길이를 가진 줄(string)의 횡진동

길이가 l인 줄의 횡진동 변위 $\phi(x,t)$는 다음과 같은 2계 선형 파동 방정식의 해로 주어진다고 가정할 수 있다.

(x,t) 평면 상에 주어진 초기치-경계치 문제를 [그림 13.2]에 보였으며, 주어진 문제는 다음과 같이 쓸 수 있다.

$$\phi_{tt} = c^2 \phi_{xx}\,,\ x \in (0,l)\,,\ t > 0\,, \tag{13.19}$$

$$\phi(x,0) = f(x)\,,\ \phi_t(x,0) = 0\,,\ x \in (0,l)\,, \tag{13.20}$$

$$\phi(0,t) = \phi(l,t) = 0\,,\ t > 0\,. \tag{13.21}$$

여기서 c는 주어진 상수, 초기 변위 $f(x)$는 주어진 함수라고 한다.

변수 분리법을 적용하기로 하고 $\phi(x,t)$에 대해 다음과 같이 가정한 뒤,

$$\phi(x,t) = X(x)\,T(t)\,, \qquad (13.22)^{21)}$$

이 가정을 식 (13.19)에 대입하여 다음을 얻고,

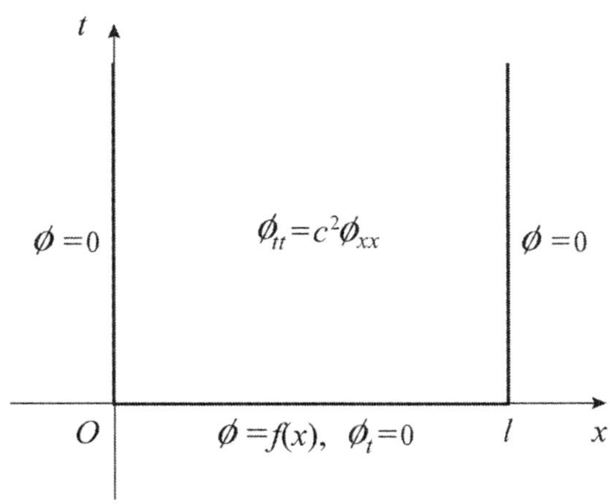

그림 13.2 줄의 횡진동에 대한 초기치-경계치 문제

---

21) 시간의 차원을 나타내는 T와 혼동하지 않기 바란다.

$$X\frac{d^2T}{dt^2} = c^2\,T\frac{d^2X}{dx^2}\,, \tag{13.23}$$

이 식의 양변을 c^2XT로 나누어 다음을 얻는데,

$$\frac{1}{c^2T}\frac{d^2T}{dt^2} = \frac{1}{X}\frac{d^2X}{dx^2}\,, \tag{13.24}$$

위 식의 좌변은 t만의 함수이고, 우변은 x만의 함수이므로, 등호가 성립하기 위해서는 양변이 상수가 되어야 한다.

k를 양의 실수라고 할 때, 분리 상수를 $\kappa = -k^2 < 0$으로 취하면 다음과 같이 X, T에 대한 두 개의 상미분 방정식을 얻는다.

$$\frac{d^2X}{dx^2} + k^2X = 0\,, \tag{13.25}$$

$$\frac{d^2T}{dt^2} + c^2k^2\,T = 0\,. \tag{13.26}$$

식 (13.22)의 가정을 경계 조건인 식 (13.21)에 대입하면 다음을 얻는다.

$$X(0) = X(l) = 0\,. \tag{13.27}$$

식 (13.25), (13.27)은 11.2절의 SL 정리에서 고려한 고유값 문제, 식 (11.15), (11.16)과 전적으로 같으므로, 식 (13.25), (13.27)에 대해 SL 정리를 적용할 수 있다.

이 고유값 문제의 해는 아래에 다시 보인 식 (11.19), (11.20)으로 주어지며,

$$X_n(x) = \sin k_n x \equiv \Psi_n(x)\,,\ k_n \equiv \frac{n\pi}{l}\,,\ n \in [1;\infty)\,, \tag{13.28}$$

SL 정리에 따라 식 (13.28)로 주어지는 함수의 집합은 $L_2(0,l)$의 기저로 사용될 수 있음을 다시 한 번 강조한다.

식 (13.28)에 보인 k_n에 상응하는 T_n을 식 (13.26)으로부터 구하면 다음을 얻고,

$$T_n(t) = A_n \cos ck_n t + B_n \sin ck_n t,\ k_n = \frac{n\pi}{l},\ n \in [1;\infty), \tag{13.29}$$

여기서 A_n, B_n, $n \in [1;\infty)$은 아직 정해지지 않은 상수이다.

초기 속도에 대한 조건, 식 (13.20)의 둘째 식에 식 (13.22)의 가정을 대입하면 다음을 얻으므로,

$$\left.\frac{dT}{dt}\right|_{t=0} = 0, \tag{13.30}$$

이를 식 (13.29)에 대입하면 $B_n = 0$, $n \in [1;\infty)$을 얻어, 이 결과를 식 (13.29)에 대입한 식과 식 (13.28)로부터 주어진 초기치-경계치 문제의 해를 다음과 같이 가정할 수 있다.

$$\phi(x,t) = \sum_{n=1}^{\infty} X_n(x)\,T_n(t) = \sum_{n=1}^{\infty} A_n \sin k_n x \cos ck_n t. \tag{13.31}$$

여기서 A_n, $n \in [1;\infty)$은 아직 미정의 상수이다.

지금까지 만족되지 않은 초기 변위에 대한 조건, 식 (13.20)의 첫째 식에 식 (13.31)을 대입하여 다음을 얻는데,

$$\phi(x,0) = \sum_{n=1}^{\infty} A_n \sin k_n x = f(x), \tag{13.32}$$

앞에서 여러 번 기술한 바와 같이 $f(x) \in L_2(0,l)$이면 위 식의 A_n은 고유함수의 직교성을 이용하여 다음 관계로부터 구할 수 있다.

$$A_n = \frac{(f,\Psi_n)}{(\Psi_n,\Psi_n)} = \frac{2}{l}(f,\Psi_n),\ n \in [1;\infty). \tag{13.33}$$

여기서 (f,Ψ_n)는 식 (11.12)로부터 다음과 같이 정의된 스칼라곱이며,

$$(f,\Psi_n) = \int_0^l f(\xi)\Psi_n(\xi)\,d\xi, \tag{13.34}$$

식 (13.33)의 둘째 등호는 식 (11.21)을 이용하여 얻었다. 식 (13.32)의 급수는 11.2절 식 (11.24)에서 얻었던 $f(x)$의 푸리에 싸인 급수인 점에 유의한다.

식 (13.33)을 식 (13.31)에 대입하여 주어진 문제의 해를 다음과 같이 얻는다.

$$\phi(x,t) = \frac{2}{l}\sum_{n=1}^{\infty}(f, \Psi_n)\sin k_n x \cos ck_n t\,,\ k_n = \frac{n\pi}{l}. \tag{13.35}$$

이 식에 따르면 줄의 진동은 k_n이 기본 진동수인 k_1의 정수 배이므로 일반적으로 공통의 주기를 가지는 주기 함수임을 알 수 있다.

식 (13.35)로 얻은 해와 앞에서 얻은 달랑베르의 일반해 사이의 관계를 알아보기 위해서는 식 (13.35) 우변의 급수를 구성하는 각 항에 대해 다음이 성립하는 점에 착안하여,

$$\sin k_n x \cos ck_n t = \frac{1}{2}\left\{\sin k_n(x-ct) + \sin k_n(x+ct)\right\}, \tag{13.36}$$

이를 식 (13.35)에 대입하여 다음을 얻는다.

$$\phi(x,t) = \frac{1}{l}\sum_{n=1}^{\infty}(f, \Psi_n)\left\{\sin k_n(x-ct) + \sin k_n(x+ct)\right\}. \tag{13.37}$$

이 식에 따르면 n이 서로 다른 모드(mode)도 모두 같은 속도 c로 전파하고 있음을 알 수 있다. 이 결과를 식 (13.8)의 달랑베르의 일반해와 비교하면 다음을 얻는데,

$$\begin{aligned}\phi(x,t) &= \frac{1}{l}\sum_{n=1}^{\infty}(f, \Psi_n)\sin k_n(x-ct) + \frac{1}{l}\sum_{n=1}^{\infty}(f, \Psi_n)\sin k_n(x+ct)\\ &= \Phi(x-ct) + \Psi(x+ct),\ \ \therefore \Phi(x) = \Psi(x) = \frac{f(x)}{2},\end{aligned} \tag{13.38}$$

여기서 마지막 식의 등호는 식 (13.32)에서 얻은 푸리에 싸인 급수를 이용하여 얻었다.

따라서 식 (13.35)로 얻은 해는 달랑베르의 일반해와 전혀 모순이 없는 결과임을 확인할 수 있으며, 물론 식 (13.36)은 싸인 함수에 대한 덧셈 공식을 적용하여 얻었지만, 물리적으로 보면 **정재파**(standing wave)는 서로 반대 방향으로 전파하는 두 **진행파**

(progressive wave)의 합으로 쓸 수 있다고 하는 일반적인 파동 이론의 결과를 적용한 것이라고도 할 수 있는 점에 유의한다.

2) 유한한 길이를 가진 줄의 횡진동, 영이 아닌 경계 조건

앞의 1)에서 고려했던 것과 같은 줄에 대한 문제이지만, 경계 조건이 영이 아닌 경우, [그림 13.3]에 보인 것과 같은 경우에 대해 생각하기로 하자.

$$\phi_{tt} = c^2 \phi_{xx}\,,\ x \in (0, l)\,,\ t > 0\,, \tag{13.39}$$

$$\phi(x, 0) = f(x)\,,\ \phi_t(x, 0) = 0\,,\ x \in (0, l)\,, \tag{13.40}$$

$$\phi(0, t) = c_1\,,\ \phi(l, t) = c_2\,,\ t > 0\,. \tag{13.41}$$

여기서 c, c_1, c_2는 주어진 상수, 초기 변위 $f(x)$는 주어진 함수라고 한다.

12.2절 2)에 대해서와 같이, 만약 이 문제에 대해 그냥 변수 분리법을 적용하면, 영이 아닌 경계 조건 때문에 식 (13.27)과 같은 $X(x)$에 대한 경계 조건을 얻을 수 없으므로, 1)에서 얻었던 식 (13.25), (13.26)에 대해 분리 상수 $\kappa = 0$인 경우를 고려하면,

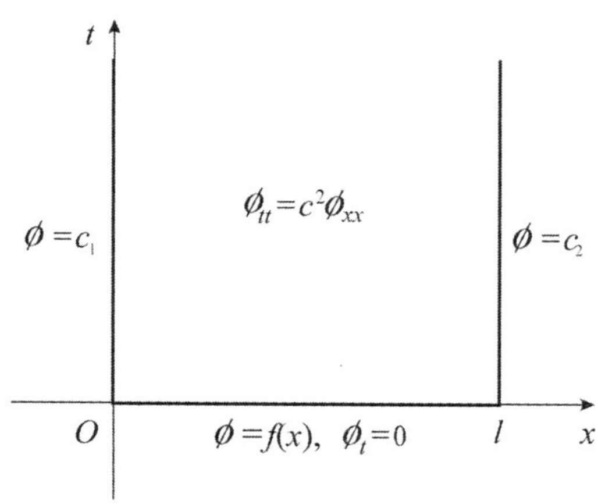

그림 13.3 줄의 횡진동에 대한 초기치-경계치 문제, 영이 아닌 경계 조건

$X(x)$와 $T(t)$ 모두 선형의 해를 가질 수 있으므로, 이들로부터 $\phi(x,t)$에 대해 다음과 같은 가정을 도입한다.

$$\phi(x,t) = \phi_0(x) + \psi(x,t),\ \phi_0(x) = \alpha + \beta x. \tag{13.42}$$

여기서 $\phi_0(x)$는 시간의 함수가 아닌 점에 유의하기 바라며, α, β는 미정의 상수로 $\phi_0(x)$가 경계 조건을 만족하도록 결정하기로 한다. 왜냐하면 $\phi_0(x)$가 주어진 경계 조건을 만족하는 경우에는 $\psi(x,t)$가 만족해야 하는 경계 조건은 앞의 1)에서와 같이 양단에서 영이 되기 때문이다.

위의 조건을 적용하여 α, β를 다음과 같이 얻으며,

$$\alpha = c_1,\ \beta = \frac{c_2 - c_1}{l}, \tag{13.43}$$

$\psi(x,t)$에 대해서는 1)에서 구한 식 (13.35)를 그대로 사용할 수 있으므로, 이들 결과를 식 (13.42)에 대입하여 다음과 같은 형태로 주어진 문제의 해를 가정할 수 있다.

$$\phi(x,t) = c_1 + \frac{c_2 - c_1}{l}x + \sum_{n=1}^{\infty} A_n \sin k_n x \cos c k_n t,\ k_n = \frac{n\pi}{l}. \tag{13.44}$$

여기서 A_n, $n \in [1;\infty)$은 미정의 상수이며, 아직 식 (13.40)의 첫째 식으로 주어진 초기 조건은 만족되지 않았음에 유의한다.

초기 조건, 식 (13.40)의 첫째 식에 식 (13.44)를 대입하여 다음을 얻으므로,

$$\sum_{n=1}^{\infty} A_n \sin k_n x = f(x) - \phi_0(x) \equiv S(x), \tag{13.45}$$

A_n을 다음과 같이 구할 수 있다.

$$A_n = \frac{(S, \Psi_n)}{(\Psi_n, \Psi_n)} = \frac{2}{l}(S, \Psi_n),\ n \in [1;\infty). \tag{13.46}$$

이들 결과를 식 (13.44)에 대입하여 주어진 문제의 해를 다음과 같이 얻는다.

$$\phi(x,t)=c_1+\frac{c_2-c_1}{l}x+\frac{2}{l}\sum_{n=1}^{\infty}(S,\Psi_n)\sin k_n x\cos ck_n t,\ k_n=\frac{n\pi}{l}. \quad (13.47)$$

3) 직사각형 박막(membrane)의 진동

2차원 물체에 대한 파동 방정식은 식 (13.1) 좌변의 ϕ_{xx}를 $\nabla^2\phi$로 대체하여 미지 함수 $\phi(x,y,t)$에 대해 다음과 같이 얻는다.

$$\phi_{tt}-c^2\nabla^2\phi=\phi_{tt}-c^2(\phi_{xx}+\phi_{yy})=0. \quad (13.48)$$

여기서도 c는 파동의 전파 속도를 나타내는 상수이며, 이와 같은 방정식은 예를 들어 직사각형 박막의 진동 변위를 구하는데 사용될 수 있다.

서로 직교하는 두 변의 길이가 각각 l, s인 직사각형 박막의 진동과 관련하여 그 변위 $\phi(x,y,t)$에 대해 [그림 13.4]에 보인 바와 같이 다음과 같은 초기치-경계치 문제가 주어졌다고 하자.

$$\phi_{tt}=c^2(\phi_{xx}+\phi_{yy}),\ x\in(0,l),\ y\in(0,s),\ t>0, \quad (13.49)$$

$$\phi(x,y,0)=f(x,y),\ \phi_t(x,y,0)=0,\ x\in(0,l),\ y\in(0,s), \quad (13.50)$$

$$\phi(0,y,t)=0,\ \phi(l,y,t)=0,\ y\in(0,s),\ t>0, \quad (13.51)$$

$$\phi(x,0,t)=0,\ \phi(x,s,t)=0,\ x\in(0,l),\ t>0. \quad (13.52)$$

여기서 c는 주어진 상수, 박막의 초기 변위 $f(x,y)$는 주어진 함수라고 하며, 또 그 초기 속도는 영이고, 박막의 모든 경계는 항상 고정되어 있음에 유의한다.

변수 분리법을 적용하기로 하고 $\phi(x,y,t)$에 대해 다음과 같이 가정한 뒤,

$$\phi(x,y,t)=X(x)\,Y(y)\,T(t), \quad (13.53)$$

이 가정을 식 (13.49)에 대입하여 다음을 얻으며,

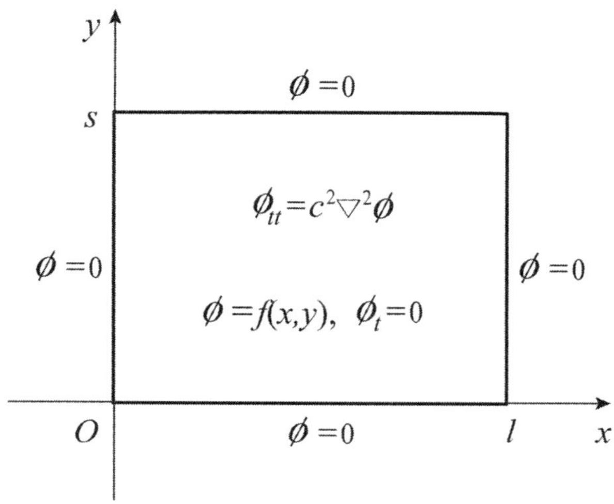

그림 13.4 직사각형 박막의 진동

$$XY\frac{d^2T}{dt^2} = c^2 T\left\{ Y\frac{d^2X}{dx^2} + X\frac{d^2Y}{dy^2} \right\}, \tag{13.54}$$

이 식의 양변을 c^2XYT로 나누어 다음을 얻는다.

$$\frac{1}{c^2T}\frac{d^2T}{dt^2} = \frac{1}{X}\frac{d^2X}{dx^2} + \frac{1}{Y}\frac{d^2Y}{dy^2}. \tag{13.55}$$

위 식의 좌변은 t만의 함수이고, 우변은 x, y만의 함수이므로, 등호가 성립하기 위해서는 양변이 상수가 되어야 하며, k를 양의 실수라고 할 때, 분리 상수를 $\kappa = -k^2 < 0$으로 취하면 다음과 같이 X, Y에 대한 식과, T에 대한 식, 두 개의 상미분 방정식을 얻는다.

$$\frac{1}{X}\frac{d^2X}{dx^2} = -\frac{1}{Y}\frac{d^2Y}{dy^2} - k^2, \tag{13.56}$$

$$\frac{d^2T}{dt^2} + c^2k^2T = 0. \tag{13.57}$$

식 (13.56)의 좌변은 x만의 함수이고, 우변은 y만의 함수이므로 양변은 상수가 되어야 하며, μ를 양의 실수라고 할 때, 분리 상수를 $\gamma = -\mu^2 < 0$으로 취하면 식 (13.56)으로부터 다음과 같이 X, Y에 대한 두 개의 상미분 방정식을 얻는다.

$$\frac{d^2 X}{dx^2} + \mu^2 X = 0, \tag{13.58}$$

$$\frac{d^2 Y}{dy^2} + \nu^2 Y = 0,\ \nu^2 \equiv k^2 - \mu^2 > 0. \tag{13.59}$$

여기서 $k > \mu$임을 가정하였다.

식 (13.53)의 가정을 경계 조건인 식 (13.51)에 대입하면 다음을 얻고,

$$X(0) = X(l) = 0, \tag{13.60}$$

또 경계 조건인 식 (13.52)에 대입하면 다음을 얻는다.

$$Y(0) = Y(s) = 0. \tag{13.61}$$

식 (13.58), (13.60)의 $X(x)$에 대한 문제는 11.2절의 SL 정리에서 고려한 고유값 문제, 식 (11.15), (11.16)과 전적으로 같으므로, 식 (13.58), (13.60)에 대해 SL 정리를 적용할 수 있다. 뿐만 아니라 (13.59), (13.61)의 $Y(y)$에 대한 문제 또한 같이 다룰 수 있으므로, 이들 고유값 문제의 해는 식 (11.19), (11.20)으로부터 다음과 같이 주어지며,

$$X_m(x) = \sin \mu_m x \equiv \Phi_m(x),\ \mu_m \equiv \frac{m\pi}{l},\ m \in [1; \infty), \tag{13.62}$$

$$Y_n(y) = \sin \nu_n y \equiv \Psi_n(y),\ \nu_n \equiv \frac{n\pi}{s},\ n \in [1; \infty), \tag{13.63}$$

SL 정리에 따라 식 (13.62), (13.63)으로 주어지는 함수의 집합은 각각 $L_2(0, l)$, $L_2(0, s)$의 기저로 사용될 수 있음에 유의한다.

식 (13.62), (13.63)에 보인 μ_m, ν_n에 상응하는 T_{mn}을 식 (13.57)로부터 구하면 다음을 얻고,

$$T_{mn}(t) = A_{mn}\cos\omega_{mn}t + B_{mn}\sin\omega_{mn}t,$$

$$\omega_{mn} = c\sqrt{\mu_m^2 + \nu_n^2} = \frac{c\pi}{ls}\sqrt{n^2l^2 + m^2s^2},\ m \in [1;\infty),\ n \in [1;\infty), \quad (13.64)$$

여기서 A_{mn}, B_{mn}은 아직 정해지지 않은 상수이다.

초기 속도에 대한 조건, 식 (13.50)의 둘째 식에 식 (13.53)의 가정을 대입하면 다음을 얻으므로,

$$\left.\frac{dT}{dt}\right|_{t=0} = 0, \quad (13.65)$$

이를 식 (13.64)의 첫째 식에 대입하면 $B_{mn} = 0$, $m \in [1;\infty)$, $n \in [1;\infty)$을 얻어, 식 (13.62), (13.63), (13.64)로부터 주어진 초기치-경계치 문제의 해를 다음과 같이 가정할 수 있다.

$$\begin{aligned}\phi(x, y, t) &= \sum_{m=1}^{\infty}\sum_{n=1}^{\infty} X_m(x)\,Y_n(y)\,T_{mn}(t) \\ &= \sum_{m=1}^{\infty}\sum_{n=1}^{\infty} A_{mn}\sin\mu_m x\sin\nu_n y\cos\omega_{mn}t. \end{aligned} \quad (13.66)$$

여기서 A_{mn}은 미정의 상수이다.

지금까지 만족되지 않은 초기 변위에 대한 조건, 식 (13.50)의 첫째 식에 식 (13.66)을 대입하여 다음을 얻는다.

$$\phi(x, y, 0) = \sum_{m=1}^{\infty}\sum_{n=1}^{\infty} A_{mn}\sin\mu_m x\sin\nu_n y = f(x, y). \quad (13.67)$$

위 식에 포함된 **이중 급수**(double series)의 계수 A_{mn}을 구하는 데는 앞에서 여러 번 기술한 바와 같이 각각 $L_2(0,l)$, $L_2(0,s)$의 기저를 이루는 Φ_m과 Ψ_n의 직교성을 이용하여 다음 관계로부터 구할 수 있다.

먼저 y를 고정하면 $f(x,y)$는 x만의 함수로 볼 수 있으며, 이를 $g(x)$라고 놓으면 식 (13.67)로부터 다음을 얻으며,

$$f(x;y) \equiv g(x) = \sum_{m=1}^{\infty}\left(\sum_{n=1}^{\infty} A_{mn}\sin\nu_n y\right)\sin\mu_m x = \sum_{m=1}^{\infty}\alpha_m \sin\mu_m x\,, \tag{13.68}$$

$$\alpha_m(y) \equiv \sum_{n=1}^{\infty} A_{mn}\sin\nu_n y\,, \tag{13.69}$$

또 식 (13.68)의 α_m은 다음 식으로부터 구할 수 있고,

$$\alpha_m = \frac{(g,\Phi_m)}{(\Phi_m,\Phi_m)} = \frac{2}{l}(g,\Phi_m),\ m\in[1;\infty). \tag{13.70}$$

여기서 (g,Φ_m)는 식 (11.12)로부터 다음과 같이 정의된 스칼라곱이다.

$$(g,\Phi_m) = \int_0^l g(\xi)\Phi_m(\xi)\,d\xi. \tag{13.71}$$

또한 각각의 y에 대한 식 (13.69)로부터 A_{mn}은 다음과 같이 얻을 수 있는데,

$$A_{mn} = \frac{[\alpha_m,\Psi_n]}{[\Psi_n,\Psi_n]} = \frac{2}{s}[\alpha_m,\Psi_n],\ m\in[1;\infty),\ n\in[1;\infty), \tag{13.72}$$

여기서 $\alpha_m \equiv \alpha_m(y)$이며, 스칼라곱은 다음과 같이 정의된다.

$$[\alpha_m,\Psi_n] = \int_0^s \alpha_m(\eta)\Psi_n(\eta)\,d\eta. \tag{13.73}$$

식 (13.72)에 식 (13.70)을 대입하여 A_{mn}에 대해 다음 결과를 얻는다.

$$A_{mn} = \frac{2}{s}\int_0^s \alpha_m(\eta)\Psi_n(\eta)\,d\eta$$

$$= \frac{4}{ls}\int_0^l\int_0^s f(\xi,\eta)\Phi_m(\xi)\Psi_n(\eta)\,d\xi\,d\eta,\ m\in[1;\infty),\ n\in[1;\infty). \quad (13.74)$$

이 결과를 식 (13.66)에 대입하여 주어진 초기치-경계치 문제의 해를 다음과 같이 얻는다.

$$\phi(x,y,t) = \frac{4}{ls}\sum_{m=1}^{\infty}\sum_{n=1}^{\infty}\left[(f(\xi;\eta),\Phi_m),\Psi_n\right]\sin\mu_m x\sin\nu_n y\cos\omega_{mn}t,$$

$$\mu_m \equiv \frac{m\pi}{l},\ \nu_n \equiv \frac{n\pi}{s},\ k_{mn} = \frac{\pi}{ls}\sqrt{n^2l^2+m^2s^2},\ \omega_{mn} = ck_{mn}. \quad (13.75)$$

이 식에 따르면 박막의 진동은 초기 변위에 포함되어 있는 모드만 가질 수 있으며, 일반적으로는 ω_{mn}이 정수가 아니므로 공통의 진동수를 가지지 않아 주기 함수가 아님을 알 수 있다.

13.2 극 좌표계와 구 좌표계

2차원 평면 상에서 퍼져나가는 파동에 대한 파동 방정식은, 식 (13.1) 좌변의 ϕ_{xx}를 $\nabla^2\phi$로 대체하고 만약 극 좌표계 (r,θ)를 사용하기로 하면, 식 10.2절 2)의 식 (10.24)를 이용하여 다음과 같이 얻을 수 있다.

$$\phi_{tt} = c^2\left(\phi_{rr} + \frac{1}{r}\phi_r + \frac{1}{r^2}\phi_{\theta\theta}\right). \quad (13.76)$$

또 만약 파동이 θ의 함수가 아니라면 위 식은 다음과 같이 다시 쓸 수 있다.

$$\phi_{tt} = c^2\left(\phi_{rr} + \frac{1}{r}\phi_r\right). \quad (13.77)$$

반경 a인 **원형 박막**(circular membrane)의 진동과 관련하여 2차원 파동 $\phi(r,t)$에 대해 다음과 같은 초기치-경계치 문제가 주어졌다고 하자.[22)]

$$\phi_{tt} = c^2\left(\phi_{rr} + \frac{1}{r}\phi_r\right),\ r \in [0, a),\ t > 0, \tag{13.78}$$

$$\phi(r, 0) = f(r),\ \phi_t(r, 0) = 0,\ r \in [0, a), \tag{13.79}$$

$$\phi(a, t) = 0,\ t > 0. \tag{13.80}$$

여기서 $f(r)$은 주어진 함수라고 한다.

위 문제에 대해 변수 분리법을 적용하기로 하여 다음을 가정하고,

$$\phi(r, t) = R(r)\,T(t), \tag{13.81}$$

이를 식 (13.78)에 대입하면 다음을 얻으며,

$$R\frac{d^2T}{dt^2} = c^2\left(T\frac{d^2R}{dr^2} + \frac{T}{r}\frac{dR}{dr}\right), \tag{13.82}$$

이 식의 양변을 $c^2\phi = c^2RT$로 나누어 다음을 얻는다.

$$\frac{1}{c^2T}\frac{d^2T}{dt^2} = \frac{1}{R}\frac{d^2R}{dr^2} + \frac{1}{rR}\frac{dR}{dr}. \tag{13.83}$$

이 식의 좌변과 우변은 각각 t, r만의 함수이므로 분리 상수를 $\kappa = -k^2 < 0$으로 취하면 $R(r)$과 $T(t)$에 대한 상미분 방정식을 각각 다음과 같이 얻는다. k는 양의 실수라고 한다.

$$r\frac{d^2R}{dr^2} + \frac{dR}{dr} + k^2 rR = 0, \tag{13.84}$$

---

22) 이하의 원형 박막에 대한 논의는 12.2절 3) 원판의 온도 분포에 대한 논의와 매우 유사하지만, 이 절의 독립성을 위해 중복되는 내용도 그대로 싣기로 한다.

$$\frac{d^2 T}{dt^2} + c^2 k^2 T = 0. \tag{13.85}$$

$k = 0$ 이면 식 (10.37)에서 보였던 바와 같이 식 (13.84)의 해는 ϕ가 상수인 경우를 제외하면 $R = \ln r$을 얻는데, $r = 0$이 문제의 영역에 포함되어 있으므로, 영역 내에서 무한히 큰 값을 가지는 해를 제외시키기로 하면, 이하에서는 $k \neq 0$인 경우만 생각하면 된다.

$R(r)$에 대한 경계 조건은 식 (13.81)을 식 (13.80)의 경계 조건에 대입하여 다음과 같이 얻으며,

$$R(a) = 0, \tag{13.86}$$

식 (13.84)를 SL 문제의 고유값 문제, 식 (11.13)과 비교하면 다음을 얻는다.

$$p = r,\ q = 0,\ w = r,\ \lambda = k^2. \tag{13.87}$$

위와 같은 경계 조건에 대해서는 12.2절 3)에서 SL 정리의 경계 조건을 확장할 수 있음에 대해 이미 논의한 바 있다.

따라서 스칼라곱은 식 (11.12)에 따라 $L_2(0, a)$에 속하는 r의 두 함수 $\eta(r)$, $\zeta(r)$에 대해 다음과 같이 정의되며,

$$(\eta, \zeta) = \int_0^a r\eta(r)\zeta(r)\,dr, \tag{13.88}$$

고유값 문제인 식 (13.84)의 모든 고유함수의 집합은 $L_2(0, a)$의 기저를 구성한다.

한편, 식 (13.84)는 4.2절에서 다룬 바 있는 베셀 미분 방정식으로 바꾸어 쓸 수 있는데, 양변에 r을 곱하고 $\rho = kr$의 치환을 도입하면 $R(\rho)$에 대해 다음을 얻으며,

$$\rho^2 \frac{d^2 R}{d\rho^2} + \rho \frac{dR}{d\rho} + \rho^2 R = 0, \tag{13.89}$$

이 식은 식 (4.13) 또는 (5.32)에서 고려했던 0차 베셀 미분 방정식이다.

식 (13.84)의 일반해는 식 (5.49)로 주어지는데, $r = 0$에서 유한한 값을 가지는 해는

다음과 같이 쓸 수 있다.

$$R(r) = J_0(\rho),\ \rho = kr. \tag{13.90}$$

여기서 J_0는 제1종 0차 베셀 함수이다.

식 (13.86)의 경계 조건에 식 (13.90)을 대입하여 다음을 얻으며,

$$J_0(ka) = 0, \tag{13.91}$$

따라서 고유값 문제, 식 (13.84)에 대해 고유값과 고유함수를 다음과 같이 얻는다.

$$k_n a = j_n,\ n \in [1;\infty), \tag{13.92}$$

$$R_n(r) = J_0(k_n r) \equiv \Psi_n(r),\ n \in [1;\infty). \tag{13.93}$$

여기서 j_n은 $J_0(j_n) = 0$을 만족하는 소위 베셀 함수의 제로들이다. j_1부터 j_5까지를 [표 12.1]에 보였으며, 표에는 $J_1(j_n)$의 값도 같이 보였다.

한편, 식 (13.85)로부터 k_n에 상응하는 T_n을 다음과 같이 얻으며,

$$T_n(t) = A_n \cos\omega_n t + B_n \sin\omega_n t,\ \omega_n = \frac{cj_n}{a},\ n \in [1;\infty), \tag{13.94}$$

여기서 A_n, B_n은 아직 정해지지 않은 상수이다.

초기 속도에 대한 조건, 식 (13.79)의 둘째 식에 식 (13.81)의 가정을 대입하면 다음을 얻으므로,

$$\left.\frac{dT}{dt}\right|_{t=0} = 0, \tag{13.95}$$

이를 식 (13.94)에 대입하면 $B_n = 0,\ n \in [1;\infty)$을 얻어, 식 (13.93), (13.94)로부터 주어진 초기치-경계치 문제의 해를 다음과 같이 가정할 수 있다.

$$\phi(r,t)=\sum_{n=1}^{\infty}A_n J_0(k_n r)\cos\omega_n t,\ k_n=\frac{j_n}{a},\ \omega_n=ck_n. \tag{13.96}$$

여기서 A_n은 미정의 상수이며, 아직까지 만족되지 않은 초기 조건을 만족하도록 결정해야 한다.

초기 변위에 대한 조건인 식 (13.79)의 첫째 식에 식 (13.96)을 대입하여 다음을 얻으며,

$$f(r)=\sum_{n=1}^{\infty}A_n J_0(k_n r), \tag{13.97}$$

이 식은 $f(r)$의 푸리에-베셀 급수이다.

직교 기저를 이루는 $\{\Psi\}\equiv\{\Psi_1,\Psi_2,\cdots\}$의 직교성을 이용하여 A_n을 다음과 같이 얻으며,

$$A_n=\frac{(f,\Psi_n)}{(\Psi_n,\Psi_n)}=\frac{2}{a^2[J_1(k_n a)]^2}(f,\Psi_n),\ n\in[1;\infty), \tag{13.98}$$

여기서 위 식의 둘째 등호는 다음 결과를 이용하여 얻었다

$$\int_0^a \xi[J_0(k_n\xi)]^2\,d\xi=\frac{a^2}{2}[J_1(k_n a)]^2. \tag{13.99}$$

위에서 J_1은 제1종 1차 베셀 함수이며, $J_1(k_n a)$의 값은 [표 12.1]에 보인 바 있고, 그 절대치는 n이 증가함에 따라 단조적으로 감소한다.

결국 식 (13.98)을 식 (13.96)에 대입하여 주어진 초기치-경계치 문제의 해를 다음과 같이 얻는다.

$$\phi(r,t)=\frac{2}{a^2}\sum_{n=1}^{\infty}\frac{(f,\Psi_n)}{[J_1(k_n a)]^2}J_0(k_n r)\cos\omega_n t,\ k_n=\frac{j_n}{a},\ \omega_n=ck_n. \tag{13.100}$$

앞 절의 1)에서 다루었던 줄 문제에 대한 해를 아래에 다시 보인 식 (13.35)로 얻은 바 있다.

$$\phi(x,t)=\frac{2}{l}\sum_{n=1}^{\infty}(f,\Psi_n)\sin k_n x\cos\omega_n t,\ k_n=\frac{n\pi}{l},\ \omega_n=ck_n. \tag{13.35}$$

위 두 해를 비교하면 줄 문제에서의 $n\pi$는 싸인 함수의 제로이고, 또한 $\sin k_n x$의 역할을 원판 문제에서는 $J_0(k_n r)$이 하고 있는 것을 알 수 있으며, 이와 같은 관점에서 베셀 함수는 원기둥 조화파라고도 불린다.

3차원 공간 상에서 퍼져나가는 파동에 대한 파동 방정식은, 식 (13.1) 좌변의 ϕ_{xx}를 $\nabla^2\phi$로 대체하고 만약 구 좌표계 (r,φ,θ)를 사용하기로 하면, 식 10.3절 3)의 식 (10.103)을 이용하여 다음과 같이 얻을 수 있다.

$$\phi_{tt}=c^2\left(\frac{\partial^2\phi}{\partial r^2}+\frac{2}{r}\frac{\partial\phi}{\partial r}+\frac{1}{r^2}\frac{\partial^2\phi}{\partial\varphi^2}+\frac{\cos\varphi}{r^2\sin\varphi}\frac{\partial\phi}{\partial\varphi}+\frac{1}{r^2\sin^2\varphi}\frac{\partial^2\phi}{\partial\theta^2}\right). \tag{13.101}$$

또 만약 파동이 φ, θ의 함수가 아니라면 $\phi(r,t)$에 대한 파동 방정식을 위 식으로부터 다음과 같이 얻는다.

$$\phi_{tt}=c^2\left(\phi_{rr}+\frac{2}{r}\phi_r\right). \tag{13.102}$$

위 식의 양변에 r을 곱하고 정리하여 다음을 얻으며,

$$r\phi_{tt}=c^2(r\phi_{rr}+2\phi_r)=c^2(r\phi_r+\phi)_r=c^2(r\phi)_{rr}, \tag{13.103}$$

여기서 $r\phi\equiv u(r,t)$로 정의하면 위 식으로부터 u에 대해 다음을 얻는데,

$$u_{tt}=c^2u_{rr}, \tag{13.104}$$

이 식과 1차원 파동 방정식인 식 (13.1)을 비교하면 식 (13.8)의 달랑베르의 일반해로부터 식 (13.104)의 일반해를 다음과 같이 얻는다.

$$u(r,t)=\Phi(r-ct)+\Psi(r+ct). \tag{13.105}$$

물론 여기서 Φ와 Ψ는 두 번 연속 미분 가능한 임의의 함수이다.

위의 논의를 종합하여 식 (13.102)의 일반해를 다음과 같이 얻는다.

$$\phi(r,t)=\frac{\Phi(r-ct)}{r}+\frac{\Psi(r+ct)}{r}. \tag{13.106}$$

여기서 우변의 항들은 **구면파**(spherical wave)라고 불리는데, 첫째 항은 좌표계의 원점으로부터 바깥쪽을 향하여 전파하는 **외향파**(outgoing wave), 둘째 항은 원점을 향하여 전파하는 **내향파**(incoming wave)이다. 각 항의 분모 r은 물리적으로 에너지 보존과 관련이 있다. 구면파는 r이 일정한 표면, 즉 구면에서 일정한 값을 가지는 파동인데, 이 파동의 에너지는 대체적으로 그 세기의 제곱과 구면의 표면적의 곱으로 주어진다. 구의 반경이 r일 때, 구면의 표면적은 $4\pi r^2$이며, 따라서 외향파 또는 내향파의 세기가 r^{-1}에 따라 감소하는 경우에만 에너지가 r에 상관없이 항상 일정한 값을 가질 수 있기 때문이다.

13.3 선형 수면파와 분산성 파동

수면파는 공기와 물의 경계면 사이에 형성되는 파동으로, 기본적인 해석에서는 공기의 유동을 무시하고 푸는 것이 일반적이다.

물은 이상유체로 가정하며, 수면파와 관련된 유동은 비회전성으로 간주할 수 있다고 하면, 수표면의 변위 $y=\eta(x,t)$가 파장에 비해 작은 경우, 파도의 기울기는 작다고 가정할 수 있고, 이와 같은 경우 수면파는 선형 문제의 해로 주어질 수 있다.

위에서 언급한 가정들을 수용하기로 하면, 수면파에 대한 속도 포텐셜 $\phi(x,y,t)$는 다음과 같은 선형 경계치 문제의 해로 주어진다([그림 13.5] 참조).

$$\nabla^2\phi=\phi_{xx}+\phi_{yy}=0,\ x\in(-\infty,\infty),\ y\in(-\infty,0), \tag{13.107}$$

$$\phi_{tt}+g\phi_y=0,\ x\in(-\infty,\infty),\ y=0, \tag{13.108}$$

$$|\nabla\phi|\to 0,\ y\to-\infty. \tag{13.109}$$

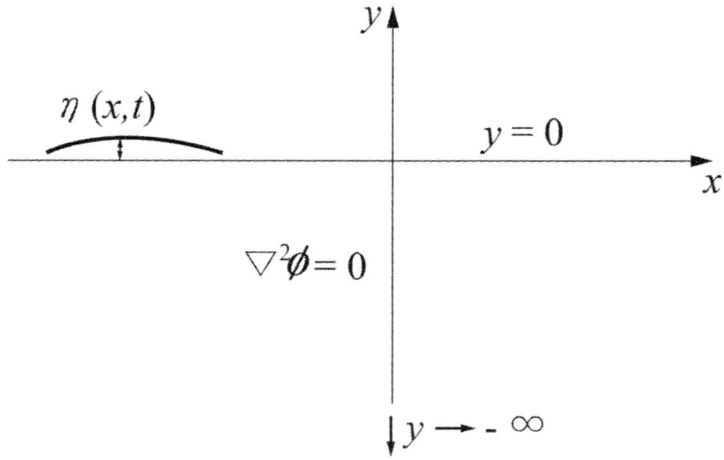

그림 13.5 선형 수면파에 대한 개략도

여기서 g는 중력 가속도이며, 식 (13.108)의 경계 조건은 $y=\eta(x,t)$가 아닌 $y=0$, 즉 교란되지 않은 평형 상태의 수표면에 대해 주어진 점에 유의한다.

식 (13.107)은 연속 방정식으로 질량 보존 법칙에 해당하며, 식 (13.108)은 $y=0$로 근사된 수표면에서의 **선형 경계 조건**(linearized boundary condition)이고, 식 (13.109)는 수심이 매우 깊은 곳에서는 수면 상의 파동이 무시할 만한 영향을 끼친다는 것을 뜻한다.

위에 보인 경계치 문제의 해 $\phi(x,y,t)$를 구하면 수표면의 변위 $\eta(x,t)$는 **선형 베르누이 방정식**(linearized Bernoulli equation)인 다음 식으로부터 구할 수 있다.

$$\eta(x,t) = -\frac{1}{g}\phi_t(x,0,t),\ x\in(-\infty,\infty). \tag{13.110}$$

위 문제에 대해 변수 분리법을 적용하기로 하여 다음을 가정하고,

$$\phi(x,y,t) = X(x)\,Y(y)\,T(t), \tag{13.111}$$

이를 연속 방정식, 식 (13.107)에 대입하면 다음을 얻으며,

$$YT\frac{d^2X}{dx^2} + XT\frac{d^2Y}{dy^2} = 0, \tag{13.112}$$

이 식의 양변을 $\phi = XYT$로 나누고 좌변의 둘째 항을 우변으로 이항하여 다음을 얻는다.

$$\frac{1}{X}\frac{d^2X}{dx^2} = -\frac{1}{Y}\frac{d^2Y}{dy^2}. \tag{13.113}$$

이 식의 좌변과 우변은 각각 x, y만의 함수이므로 분리 상수를 $\kappa = -k^2 < 0$으로 취하면 $X(x)$과 $Y(y)$에 대한 상미분 방정식을 각각 다음과 같이 얻는다. k는 양의 실수라고 한다.

$$\frac{d^2X}{dx^2} + k^2X = 0, \tag{13.114}$$

$$\frac{d^2Y}{dy^2} - k^2Y = 0. \tag{13.115}$$

식 (13.115)의 일반해는 다음과 같은데,

$$Y(y) = \alpha e^{ky} + \beta e^{-ky}, \tag{13.116}$$

여기서 α, β는 미정의 상수이다. 식 (13.109)를 만족하기 위해서는 $\beta = 0$이 되어야 하며, 편의상 $\alpha = 1$로 취하면 결국 $Y(y)$에 대해서는 다음을 얻는다.

$$Y(y) = e^{ky}. \tag{13.117}$$

한편 식 (13.114)의 일반해는 다음과 같은데,

$$X(x) = a\cos kx + b\sin kx, \tag{13.118}$$

여기서 a, b는 미정의 상수이다.

또한 식 (13.111)의 가정을 식 (13.108), $y = 0$에서의 선형 경계 조건에 대입하면 다음을 얻으며,

$$XY(0)\frac{d^2T}{dt^2} + gXT\frac{dY(0)}{dy} = 0,\ x \in (-\infty, \infty), \tag{13.119}$$

이 식의 양변을 $XY(0)T$로 나누고 좌변의 둘째 항을 우변으로 이항하여 다음을 얻는다.

$$\frac{1}{T}\frac{d^2T}{dt^2} = -\frac{g}{Y(0)}\frac{dY(0)}{dy}. \tag{13.120}$$

이 식의 우변에 식 (13.117)을 대입하면 따라서 다음을 얻으며,

$$\frac{1}{T}\frac{d^2T}{dt^2} = -gk, \tag{13.121}$$

이 식을 정리하여 다음과 같이 $T(t)$에 대한 상미분 방정식을 얻는다.

$$\frac{d^2T}{dt^2} + \omega^2 T = 0,\ \omega^2 \equiv gk,\ t \in (0, \infty). \tag{13.122}$$

위 식의 일반해는 다음과 같이 쓸 수 있으며,

$$T(t) = C\cos\omega t + D\sin\omega t, \tag{13.123}$$

여기서 C, D는 미정의 상수이다.

위에서 얻은 결과를 종합하여 주어진 문제에 대한 속도 포텐셜을 다음과 같이 얻을 수 있는데,

$$\phi(x, y, t) = (a\cos kx + b\sin kx)e^{ky}(C\cos\omega t + D\sin\omega t), \tag{13.124}$$

여기서 $kx \pm \omega t$를 자변수로 가지는 수면파를 생각하기로 하고, $bC \equiv 2B$, $a = D = 0$이라고 하면, 위로부터 다음 결과를 얻는다.

$$\phi(x, y, t) = Be^{ky}\{\sin(kx - \omega t) + \sin(kx + \omega t)\}. \tag{13.125}$$

이하에서는 x의 양의 방향으로 진행하는 진행파만을 고려하기로 하면 위 식 우변 $\{\ \}$ 안의 마지막 항을 무시하여 결국 다음 결과를 얻는다.

$$\phi(x, y, t) = Be^{ky}\sin(kx - \omega t),\ \omega^2 = gk. \tag{13.126}$$

이 결과가 주어진 식들을 모두 만족하는 것을 직접 대입에 의해 보이는 것은 [연습문제 5]로 남기기로 한다.

식 (13.126)에 상응하는 수표면의 변위는 식 (13.110)을 이용하여 다음과 같이 얻으며,

$$\eta(x,t) = \frac{\omega B}{g}\cos(kx-\omega t) = A\cos(kx-\omega t), \tag{13.127}$$

여기서 수면파의 진폭 $A = \dfrac{\omega B}{g}$ 이므로, $B = \dfrac{gA}{\omega}$ 를 얻고, 이를 식 (13.126)에 대입하여 $\eta = A\cos(kx-\omega t)$, 즉 진폭 A, 파수 k, 진동수 ω 인 수면파에 상응하는 속도 포텐셜을 다음과 같이 얻는다.

$$\phi(x,y,t) = \frac{gA}{\omega}e^{ky}\sin(kx-\omega t),\ \omega = \pm\sqrt{gk}\,. \tag{13.128}$$

$\omega = \omega(k)$ 는 **분산 관계식**(dispersion relation)이라고 불리는데, 수표면에서의 선형 경계 조건으로부터 얻어졌음에 유의한다. 또한 유도 과정으로부터 알 수 있는 바와 같이 식 (13.128)로 얻어진 해는 일종의 **기본해**(elementary solution)로 볼 수 있다. 왜냐하면 주어진 문제가 선형이므로, 위와 유사한 형태를 가진 해의 선형 결합 또한 주어진 문제의 해로 볼 수 있기 때문에, 푸리에 급수 또는 아래에서 보일 푸리에 적분을 이용하여 매우 일반적인 형태의 파동을 재현할 수 있기 때문이다.

수면파의 자변수 $kx-\omega t$ 는 **위상 함수**(phase function)라고 불리며, 이에 대해서는 다음을 얻는데,

$$\theta(x,t) \equiv kx-\omega t = k(x-ct),\ c \equiv \frac{\omega}{k} = \sqrt{\frac{g}{k}}\,, \tag{13.129}$$

여기서 c는 **위상 속도**(phase velocity)라고 부른다. 위의 결과에 따르면, 선형 수면파는 그 모양이 변화하지 않은 채 양의 x 방향으로 위상 속도 c로 진행할 수 있다.

진행파의 파장을 λ, 주기를 τ라고 하면, 파수 $k \equiv \dfrac{2\pi}{\lambda}$, 진동수 $\omega \equiv \dfrac{2\pi}{\tau}$ 이므로 위상 속도 c에 대해 다음을 얻으며,

$$c = \frac{\lambda}{\tau} = \sqrt{\frac{g}{2\pi}\lambda}\,, \tag{13.130}$$

다시 말하면 위상 속도는 파장의 제곱근에 비례하여 빨라지므로, 파장이 길수록 빨리 진행한다. 만약 $t=0$인 초기에 비교적 좁은 해역에 파장이 다른 파도들이 많이 섞여 있다고 하면, 시간이 지남에 따라 파장이 가장 긴 파도들이 진행 방향의 가장 앞쪽에 위치할 것이며, 또한 파도들이 차지하는 영역의 길이는 점차 길어질 것임을 알 수 있다. 이와 같이 시간이 지나면서 파장에 따라 파도들이 분산되는 것을 정량적으로 결정한다는 의미에서 $\omega=\omega(k)$는 분산 관계식이라고 불린다.

일반적으로 파동 현상은 쌍곡선형 방정식에 의해서 주어지는데, 수면파의 경우에는 타원형 방정식인 라플라스 방정식의 해로 주어지며, 그 경계의 형상, 즉 수표면의 변위가 전파된다는 특성을 가짐에 유의한다.

쌍곡선형 방정식의 경우에도 예를 들어 다음과 같이 주어지는 KG **방정식**(Klein-Gordon equation)의 경우,

$$\phi_{tt} - \alpha^2\phi_{xx} + \beta^2\phi = 0\,, \tag{13.131}$$

그 해를 다음과 같은 형태로 가정하면,

$$\phi(x,t) = Re\left\{e^{i(kx-\omega t)}\right\}, \tag{13.132}$$

이를 식 (13.131)에 대입하여 다음을 얻으며,

$$-\omega^2 + \alpha^2k^2 + \beta^2 = 0\,,\ \ \therefore\,\omega(k) = \pm\sqrt{\alpha^2k^2+\beta^2}\,, \tag{13.133}$$

따라서 KG 방정식은 식 (13.133)으로 주어지는 분산 관계식을 만족하는 기본해 $\cos(kx-\omega t)$를 가짐을 알 수 있다.

이와 같이 $\cos(kx-\omega t)$를 기본해로 가지며, 주어진 분산 관계식 $\omega = W(k)$를 만족하는 파동을 분산성 파동이라고 하는데, 이들에 대해서는 다음과 같은 적분을 고려함으로써 그 파동을 일반화할 수 있다.

$$\eta(x,t) = Re\int_{-\infty}^{\infty} A(k)e^{i\{kx - W(k)t\}}dk. \tag{13.134}$$

여기서 $A(k)$는 보통 초기 조건으로부터 구할 수 있다.

만약 초기 조건이 다음과 같이 주어지면,

$$\eta(x,0) = \eta_0(x),\ x \in (-\infty, \infty), \tag{13.135}$$

식 (13.134)에 $t=0$를 대입하여 다음을 얻는다.

$$\eta_0(x) = \int_{-\infty}^{\infty} A(k) e^{ikx} dk. \tag{13.136}$$

위 식 우변의 적분은 아래에서 보일 바와 같이 실함수임에 유의한다. $\hat{\eta}_0(k)$를 $\eta_0(x)$의 푸리에 변환이라고 하면, 9.2절의 식 (9.34)와의 비교로부터 $A(k) = \dfrac{\hat{\eta}_0(k)}{2\pi}$를 얻으며, 이를 식 (13.134)에 대입하여 다음 결과를 얻는다.

$$\eta(x,t) = \frac{1}{2\pi} Re \int_{-\infty}^{\infty} \hat{\eta}_0(k) e^{i\{kx - W(k)t\}} dk. \tag{13.137}$$

식 (13.136) 우변의 적분에 대해 생각하면, $\eta_0(x)$는 실함수이므로 식 (9.33)의 푸리에 변환에 대한 정의로부터 알 수 있는 바와 같이 $\hat{\eta}_0(-k) = \overline{\hat{\eta}_0(k)}$가 성립하며, 따라서 다음을 얻는다.

$$\int_{-\infty}^{\infty} A(k) e^{ikx} dk = \int_0^{\infty} \left[A(k) e^{ikx} + \overline{A(k)} e^{-ikx} \right] dk = 2Re \int_0^{\infty} A(k) e^{ikx} dk. \tag{13.138}$$

그러나 식 (13.134) 또는 (13.137) 우변의 적분은 일반적으로 복소함수이므로 Re을 생략할 수 없다.

$W(k)$가 기함수일 경우에는 식 (13.138)에서 보인 바와 같은 과정을 통해 식 (13.137) 우변의 적분이 실수함수가 되는 것을 보일 수 있으나, 우함수일 경우에는 다음과 같은 결과를 얻으며,

$$\int_{-\infty}^{\infty} A(k)e^{i[kx-W(k)t]}dk = \int_{0}^{\infty} \left[A(k)e^{i\{kx-W(k)t\}} + \overline{A(k)}e^{-i\{kx+W(k)t\}}\right]dk, \tag{13.139}$$

이 식 우변의 적분은 실수함수가 아니기 때문이다.

$W(k)$가 기함수일 경우 식 (13.137) 우변의 적분은 x축의 양의 방향으로 전파하는 파동을 나타내며, 우함수일 경우에는 식 (13.139)에 보인 바와 같이 양과 음의 방향으로 전파하는 파동을 다 포함한다는 점에 유의한다.

한편 분산 관계식, 식 (13.128), (13.133)에서 보는 바와 같이 파동이 양과 음의 두 방향으로 진행하는 두 개의 모드를 가질 때는, 식 (13.134) 대신에 다음과 같은 해를 고려해야 하며,

$$\eta(x,t) = \int_{-\infty}^{\infty} A_1(k)e^{i\{kx-W(k)t\}}dk + \int_{-\infty}^{\infty} A_2(k)e^{i\{kx+W(k)t\}}dk, \tag{13.140}$$

이 경우에는 다음과 같은 초기 조건으로부터 $A_1(k)$, $A_2(k)$를 결정할 수 있다.

$$\eta(x,0) = \eta_0(x),\ \eta_t(x,0) = \eta_1(x),\ x \in (-\infty, \infty). \tag{13.141}$$

위와 같은 경우 논의의 편의를 위해 $\eta_1(x) \equiv 0$을 가정하면,[23] 초기 조건으로부터 다음을 얻으며,

$$\eta_0(x) = \int_{-\infty}^{\infty} \{A_1(k) + A_2(k)\}e^{ikx}dk, \tag{13.142}$$

$$\eta_1(x) = i\int_{-\infty}^{\infty} W(k)\{-A_1(k) + A_2(k)\}e^{ikx}dk = 0, \tag{13.143}$$

따라서 이들로부터 다음 결과를 얻고,

$$A_1(k) = A_2(k) = \frac{\widehat{\eta}_0(k)}{4\pi}, \tag{13.144}$$

23) 일반적인 초기 조건에 대해서는 [연습문제 6]을 참조하기 바란다.

이를 식 (13.140)에 대입하여 분산성 파동에 대한 일반해를 다음과 같이 얻는다.

$$\eta(x,t) = \frac{1}{4\pi}\int_{-\infty}^{\infty} \widehat{\eta}_0(k)\left[e^{i\{kx - W(k)t\}} + e^{i\{kx + W(k)t\}}\right]dk. \qquad (13.145)$$

식 (13.140) 또는 (13.145) 우변의 적분에 대해서는 식 (13.134)에서와는 달리 Re을 취하지 않았는데, 이는 식 (13.138) 위에서 지적한 바와 같이 $\widehat{\eta}_0(-k) = \overline{\widehat{\eta}_0(k)}$가 성립하고, $W(k)$가 기함수일 경우에는 식 (13.138)에서 보인 바와 같은 과정을 통해 적분이 실함수가 되는 것을 보일 수 있으며, 또 우함수일 경우에도 다음과 같은 결과를 얻는데,

$$\begin{aligned}&\int_{-\infty}^{\infty} \widehat{\eta}_0(k)\left[e^{i\{kx - W(k)t\}} + e^{i\{kx + W(k)t\}}\right]dk \\ &\qquad = \int_{0}^{\infty} \widehat{\eta}_0(k)\left[e^{i\{kx - W(k)t\}} + e^{i\{kx + W(k)t\}}\right]dk \\ &\qquad + \int_{0}^{\infty} \overline{\widehat{\eta}_0(k)}\left[e^{-i\{kx + W(k)t\}} + e^{-i\{kx - W(k)t\}}\right]dk, \qquad (13.146)\end{aligned}$$

이 식 우변은 실함수이기 때문이다.

그러므로 선형 분산성 파동을 다룰 경우에는 다음과 같은 형태의 적분을 자주 다루어야 하는데,

$$I(x,t) = \int_{-\infty}^{\infty} A(k)e^{i\{kx - W(k)t\}}\,dk, \qquad (13.147)$$

특히 $t \to \infty$ 또는 $x \to \infty$일 때의 위 적분의 **점근 근사**(asymptotic approximation)는 많은 문제에 대해 중요한 결과를 제공한다. 이와 관련된 해석은 대학원 과정에 속하므로, 이승준(2018)〈2〉로 미루기로 한다.

연습문제

1. 1절 1)에서 다룬 유한한 길이의 줄의 횡진동과 관련하여 다음과 같이 주어진 문제를 생각하자.

$$\phi_{tt} = c^2 \phi_{xx} + A \sin \omega t, \ x \in (0, l), \ t > 0, \tag{연13.1}$$

$$\phi(x, 0) = f(x), \ \phi_t(x, 0) = 0, \ x \in (0, l),$$

$$\phi(0, t) = \phi(l, t) = 0, \ t > 0.$$

여기서 A, ω, c는 주어진 상수, 초기 변위 $f(x)$는 주어진 함수라고 하며, 식 (연13.1) 우변의 둘째 항은 줄에 가해지는 하중에 상응한다.

주어진 문제의 해가 다음과 같이 주어지는 것을 보이시오.

$$\phi(x, t) = \sum_{n=1}^{\infty} T_n(t) \sin k_n x, \ k_n = \frac{n\pi}{l}, \tag{연13.2}$$

$$T_n(t) = a_n \cos \omega_n t + b_n \sin \omega_n t + \frac{2A\{1-(-1)^n\}}{n\pi(\omega_n^2 - \omega^2)} \sin \omega t, \ \omega_n = c k_n. \tag{연13.3}$$

여기서 a_n, b_n은 초기 조건을 만족시키도록 결정되는 상수이며, 또 $\omega \neq \omega_n$, $n \in [1;\infty]$ 라고 가정한다.

2. 1절 3)에서 다룬 직사각형 박막의 진동과 관련하여 다음과 같이 주어진 문제를 생각하자.

$$\phi_{tt} = c^2(\phi_{xx} + \phi_{yy}), \ x \in (0, l), \ y \in (0, s), \ t > 0,$$

$$\phi(x, y, 0) = 0, \ \phi_t(x, y, 0) = f(x, y), \ x \in (0, l), \ y \in (0, s),$$

$$\phi(0,y,t)=0,\ \phi(l,y,t)=0,\ y\in(0,s),\ t>0,$$

$$\phi(x,0,t)=0,\ \phi(x,s,t)=0,\ x\in(0,l),\ t>0.$$

여기서 c는 주어진 상수, 박막의 초기 속도 $f(x,y)$는 주어진 함수라고 한다.
주어진 문제의 해가 다음과 같이 주어지는 것을 보이시오.

$$\phi(x,y,t)=\frac{4}{ls}\sum_{m=1}^{\infty}\sum_{n=1}^{\infty}\left[\left(f(\xi;\eta),\Phi_m\right),\Psi_n\right]\sin\mu_m x\sin\nu_n y\frac{\sin\omega_{mn}t}{\omega_{mn}},$$

$$\mu_m\equiv\frac{m\pi}{l},\ \nu_n\equiv\frac{n\pi}{s},\ \omega_{mn}=\frac{c\pi}{ls}\sqrt{n^2l^2+m^2s^2}. \qquad \text{(연13.4)}$$

3. 1절 3)에서 다룬 직사각형 박막의 진동과 관련하여 다음을 생각하자. 식 (13.50)으로 주어진 초기 변위 $f(x)$가 다음과 같다고 할 때,

$$f(x,y)=\sin\mu_1 x\sin\nu_1 y, \qquad \text{(연13.5)}$$

식 (13.75)를 사용하여 해를 구하고 얻어진 해의 물리적 의미에 대해 설명하시오.

4. 2절에서 다룬 원형 박막의 진동과 관련하여 다음을 생각하자. 식 (13.79)로 주어진 초기 변위 $f(r)$이 다음과 같다고 할 때,

$$f(r)=J_0(k_1 r), \qquad \text{(연13.6)}$$

식 (13.100)을 사용하여 해를 구하고 얻어진 해의 물리적 의미에 대해 설명하시오.

5. 식 (13.26)으로 주어진 속도 포텐셜이 주어진 문제, 식 (13.107), (13.108), (13.109)를 모두 만족하는 것을 직접 대입에 의해 보이시오.

6. 식 (13.141)로 주어진 일반적인 초기 조건을 만족하는 $A_1(k)$, $A_2(k)$가 다음과 같이 주어지는 것을 보이시오.

$$A_1(k) = \frac{1}{4\pi}\left\{\hat{\eta}_0(k) + \frac{i\hat{\eta}_1(k)}{W(k)}\right\},$$

$$A_2(k) = \frac{1}{4\pi}\left\{\hat{\eta}_0(k) - \frac{i\hat{\eta}_1(k)}{W(k)}\right\}.$$

여기서 $\hat{\eta}_1(k)$는 $\eta_1(x)$의 푸리에 변환이다.

물론 $\eta_1(x) \equiv 0$일 경우에는 $\hat{\eta}_1(k) = 0$도 성립하므로, 위의 결과와 본문의 식 (13.144)는 일관된 결과임을 확인할 수 있다.

7. 3절에서 다룬 선형 수면파와 관련하여 수심 h가 일정한 값으로 주어졌을 경우, 식 (13.109)는 다음과 같은 조건으로 바뀌어야 한다.

$$\frac{\partial \phi}{\partial y} = 0,\ y = -h,\ x \in (-\infty, \infty). \qquad \text{(연13.7)}$$

식 (13.107), (13.108), (연13.7)을 만족하며 수면파의 변위가 식 (13.127)로 주어지는 속도 포텐셜과 분산 관계식은 다음과 같이 주어짐을 변수 분리법을 사용하여 보이시오.

$$\phi(x, y, t) = \frac{\omega A}{k}\frac{\cosh k(h+y)}{\sinh kh}\sin(kx - \omega t),\ \omega = \pm\sqrt{gk\tanh kh}\,. \qquad \text{(연13.8)}$$

참고문헌

〈1〉 이승준(2010), 역사로 배우는 공학수학, GS인터비전.

〈2〉 이승준(2018), 공학도를 위한 응용수학 2, GS인터비전.

〈3〉 Forsyth(1961), A Treatise on Differential Equations, 6th Ed., Macmillan & Co. Ltd.

〈4〉 Carrier et. al.(1983), Functions of a complex variable, Hod Books.

〈5〉 Watson(1980), A Treatise on the Theory of Bessel Functions, 2nd Ed., Cambridge University Press.

〈6〉 이승준(2014), 공학도를 위한 응용수학, GS인터비전.

〈7〉 Mei(1995), Mathematical Analysis in Engineering, Cambridge University Press.

〈8〉 Arfken(1985), Mathematical methods for physicists, 3rd Ed., Academic Press.

〈9〉 Rudin(1976), Principles of mathematical analysis. 3rd Ed., McGraw-Hill Book Co.

〈10〉 Titchmarsh(1946), Eigenfunction expansions associated with second-order differential equations, Oxford University Press.

〈11〉 Churchill(1956), Fourier series and boundary value problems, McGraw-Hill Book Co.

찾아보기

Index

D

E

F

S

T

U

V

W

Z

역사로 배우는 공학수학 II

2019년 3월 20일 초판 인쇄

2019년 3월 25일 인쇄 발행

저　　자　이승준

발 행 인　송기수

발 행 처　도서출판 GS인터비전

편 집 처　도서출판 GS인터비전

편 집 인　김명신, 최연주

인 쇄 처　대명프린팅

등록번호　제 25100-2016-000050 호

I S B N　979-11-5576-268-4(94530)
979-11-5576-267-7(세트)

주　　소　서울 은평구 증산로 15길 69 2층

전　　화　02-976-7898, 02-3272-7898

팩　　스　02-6468-7898

홈페이지　gsintervision.co.kr

E-Mail　gsinter7@gmail.com

정 가　27,000원